国家科学技术学术著作出版基金资助出版

工业污染全过程控制与应用

曹宏斌　赵　赫　孙　峙　等◎著

科学技术文献出版社

SCIENTIFIC AND TECHNICAL DOCUMENTATION PRESS

·北京·

图书在版编目（CIP）数据

工业污染全过程控制与应用 / 曹宏斌等著. —北京：科学技术文献出版社，2022.12
ISBN 978-7-5189-9022-1

Ⅰ.①工… Ⅱ.①曹… Ⅲ.①工业污染防治—工业控制系统—过程控制 Ⅳ.① X322

中国版本图书馆 CIP 数据核字（2022）第 046705 号

工业污染全过程控制与应用

策划编辑：孙江莉　　　责任编辑：孙江莉　　　责任校对：张永霞　　　责任出版：张志平

出　版　者　科学技术文献出版社
地　　　址　北京市复兴路15号　　邮编　100038
编　务　部　（010）58882938，58882087（传真）
发　行　部　（010）58882868，58882870（传真）
邮　购　部　（010）58882873
官 方 网 址　www.stdp.com.cn
发　行　者　科学技术文献出版社发行　全国各地新华书店经销
印　刷　者　北京虎彩文化传播有限公司
版　　　次　2022 年 12 月第 1 版　2022 年 12 月第 1 次印刷
开　　　本　710×1000　1/16
字　　　数　300 千
印　　　张　17.25
书　　　号　ISBN　978-7-5189-9022-1
定　　　价　68.00 元

在生态文明建设作为我国国家战略的新形势下，工业污染控制成功与否已成为决定我国经济可持续发展的关键要素，重化工业的污染控制和治理是我国迫切需要解决的难题，也是工业生态文明建设的重要内容。以往我国工业污染防治以传统末端治理为主，生产端与末端统筹不够，随着排放标准日趋严格，企业治污成本高、达标排放压力大，迫切需要变革传统治污模式，以综合成本最低为目标，统筹生产端与末端，开展高效污染治理，实现经济效益和生态环境保护的双赢。

中国科学院过程工程研究所一直在重化工业源头清洁生产方面具备良好的基础。在张懿院士的指导下，曹宏斌研究员带领研发团队，发展了工业污染全过程控制的理念与方法，近二十年来一直专注于工业污染治理的原理、方法和工艺技术研究。面向国家污染攻坚的战略需求，长期坚持深入到企业一线，通过持续的科研创新与技术研发应用，解决了钢铁、煤化工等行业污染控制方面的系列技术瓶颈，在工业污染治理方面具有很高的学术造诣和实际工程经验。

本书是作者二十年来在工业污染控制的科研、工程以及管理等方面的自主创新和有益实践总结。在充分借鉴国内外工业污染治理相关先进理念与高新技术的基础上，提出了"工业污染全过程控制"策略的基本概念、理念和内涵。通过将他们团队发明创新的技术、工艺装置和技术操作方法成功应用到多项建设项目中，

在此基础上总结出工业废水治理的科研和技术创新成果和经验，提出了治理焦化行业、钨冶炼行业、钒冶炼行业等行业水污染治理的技术路线和原则，详细介绍了所承担的示范项目和企业建设项目的典型案例。本书的特点在于：有机地将理论与实践相结合，从战略措施及重点行业案例分析两个方面，多角度对工业污染全过程控制进行阐述，提出工业污染全过程控制的策略与方法。

　　本书内容采用了国内外本学科最新成果和资料，理论联系实际，具有先进性和实用性。也是目前国内外对工业污染全过程控制及技术应用系统性和实用性最强的一本著作。该书对于工业行业污染治理的科研人员以及企业技术人员和广大读者提供了切实有效的理论与方法，期待本书在我国工业行业污染治理实践中发挥重要的作用。

段宁

工业革命使人类社会进入了空前繁荣的时代，一次次颠覆性的科技革新，带来了社会生产力的大解放，创造了前所未有的物质财富，极大推动了社会文明进步，从根本上改变了人类历史的发展轨迹。然而，以大量消耗资源来推动经济增长的发展模式，其代价是"高消耗、低效益、重污染"，造成了严重的环境污染和生态失衡。这种以牺牲生态环境为代价的经济发展模式，造成了震惊世界的一系列环境公害事件和全球性生态危机。

严重的环境污染和生态危机直接威胁到人类社会的生存与发展，深度威胁着地球上的所有生命及其赖以生存的生命支撑系统。在这种形势下，人们不得不重新审视自己所走过的历程，不得不努力寻求一条人口、经济、社会、环境和资源相互协调的，既能满足当代人的需求，又不对后代人的发展构成危害的永续发展道路。

人们在饱尝环境污染的危害之后，终于领悟到绿色环境之甘甜，走永续发展的绿色工业革命之路已成为全人类的共识。21世纪第一个十年，我国就确立了"推动整个社会走上生产发展、生活富裕、生态良好的文明发展道路"的基本方向，率先制定了含有绿色发展指标的国家规划，建设资源节约型、环境友好型社会的绿色发展战略。在钱易院士、张懿院士、段宁院士等科学家的带领和推动下，我国清洁生产技术与应用取得了积极进展。这势必加快我国经济发展方式转变，促进绿色发展、低碳发展，促进

从生态赤字转向生态盈余，开创一条绿色工业革命的新路。

本世纪初以来，我国环境治理力度已明显加大，生态环境状况逐步得到改善。然而，清洁生产在我国至今尚未得到普及，当前，工业污染防治整体治理水平有待提高，而且治污费用相当高昂，影响企业正常生产，企业不堪重负。从总体上看，我国生态环境保护仍滞后于经济社会发展，以往快速发展中累积的资源环境约束问题日益突出，工业污染控制、生态环境保护仍然任重道远。党的十九大报告将坚持人与自然和谐共生作为基本方略之一，将建设美丽中国作为全面建设社会主义现代化国家的重大目标，把污染防治作为决胜全面建成小康社会的三大攻坚战之一。二十大报告进一步提出要降碳、减污、扩绿、增长。因此，创新我国污染控制的思路及方法势在必行。

基于工业污染控制的难题及重大需求，通过科技工作者不懈努力、上下求索、开拓创新，"工业污染全过程控制"策略终于应运而生。在充分借鉴国内外工业污染治理相关先进理念与高新技术的基础上，本书作者及所在团队，对十几年来在工业污染控制的科研、工程以及管理等方面的自主创新和有益实践作了系统总结，针对我国工业企业的实际情况，提出了"工业污染全过程控制"策略和应用示例，旨在为致力于工业污染治理的科研人员、企业技术人员和广大读者提供切实有效的理论与方法参考。

"工业污染全过程控制"是对传统污染防治模式的根本变革，以企业经济效益和生态环境保护双赢为目标，是清洁生产的进一步升级，是实现工业永续发展战略的有效途径。

本书按照理论与实践相结合的原则，力图多视角对"工业污染全过程控制"进行透视，故而系统地介绍"工业污染全过程控制"的策略与方法。主要内容包括两大部分，第一部分为工业污染全过程控制策略，介绍了工业污染控制的发展历程，工业污染

全过程控制的理论基础，工业污染全过程控制的理念、基本概念、科学内涵、基本原则、实施方案、优化集成方法等；第二部分为应用示例分析，主要介绍了焦化行业、钨行业、钒行业的工业污染全过程综合防控关键技术及技术优化集成，以及工业污染全过程控制的工程推广应用。需要说明的是，除非特别说明本书所指全过程污染控制的范围为工业生产过程中的全过程污染控制。

本书由中国科学院过程工程研究所曹宏斌研究员承担主要的撰写工作；第1章由曹宏斌及张笛等人撰写，第2章由詹益兴、赵赫及张笛等人撰写，第3章由曹宏斌、孙峙、赵月红、赵赫和高文芳等人撰写，第4章由张笛、宁朋歌、盛宇星、李海波、谢勇冰、李玉平、赵月红、赵赫、沈健、熊梅、石绍渊等人撰写，第5章由孙峙、张笛、刘晨明等人撰写，第6章由曹宏斌、高文芳、杜浩、张洋等人撰写，第7章由赵赫、张笛等人撰写。在著写本书过程中，著者参考了诸多相关学术著作和文献资料，吸取了工业污染防治最新研究成果并将其融入书中。相关著作和文献资料，在本书各章后面列出，如有遗漏敬请原作者谅解。在此，谨向原作者表示诚挚的谢意！

限于著者水平，书中可能存在一些缺点和错误，敬请广大读者不吝指正。

著 者
2022 年 11 月 30 日

CONTNETS 目 录

第一篇　工业污染全过程控制策略

第1章　绪　论·· 3

　　1.1　我国工业发展概况 ·································· 3

　　1.2　我国工业污染现状 ································· 4

　　1.3　工业污染全过程控制策略应运而生 ··········· 8

第2章　工业污染控制发展趋势 ····················· 12

　　2.1　工业污染控制的阶段性及特点 ··············· 12

　　2.2　国内外污染控制发展历程 ······················ 33

　　2.3　工业污染控制的科学基础···················· 46

第3章　工业污染全过程控制 ························· 76

　　3.1　工业污染全过程控制理念······················ 77

　　3.2　工业污染全过程控制的基本概念与科学内涵 ········· 80

　　3.3　工业污染全过程控制的基本原则 ············· 82

　　3.4　工业污染全过程控制的方法论················ 83

第二篇　应用示例分析

第4章　焦化行业水污染全过程控制技术与应用················· 106

　　4.1　焦化行业基本概况与发展趋势 ················ 106

　　4.2　焦化行业污染源解析及产污规律 ············· 108

4.3　焦化行业水污染控制过程强化关键技术 ……………… 119

4.4　焦化行业水污染全过程控制集成优化 ………………… 149

4.5　焦化废水全过程强化处理工程应用 …………………… 157

第5章　钨冶炼污染全过程控制技术与应用 ……………… 164

5.1　钨冶炼行业基本概况与发展趋势 ……………………… 164

5.2　钨冶炼行业污染源解析及产污规律 …………………… 167

5.3　钨冶炼行业污染控制关键技术 ………………………… 174

5.4　钨冶炼污染全过程控制集成优化 ……………………… 196

5.5　钨冶炼氨污染全过程控制案例分析 …………………… 204

第6章　钒生产污染全过程控制技术与应用 ……………… 213

6.1　钒生产行业基本概况 …………………………………… 213

6.2　钒生产行业污染源解析及产污规律 …………………… 214

6.3　钒生产行业产品生产和污染控制关键技术 …………… 225

6.4　钒生产行业污染全过程控制集成优化 ………………… 240

6.5　钒生产行业污染全过程控制示范工程应用 …………… 248

第7章　展　望 ………………………………………………… 262

第一篇

工业污染全过程控制策略

第1章 绪 论

1.1 我国工业发展概况

1978 年改革开放之后，中国迅速启动了现代工业化进程，经过 40 余年发展，中国已由一个落后的农业国成长为世界第一制造大国。在世界 500 多种主要工业产品中，有 220 多种产品产量位居世界第一。40 多年来，中国经济总量连上新台阶。国内生产总值（GDP）由 1978 年的 3679 亿元（人民币）迅速跃升至 2020 年的 1 015 986 亿元（图 1-1），中国的经济总量扩大了 276 倍，成为全球第二大经济体；人均 GDP 超过 1 万美元，跨入上中等收入国家行列。中国目前是世界第一大工业国、第一大货物贸易国、第一大外汇储备国。经济总量占世界的份额由 1978 年的 1.8% 提高至 2020 年的 17%。在国民经济三大产业比重中，第二产业一直占据国内生产总值的40% 左右，第二产业特别是工业的增长成为中国经济快速增长的主要动力之一。

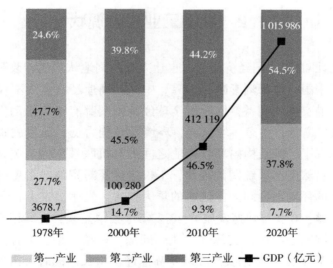

图 1-1 40 余年来我国国内生产总值及三大产业占国内生产总值比重发展趋势

工业污染全过程控制与应用

从工业产业结构来看（图1-2），各行业规模以上工业企业总产值前十位中，化学、冶金、能源、食品等重化工行业占据重要地位，其产品市场覆盖面广，为国民经济各产业部门提供生产手段和装备，是我国经济的"脊梁"，也是国民经济实现现代化的强大物质基础，是国民经济的重要支柱产业。

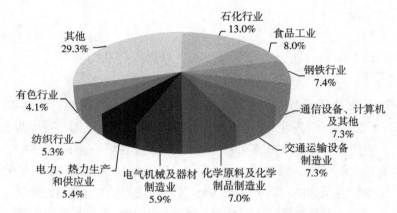

图1-2　工业行业前十位产值占工业总产值比重

（注：石化行业数据来源于中国石油和化学工业联合会发布的《中国石油和化学工业2011年经济运行分析报告》；钢铁行业为《中国统计年鉴》中"黑色金属压延及冶炼行业"简称；食品工业为《中国统计年鉴》中"农副食品加工业"、食品制造、饮料制造的简称；有色行业为"有色金属冶炼及压延加工业"简称）

1.2　我国工业污染现状

数据见证40年中国经济巨变，也让人更深刻地认识到：改革开放不仅深刻改变了中国，也深刻影响了世界。中国的高速经济发展不仅给本国人民带来具体的实惠和利益，同时对全球经济发展都有很大推动作用。我国人口多，资源匮乏，生态环境脆弱，环境承载能力低；而粗放式的经济增长方式，忽视了经济结构内部各产业之间的有机联系和共生关系，忽视了经济社会与自然生态系统间的规律，不仅造成了对资源的过度消耗，而且造成了严重的环境污染和人体健康的重大损害。发达国家上百年分阶段出现的环境问题，在我国快速发展的40多年中集中显现，我国正经历全球最复杂且发达国家未经历的资源环境瓶颈问题，呈结构型、复合型、压缩型的特点。改革开放40年来我国在取得高速经济增长的同时付出了巨大的环

境代价，造成严重的环境污染和生态破坏，这已成为制约我国经济可持续发展、危害生态环境、影响人民生活和身体健康的突出问题。随着区域环境质量的恶化，呈现点源与面源污染共存、生活污染和工业排放叠加、各种新旧污染与二次污染互相复合的环境污染态势，工业结构性污染呈现不同空间尺度的梯度性转移和变化，单一污染物逐渐向复合污染趋势发展，我国整体环境进入复杂结构性、压缩性、复合性、区域性环境污染新阶段，生态环境承载能力面临着严峻挑战。

我国改革开放 40 年来，工业对 GDP 的稳步快速增长发挥了重要作用，大规模资源加工型流程工业在国民经济中长期占有重要地位。然而，我国长期居于产业链下游，为世界提供高份额的资源能源密集型加工业生产基础原材料和低端产品的同时，也付出了极其沉重的资源环境代价。重化工行业既是支撑我国国民经济持续高速发展的基础行业，也是资源能源消耗突出、污染排放严重的重点行业。尤其钢铁、石化、有色、纺织、造纸、食品加工、制药、皮革等大规模资源加工型重化工业是我国重要的支柱产业，在国民经济中长期占有重要地位，但存在工艺流程长、水量消耗大、产污环节多、排污强度大等问题。据《中国环境统计年鉴 2016》报道，根据污染排放负荷比例，上述八大行业的废水排放量约占我国工业废水排放总量的 50%，汞、镉、六价铬、铅、砷等金属或类金属等毒性污染物排放约占 86%，氰化物约占 56%。此外这些重点行业涉及产品种类繁多、原料来源广泛，毒性化学品原料及生产过程产生的众多有毒中间体会进入环境，导致末端排放的污染具有成分复杂、污染负荷高、毒性风险高等特点，是影响生态环境质量的主要风险源。有毒有害污染物的长期排放和积累造成了日益严重的环境污染，目前也成为制约经济社会发展的瓶颈因素，尽管"十一五"、"十二五"时期节能减排和生态建设取得了积极成效，但能源消耗仍然偏高，环境污染尤其是重点区域/流域仍很严重，生态环境仍十分脆弱。

从环境现状看，根据生态环境部发布的《2017 中国生态环境状况公报》，2017 年，全国 338 个地级及以上城市中，有 239 个城市环境空气质量超标，占 70.7%。全国地表水 1940 个水质断面（点位）中，Ⅳ~劣Ⅴ类水占比 32.1%；全国湖泊和水库富营养化问题突出，地表水污染依然严重；长江、黄河、珠江、松花江、淮河、海河、辽河七大流域和浙闽片河流、西北诸河、西南诸河的 1617 个水质断面中，Ⅳ~劣Ⅴ类水占比 28.2%。

当前，我国废弃物排放量大大高于发达国家，每增加单位 GDP 的废水

排放量比发达国家高 4 倍，单位工业产值产生的固体废弃物比发达国家高 10 多倍。根据美国耶鲁大学与哥伦比亚大学联合世界经济论坛发布的《2018 年全球环境绩效指数（EPI）报告》显示，在全世界 180 个参加排名的国家和地区中，中国环境绩效排名第 120 位，空气质量排名 177 位。而工业污染排放是造成中国环境恶化的最主要原因。

在重化工行业的水质污染方面，2015 年，在全国层面上，钢铁、有色、造纸、制药、石化、食品、纺织印染、皮革等八大行业污水排放贡献比例接近 57%（见图 1-3），COD 贡献比例达 64%（见图 1-4），氨氮贡献比例为 55.1%（见图 1-5）。统计表明，虽然近年来我国行业废水排放总量有所下降，但行业废水对全国污染排放总量的贡献比例始终保持在 30% 以上，是河流水污染的重要来源。重污染工业废水一般都具有水量大、污染负荷高、复合污染突出以及毒性强的基本特征，不仅向水体输入 COD、氨氮等普通污染物，更是水体中重金属和有毒有害有机物污染物等的主要来源。据报道，我国水体重金属污染问题十分突出，重点流域水体中能够检出数百种不同类型的有毒污染物质，包括致癌物、致畸物、致突变物和内分泌干扰物（环境激素）等。我国正处于跨越式发展的经济高速增长阶段，工业水污染控制成功与否已成为决定我国经济可持续发展的关键要素，重化工业的水污染控制和治理是我国迫切需要解决的难题，也是工业生态文明建设的重要内容。

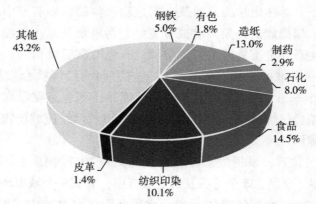

图 1-3　我国重点工业行业废水排放比例（中国环境统计年鉴 2016）

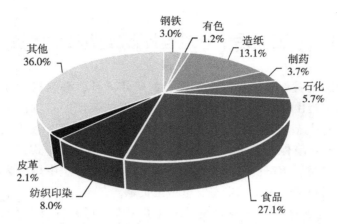

图 1-4 我国重点工业行业 COD 排放比例（中国环境统计年鉴 2016）

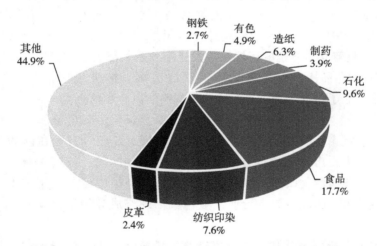

图 1-5 我国重点工业行业氨氮排放比例（中国环境统计年鉴 2016）

粗放型的经济增长模式造成工业生产过程污染物排放量大、排放面广、成分复杂。以往我国工业污染防治以传统末端治理为主，整体治理水平不高，工业源头污染控制成效有限，环境排放压力较大。与冶炼、化工、燃煤相关的重金属污染恶性事件频发，严重影响人民健康和环境安全。另一方面，在工业生产过程中，我国资源综合利用率低，清洁生产技术应用有限，传统工艺技术造成较严重的资源浪费和环境污染。资源消耗大，污染减排压力巨大，已成为制约我国工业可持续发展的瓶颈。

1.3 工业污染全过程控制策略应运而生

建设生态文明是中华民族永续发展的千年大计，必须树立和践行绿水青山就是金山银山的理念，坚持节约资源和保护环境的基本国策，像对待生命一样对待生态环境，统筹推进全国"山水林田湖草"系统治理，实行最严格的生态环境保护制度，形成绿色发展方式和生活方式，坚定走生产发展、生活富裕、生态良好的文明发展道路，建设美丽中国，为人民创造良好生产生活环境，为全球生态安全做出贡献。

2013 年至 2016 年，国务院先后出台了《大气污染防治行动计划》（简称"气十条"，国发〔2013〕）、《水污染防治行动计划》（简称"水十条"，国发〔2015〕17 号），《土壤污染防治行动计划》（简称"土十条"，国发〔2016〕31 号）等环境保护的重大措施。"水十条"、"气十条"、"土十条"是建立全方位的环境保护大战略，条条都关乎建设生态文明和建设美丽中国的宏伟目标，它是落实依法治国、推进依法治污的具体方案，充分彰显了国家全面实施污染治理战略的决心和信心。

《水十条》明确提出专项整治包括造纸、焦化、有色金属、原料药制造、印染、制革、农药、农副食品加工、电镀、氮肥等行业在内的十大重点行业。要求提出专项治理方案，狠抓工业污染防治，控制重点行业污染物排放，实施清洁化改造，强化科技支撑作用，推广示范适用技术，攻关研发前瞻技术。因此，重点行业工业污染治理将成为污染控制重点关注的核心之一。

我国与发达国家相比，人口密度高，排放强度大，环境承载力低，传统污染控制方法难满足高环境质量要求，污染控制需要有新的思路及方法。当前，我国仍处于工业化、城镇化加快发展的关键时期，重化工业所占的比重仍保持较高水平，资源消耗总量进一步增加，加快发展方式转变，走工业绿色低碳发展道路，显得更为迫切。未来数十年，将是中国社会经济高速发展与产业结构调整的重要时期，工业化仍将是中国经济发展的主要动力。中国未来的高速经济增长必须解决严重的环境挑战。

随着工业化进程的加快，重化工业主导型结构已经逐步形成，重点行业环境负荷沉重，污染减排压力巨大。一方面，国家和人民群众对环境保护要求越来越高，各行业标准越来越严格，现有技术越来越难以满足全面支撑工业减排的需要。例如，2012 年国家颁布新的《炼焦化学工业污染物

排放标准》（GB 16171—2012），对焦化废水污染物指标，尤其是多环芳烃等强毒性、难降解有机污染物，提出更多更严格的要求，全国每年超过 1 亿 t 焦化废水处理系统必须进行升级改造。另外，《化学合成类制药工业水污染物排放标准》（GB 21904—2008）等 5 项制药行业新标准均新增加了急性毒性的指标。《合成氨工业水污染物排放标准》（GB 13458—2013）、《稀土工业污染物排放标准》（GB 26451—2011）等新标准均针对国土开发密度高、环境容量较小、生态环境脆弱地区的企业，规定了水污染物特别排放限值。逐步实施的行业新标准和地方综合排放标准对污染物排放指标提出了更为严格的要求；另一方面，不少地区环境容量已经逼近临界点，甚至污染排放总量超过了环境承载力，国家及地方已严格限制发放排污许可证，这对企业的污染处理技术提出了更高的要求。然而，众多企业采用传统的污染防治技术，难以实现稳定达标排放。因此，亟待发展先进适用的污染物全面减排的新技术体系。

在国家层面，中国正处于跨越式发展的经济高速增长阶段，污染控制成功与否已成为决定我国经济可持续发展的关键要素。重化工业企业对现阶段我国经济社会可持续发展具有重大意义，重化工业的污染控制和治理是环境保护的重要内容。我国的资源环境瓶颈问题目前缺少国际经验可以借鉴，给我国工业可持续发展带来巨大的挑战。现迫切需要实现环境保护方式从末端治理向源头减排为主的工业污染全过程控制的战略转变，这是解决我国经济发展资源环境问题的根本出路。

在行业层面，重污染工业一般都具有排污量大，污染负荷高，复合污染突出以及毒性强的基本特征，这些特征对行业污染的处理提出了更高的要求。针对工业污染的突出特点，我国围绕末端治理和减量化开展了大量污染处理技术研发，但总体来看行业污染控制力度不够，尤其是技术经济性限值了末端处理技术的规模化应用，此处还未形成整个行业污染控制的集成处理方案。同时，工业行业过程中绿色化学、清洁生产、资源循环利用尚未普及，针对毒性污染物风险管理体系尚不健全，工业排放的有毒污染物及其导致的重大污染事故已成为我国重点行业发展中突出的瓶颈制约因素。目前新型/复合工业污染物适用技术缺乏，且缺乏基于生命周期的综合技术集成，特别对行业有重大影响和带动作用的共性、关键和成套的清洁技术，研究开发和示范不够。针对当前我国环境科技发展现状及未来社会经济发展对环境工程科技的重大需求，源头/过程控污核心技术与绿色科技的集成技术突破是解决我国资源环境问题的根本途径。

在企业层面，主要问题是末端污染治理与生产过程脱节，由于源头减排作用发挥不够、以末端控制为主要手段的污染处理成本居高不下，为了满足不断提高的环保标准要求，很多企业只能低利润生产。目前推行的清洁生产审核等缺乏对企业实施针对性强的指导，如各企业如何具体实施方法，有哪些实施工具，应采用什么样的技术，总成本如何降低，管理方面做哪些改进等。许多企业缺乏自觉开展工业污染全过程控制的动力和自觉性。

随着我国社会发展与资源环境瓶颈和胁迫的矛盾日益突出，从源头和生产过程最大限度控制污染的产生、减少污染物的排放量已迫在眉睫。因此，急切需要通过资料调研和搜集，全面分析我国工业发展战略布局、诊断我国行业工艺技术现状和污染排放总体特征，从工业发展的可持续性、产业布局的社会经济性和污染控制技术的经济可达性等角度重新审视工业发展战略。尤其是将工业污染控制的策略从末端处理向前端伸延，配合当前的产业结构调整，制定工业污染控制技术体系，形成综合运用绿色技术、清洁生产、源头控制、过程减排和必要末端处理的全过程控制系统。实现传统产业绿色化，为最大限度减少我国不可再生一次资源的消耗、保护生态环境提供技术支撑，已经成为中国环境保护和经济社会可持续发展的必然选择。基于工业污染控制的难题及重大需求，"工业污染全过程控制"应时而生。

参考文献

[1] 中华人民共和国 2020 年国民经济和社会发展统计公报 [J]. 中国统计，2021（03）：8-22.

[2] 中国科学院创新发展研究中心，中国生态环境技术预见研究组. 中国生态环境2035 技术预见 [M]. 北京：科学出版社，2020.

[3] 科技体制改革与国家创新体系研究专题组. 战略研究专题报告. 上中下：国家中长期科学和技术发展规划 [M]. 2004.

[4] 中国科学院先进制造领域战略研究组. 科学技术与中国的未来：中国至 2050年先进制造技术发展路线图 [M]. 北京：科学出版社，2009.

[5] 中国工程院. 中国环境宏观战略研究 [M]. 北京：中国环境科学出版社，2011.

[6] 中国环境科学学会. "十一五"中国环境学科发展报告 [M]. 北京：中国科学技术出版社，2012.

[7] 中华人民共和国国家统计局. 中国统计年鉴-2011 [M]. 北京：中国统计出版

社，2011.

[8] 中国科学院可持续发展战略研究组. 2011 中国可持续发展战略报告 [M]. 北京：科学出版社，2011.

[9] 中华人民共和国国家统计局，生态环境部. 中国环境统计年鉴 2016 [M]. 北京：中国统计出版社，2016.

[10] 中华人民共和国生态环境部. 中国环境统计年报 2017 [M]. 北京：中国环境科学出版社，2017.

[11] Wendling Z, Emerson J, Esty D C, et al. 2018 Environmental Performance Index [M]. New Haven, CT: Yale Center for Environmental Law & Policy. https://ePi. yale. edu/.

[12] 静海，胡英，袁权，等. 展望 21 世纪的化学工程 [M]. 北京：化学工业出版社，2004.

[13] 中国科学院. 2006 高技术发展报告 [M]. 北京：科学出版社，2006.

[14] 张懿. 绿色过程工程 [J]. 过程工程学报，2001，1 (1)：10-15.3.

[15] 张懿等. 亚熔盐清洁生产技术与资源高效利用 [M]. 北京：化学工业出版社，2016.

[16] 钱易，唐孝炎. 环境保护与可持续发展 [M]. 北京：高等教育出版社，2010.

[17] 2011 年中国石油和化学工业经济运行报告 [J]. 中国石油和化工，2012 (3)：5.

[18] 史丹. "十四五"时期中国工业发展战略研究 [J]. 中国工业经济，2020，(02)：5-27.

[19] 郭朝先. 当前中国工业发展问题与未来高质量发展对策 [J]. 北京工业大学学报（社会科学版），2019，19 (02)：50-59.

第 2 章　工业污染控制发展趋势

2.1　工业污染控制的阶段性及特点

从 18 世纪第一次工业革命的机械化，到 19 世纪第二次工业革命的电气化，再到 20 世纪第三次工业革命的信息化，一次次颠覆性的科技革新，带来社会生产力的大解放和人民生活水平的大跃升，从根本上改变了人类历史的发展轨迹。

前三次工业革命使得人类发展进入了空前繁荣的时代，然而，由于缺乏生态意识和环保观念，造成了巨大的资源消耗和严重的能源短缺，付出了沉重的环境代价和生态成本，急剧地扩大了人与自然之间的矛盾。进入 21 世纪，人类面临空前的全球能源与资源危机、全球生态与环境危机、全球气候变化异常等多重危机的挑战。由此引发了绿色工业革命，一系列生产函数发生从自然要素投入为特征，转到以绿色要素投入为特征的跃迁，并普及至整个社会。

纵观世界前三次工业革命以来的经济发展历史，以大量消耗资源和能源来推动经济增长的发展模式，其代价是"消耗高、效益低、污染重"，造成了严重的环境污染和生态失衡。这种以牺牲生态环境为代价的传统经济发展模式，造成了震惊世界的一系列环境公害事件和全球性生态危机。世界自然基金会和联合国环境规划署联合发表的《2000 年地球生态报告》显示，人类若依照目前的速度继续消耗地球的资源，那么地球资源将在 2075 年耗尽。据相关报道，地球正在逐渐失去自洁能力，一种能够清洁空气的关键自由基分子作为地球的防污染剂，近 22 年来在世界范围内逐渐减少，它的深度平均下降 10%，它的减少将使烟尘越来越浓，导致保护地球的臭氧层遭到破坏，，对地球健康构成巨大威胁。严酷的环境污染和生态失衡现实，唤醒了人们的生态环境保护意识。

1970 年 4 月 22 日发生在美国以环境保护为主题的第一个"地球日"，是人类有史以来第一次规模宏大的群众性环境保护运动，促成了美国

环保署（EPA）的成立，推动美国相继出台了清洁空气法、清洁水法和濒危动物保护法等等环境法律法规；并在一定程度上促成了 1972 年联合国在瑞典斯德哥尔摩召开了有 113 个国家参加的"联合国人类环境会议"，讨论了保护全球环境的行动计划，通过了《人类环境宣言》，并将这次会议开幕的 6 月 5 日定为"世界环境日"；催生了 1973 年联合国环境规划署的成立。

　　1992 年 6 月 3—14 日，全世界 183 个国家的首脑、各界人士和环境工作者聚集在巴西里约热内卢，举行"联合国环境与发展会议"，会议围绕环境与发展这一主题，在维护发展中国家主权和发展权，发达国家提供资金和技术等根本问题上进行了艰苦的谈判，最后通过了《关于环境与发展的里约热内卢宣言》《21 世纪议程》《关于森林问题的原则声明》3 项文件。正式否定了工业革命以来的那种"高生产、高消费、高污染"的传统发展模式，标志着包括西方国家在内的世界环境保护工作又迈上了新的征途——从治理污染扩展到更为广阔的人类发展与社会进步的范围，环境保护和经济发展相协调以实现"可持续的发展"的主张成为人们的共识，"环境与发展"成为世界环境保护工作的主题。

　　全球各国环境污染与治理的历史表明，工业革命以来人类对自然的认识经历了一个由无视（否定）自然，到重视（肯定）自然的过程，这是人类环境价值观由不科学到科学的发展过程。在环境污染和生态危机威胁着人类生存与发展的今天，在许多发展中国家依然重蹈发达国家覆辙的情况下，有必要从道德的高度看待人类对自然环境的态度，呼吁全人类树立科学的环境价值观，激发人们保护环境的道德责任感。

2.1.1　产生新概念新技术促绿色化升级

　　发达国家在 20 世纪 60 年代和 70 年代初，经济快速发展，当时也经历着类似我国当前所经历的资源枯竭、污染严重的发展阶段和末端治理时期。

　　20 世纪 70 年代末期以来，发达国家政府和大型化工企业采用清洁工艺，将工业污染物管理的重点从末端治理转向源头污染预防，开辟了治理污染的新途径。欧盟、日本、美国等发达国家加强环境立法并采取了一系列以预防为主的综合防治环境污染的策略（图 2-1，图 2-2），政府和企业加大环境治理资金投入，研究开发及应用污染防治技术和设施。与此同时，推行清洁生产工艺和污染物治理技术，加强对废弃物的回收利用，使用清洁能源，创建生态工业园，实施排污交易等，大大削减了向环境中排放危险物质数量。

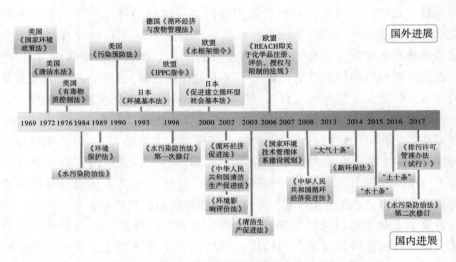

图2-1　国内外污染防治法律法规发展历程

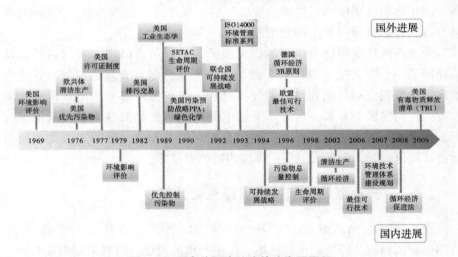

图2-2　国内外污染防治策略发展历程

　　美国于1972年提出排放标准，并于1977年在国家污染排放削减系统（NPDES）中颁布了基于技术的排放限制（TBELs）与许可证制度、基于水质的排放限制（WQBELs）及许可证和基于反退化要求的排放限制（值得注意的是：欧盟和美国没有独立的总量控制，在排放许可证中同步规定了浓度、去除率和总联指标。日本有总量控制，但是只针对封闭水体的不达标指标），实施排污交易等。1990年颁布了以源头控制和清洁生产为核心内容的污染预防法（P2A）和2009年与P2A配套产生的"有毒物质释放清单

（TRI）"，则将工业污染控制重点由末端转入源头和过程。1976 年的有毒物质控制法（TSCA）及其 2016 年修正案（21 世纪化学品安全法）则进一步将工业有毒物质控制导向化学品进入流通领域前的污染预防。

20 世纪 60 年代以来产生了循环经济（1960）、生命周期评价（1969）、环境标志（1970）、工业生态学（1989）、绿色化学（1989）等新概念、新实践（图 2-2），同期欧洲一些国家提出了清洁生产-绿色产品设计的理论和方法，带动了工业界的绿色制造。

随着人类生态环境保护意识的不断提升，随着科学技术飞速进步，20 世纪 80 年代以来产生了工业生态学、绿色化学、绿色工程、清洁生产等等新概念，提出了最佳实用技术和最佳环境实践体系的概念，带动了工业界的绿色制造，获得了绿色产品，大大促进了资源加工产业的绿色化升级。

2.1.1.1　可持续发展

可持续发展（Sustainable Development）又称永续发展，其定义有多种表达：

1987 年世界环境与发展委员会出版的《我们共同的未来》报告中，可持续发展的最经典定义为"既能满足当代人的需要，又不对后代人满足其需要的能力构成危害的发展。"

侧重于自然方面的定义："保护和加强环境系统的生产和更新能力"，其含义为可持续发展是不超越环境系统更新能力的发展。

侧重于社会方面的定义："在生存于不超出维持生态系统涵容能力之情况下，改善人类的生活品质"，并提出了人类可持续生存的九条基本原则。

侧重于经济方面的定义："可持续发展是今天的使用不应减少未来的实际收入"，"当发展能够保持当代人的福利增加时，也不会使后代的福利减少"。

侧重于科技方面的定义："可持续发展就是转向更清洁、更有效的技术——尽可能接近'零排放'或'密封式'，工艺方法——尽可能减少能源和其他自然资源的消耗"。

1989 年"联合国环境发展会议"（UNEP）专门为"可持续发展"的定义和战略通过了《关于可持续发展的声明》，认为可持续发展的定义和战略主要包括四个方面的含义：（1）走向国家和国际平等；（2）要有一种支援性的国际经济环境；（3）维护、合理使用并提高自然资源基础；（4）在发展计划和政策中纳入对环境的关注和考虑。

2.1.1.2　工业生态学

工业生态学（Industrial Ecology，IE）又称产业生态学，其概念最早是在 1989 年的《科学美国人》（Scientific American）杂志上提出的。工业生态学系指一门研究社会生产活动中自然资源从源、流到汇的全代谢过程、组织管理体制以及生产、消费、调控行为的动力学机制、控制论方法及其与生命支持系统相互关系的系统科学。

工业生态学是对开放系统的运作规律通过人工过程进行干预和改变，在一般的开放系统中资源和资金经过一系列的运作最终结果是变成废物垃圾，而工业生态学所研究的就是如何把开放系统变成循环的封闭系统，使废物转为新的资源并加入新一轮的系统运行过程中。

工业生态学为研究人类工业社会与自然环境的协调发展提供了一种全新的理论框架，为协调各学科与社会各部门共同解决工业系统与自然系统之间的问题提供了具体、可操作的方法，为可持续发展的理论奠定了坚实的基础。工业生态学追求的是人类社会和自然生态系统的和谐发展，寻求经济效益、生态效益和社会效益的统一，实现人类社会的可持续发展。工业生态系统理论的主要思想是把工业系统视为一类特定的生态系统，首先与生态系统一样，工业系统是物质、能量和信息流动的特定分布。而且完整的工业有赖于生物圈提供的资源与服务。工业生态学的观点认为，在考虑工业系统而不是单一生产单元或设施时，有必要借鉴自然生态系统的物质与能量流动模型，来构筑工业系统中不同企业废物最小化的运作模式。

2.1.1.3　生态经济

生态经济（Ecological Economy，ECO）是指在生态系统承载能力范围内，运用生态经济学原理和系统工程方法改变生产和消费方式，挖掘一切可以利用的资源潜力，发展一些经济发达、生态高效的产业，建设体制合理、社会和谐的文化以及生态健康、景观适宜的环境。生态经济是实现经济腾飞与环境保护、物质文明与精神文明、自然生态与人类生态高度统一和可持续发展的经济。

生态经济是"社会–经济–自然"复合生态系统，既包括物质代谢关系，能量转换关系及信息反馈关系，又包括结构、功能和过程的关系，具有生产、生活、供给、接纳、控制和缓冲功能。

2.1.1.4　低碳经济

低碳经济（Low-Carbon Economy，LCE）最早见政府文件是在 2003 年

的英国能源白皮书《我们能源的未来：创建低碳经济》。"低碳经济"系指在可持续发展理念指导下，通过技术创新、制度创新、产业转型、新能源开发等多种手段，尽可能地减少煤炭、石油等高碳能源消耗，减少温室气体排放，达到经济社会发展与生态环境保护双赢的一种经济发展形态。

低碳经济的特征是以减少温室气体排放为目标，构筑低能耗、低污染为基础的经济发展体系，包括低碳能源系统、低碳技术和低碳产业体系；低碳能源系统是指通过发展清洁能源，包括风能、太阳能、核能、地热能和生物质能等替代煤、石油等化石能源以减少二氧化碳排放；低碳技术包括清洁煤技术（IGCC）和二氧化碳捕捉及储存技术（CCS）等等；低碳产业体系包括火电减排、新能源汽车、节能建筑、工业节能与减排、循环经济、资源回收、环保设备、节能材料等等。

2.1.1.5　绿色经济

绿色经济（Green Economy）一词源自于英国经济学家大卫·皮尔斯（D. Pearce）在 1989 年出版的《绿色经济蓝图》书中，但其萌芽却要追溯至 20 世纪 60 年代开始的"绿色革命"。2007 年联合国秘书长潘基文在联合国巴厘岛气候会议上提议开启"绿色经济"新时代之后，"绿色经济"就成为一种新的能够引领世界经济活动走向的术语。

绿色经济系指以市场为导向、以传统产业经济为基础、以经济与环境的和谐为目的而发展起来的一种新的经济形式，是产业经济为适应人类环保与健康需要而产生并表现出来的一种发展状态。

绿色经济是一种全新的三位一体思想理论和发展体系。其中包括"效率、和谐、持续"三位一体的目标体系，"生态农业、循环工业、持续服务产业"三位一体的结构体系，"绿色经济、绿色新政、绿色社会"三位一体的发展体系。

绿色经济是一种以资源节约型和环境友好型经济为主要内容，资源消耗低、环境污染少、产品附加值高、生产方式集约的一种经济形态。

绿色经济与传统产业经济的区别在于：传统产业经济是以破坏生态平衡、大量消耗能源与资源、损害人体健康为特征的经济，是一种损耗式经济；绿色经济则是以维护人类生存环境、合理保护资源与能源、有益于人体健康为特征的经济，是一种平衡式经济。

绿色经济是一种融合了人类的现代文明，以高新技术为支撑，使人与自然和谐相处，能够可持续发展的经济，是市场化和生态化有机结合的经济，也是一种充分体现自然资源价值和生态价值的经济。它是一种经济再

生产和自然再生产有机结合的良性发展模式，是人类社会可持续发展的必然产物。绿色经济的范围很广，包括生态农业、生态工业、生态旅游、环保产业、绿色服务业等。

2.1.1.6 循环经济

循环经济（Circular Economy）思想萌芽诞生于 20 世纪 60 年代的美国，20 世纪 90 年代英国经济学家大卫·皮尔斯（D. Pearce）和克里·特纳（P. K. Turner）在《自然资源与环境经济学》一书中正式提出"循环经济"的术语。循环经济的定义有多种表达：

《中华人民共和国循环经济促进法》（2018 年修正）将循环经济定义为"在生产、流通和消费等过程中进行的减量化、再利用、资源化活动的总称。"

国家发改委对循环经济的定义为"循环经济是一种以资源的高效利用和循环利用为核心，以'减量化、再利用、资源化'为原则，以低消耗、低排放、高效率为基本特征，符合可持续发展理念的经济增长模式，是对'大量生产、大量消费、大量废弃'的传统增长模式的根本变革。"

循环经济亦称"资源循环型经济"。以资源节约和循环利用为特征、与环境和谐的经济发展模式。循环经济与传统经济不同，传统经济是由"资源—产品—污染排放"所构成的物质单向流动的线性经济，其特征是高开采、低利用、高排放，对资源的利用常常是粗放的和一次性的，经济增长主要依靠高强度地开采和消费资源以及高强度地破坏生态环境。循环经济强调把经济活动组织成一个"资源—产品—再生资源"的反馈式流程，其特征是低开采、高利用、低排放，所有的物质和能源能在这个不断进行的经济循环中得到合理和持久的利用，以把经济活动对自然环境的影响降低到尽可能小的程度；其基本行为准则是"3R"原则；其运行通过"3R"原则实现全社会的物质闭环流动。

"3R"原则是鲁西（W. M. S. Russell）和伯奇（R. L. Burch）于 1959 年提出的循环绿色经济。3R 原则（the rules of 3R）系指减量化（Reducing），再使（利）用（Reusing）和再循环（Recycling）三种原则的简称。

减量化原则（Reducing）要求用较少的原料和能源投入来达到既定的生产目的或消费目的，进而达到从经济活动的源头就注意节约资源和减少污染物；并且通过适当的方法和手段尽可能减少废弃物的产生和污染物排放，它是防止和减少污染最基础的途径。

再使（利）用原则（Reusing）要求制造的产品和包装容器能够以初始的形式被反复使用，尽可能多次以及尽可能多种方式地使用产品，提高产品和服务的利用效率，减少一次性用品以防止产品过早地成为垃圾。

再循环原则（Recycling）要求生产出来的物品在完成其使用功能后能重新变成可以利用的资源，而不是不可恢复的垃圾，把废弃物品返回工厂作为原材料融入新产品生产之中。

2.1.1.7　清洁生产

清洁生产（Cleaner Production）的起源来自于 1960 年的美国化学行业的污染预防审计；1976 年欧共体提出"消除造成污染的根源"的思想，1979 年 4 月欧共体理事会宣布推行清洁生产政策；1989 年联合国开始在全球范围内推行清洁生产。清洁生产的定义有多种表述：

联合国环境规划署工业与环境规划中心（UNEPIE/PAC）定义：清洁生产是一种新的创造性的思想，该思想将整体预防的环境战略持续应用于生产过程、产品和服务中，以增加生态效率和减少人类及环境的风险。

对生产过程，要求节约原材料与能源，淘汰有毒原材料，减降所有废弃物的数量与毒性；对产品，要求减少从原材料提炼到产品最终处置的全生命周期的不利影响；对服务，要求将环境因素纳入设计与所提供的服务中。

《中国 21 世纪议程》的定义：是指既可满足人们的需要又可合理使用自然资源和能源并保护环境的实用生产方法和措施，其实质是一种物料和能耗最少的人类生产活动的规划和管理，将废物减量化、资源化和无害化，或消灭于生产过程之中。同时对人体和环境无害的绿色产品的生产亦将随着可持续发展进程的深入而日益成为今后产品生产的主导方向。

2.1.1.8　绿色新政

绿色新政（Green New Deal）系由联合国秘书长潘基文在 2008 年 12 月 11 日的联合国气候变化大会上提出的一个新概念，是对环境友好型政策的统称，主要涉及环境保护、污染防治、节能减排、气候变化等与人和自然的可持续发展相关的重大问题。

潘基文呼吁全球领导人在投资方面，转向能够创造更多工作机会的环境项目，在应对气候变化方面进行投资，促进绿色经济增长和就业，以修复支撑全球经济的自然生态系统。

各主要经济体大力实施的"绿色新政"，是以技术革命为核心的新一轮

工业革命，具有显著的战略意义：一方面以发展绿色经济作为新的增长引擎，力图借此刺激经济复苏摆脱目前的经济衰退；另一方面是谋求确立一种长期稳定增长与资源消耗、环境保护"绿色"关系的新经济发展模式；第三是力争占领全球新一轮绿色工业革命制高点和全球经济的主导权。

发达国家纷纷出台重大"绿色新政"，全球"绿色竞争"的气氛已日趋激烈。面对当今世界经济发展的新趋势、新潮流和世界竞争的新格局、新变化，中国必须抓住这一千载难逢的"绿色"机遇，抢占新一轮全球竞争的"制高点"，以迎战决定未来国运的全球绿色竞争。

2.1.1.9　绿色 GDP

绿色 GDP（Green GDP）是绿色经济 GDP 的简称，也称可持续发展国内生产总值。绿色 GDP 是指一个国家或地区在考虑了自然资源（主要包括土地、森林、矿产、水和海洋）与环境因素（包括生态环境、自然环境、人文环境等）影响之后经济活动的最终成果；也即把经济活动中所付出的环境资源成本和环境资源保护费用从 GDP 中予以扣除。其表达式如下：

$$绿色\,GDP = GDP\,总值 - （环境资源成本 + 环境资源保护服务费用）$$

$$(2-1)$$

式中 GDP 总值即国内生产总值（Gross Domestic Product，GDP）：是指一个国家（或地区）所有常住单位在一定时期内生产的全部最终产品和服务价值的总和，常被认为是衡量国家（或地区）经济状况的指标。

1993 年，联合国在发布的《综合环境与经济核算体系》（SEEA）中首次正式提出了绿色 GDP 的概念，将经济活动对资源和环境的利用作为投入看待，旨在引导更多的国家补充和修正传统的经济增长衡量方式，推动在国家层面上建立绿色国民核算体系。推出绿色 GDP 核算，就是把经济活动过程中的资源环境因素反映在国民经济核算体系中，将资源耗减成本、环境退化成本、生态破坏成本以及污染治理成本从 GDP 总值中予以扣除。其目的是弥补传统 GDP 核算未能衡量自然资源消耗和生态环境破坏的缺陷。

2.1.1.10　绿色化学

绿色化学（Green Chemistry）又称环境无害化学（Environmentally Benign Chemistry）、环境友好化学（Environmentally Friendly Chemistry）、清洁化学（Clean Chemistry），核心是利用化学原理和新化工技术，从源头上减少或消除污染，最大限度地从资源合理利用、生态平衡和环境保护等方面满足人类可持续发展的需求，已成为各国政府、学术界关注的热点。

1990 年美国颁布了污染防治法案，将污染防治确立为国策。该法案中第一次出现"绿色化学"一词，定义为采用最小的资源和能源消耗，并产生最小排放的工艺过程。

绿色化学主要从原料的安全性、工艺过程节能性、反应原子的经济性和产物环境友好性等方面进行评价；原子经济性和"5R"原则是绿色化学的核心内容。

绿色化学涉及有机合成、催化、生物化学、分析化学、环境化学等诸多学科，内容广泛。绿色化学倡导用化学的技术和方法减少或停止那些对人类健康、社区安全、生态环境有害的原料、催化剂、溶剂和试剂、产物、副产物等的使用与产生。

绿色化学的理想是使污染消除在产生的源头，使整个合成过程和生产过程对环境友好，不再使用有毒、有害的物质，不再产生废物，不再处理废物，这是从根本上消除污染的对策。由于在始端就采用预防污染的科学手段，过程和终端均为零排放或零污染。世界上很多国家已把"化学的绿色化"作为新世纪化学进展的主要方向之一。

从科学观点看，绿色化学是化学科学基础的创新；从环境观点看，绿色化学是化学科学从源头上消除污染；从经济观点看，绿色化学是化学科学合理利用资源和能源，降低生产成本。

须知，绿色化学与污染控制化学不同。污染控制化学研究的对象是对已被污染的环境进行治理的化学技术与原理，使之恢复到被污染前的面目。

2.1.1.11　绿色工业革命

绿色工业革命（Green Industrial Revolution）系指一系列基要生产函数，发生从以自然要素投入为特征，到以绿色要素投入为特征的跃迁过程，并普及至整个社会。这一过程的后果是经济发展逐步和自然要素消耗脱钩。

绿色工业革命，就是要发展绿色能源、绿色生产技术、绿色工业制品、绿色消费等。绿色工业革命是一场全新的工业革命，它的实质和特征，就是大幅度地提高资源生产率，经济增长与不可再生资源要素全面脱钩，与二氧化碳等温室气体排放脱钩。

绿色工业革命是对资本主义发展模式的一次自觉的超越，其正是要从根本上解决人类发展模式与自然资源、生态环境之间的矛盾，从本质上改变人类从 1750 年以来经济发展的模式和路线图。

绿色工业革命的目的和本质就在于为人类、特别是发展中国家创新出

新的发展模式，避免重蹈西方国家 200 年来的传统黑色发展模式，缩小发展中国家与发达国家之间的差距，使人与自然和谐相处。

绿色工业革命需要全球所有国家和地区的共同参与。从主导产业和技术创新来看，伴随着基础理论的重大突破，技术层面上将不断革新；从基要生产函数来看，关键投入要素的组合也在不断变化。

绿色工业革命将是一次全方位的产业革命：它既包括低能耗的绿色产业，也包括对过去"黑色产业"的"绿化"；既包括新能源的开发和利用技术，也包括各种节能减排技术的开发和推广；从资源利用效率来看，越来越多的新技术得到开发和应用，大幅度减少污染物，从"高排放"转向"低排放"，甚至实现"零排放"。

绿色工业革命是以人工智能、清洁能源、机器人技术、量子信息技术、虚拟现实以及生物技术为主的全新科学技术革命。

2.1.1.12　绿色工程

绿色工程（Green Engineering）：系指充分应用现代科学技术，在工程建设中加强环境保护，发展清洁施工生产，不断改善和优化生态环境，使人与自然和谐发展；使人口、资源和环境相互协调、相互促进，建造质量优良，经济效益长久，具有较高的社会效益，有利于维护良好的生态环境和无污染的建设工程。

绿色工程是实施工程项目乃至全社会可持续发展的主要保障，其本质特征就是可持续发展。在工程项目管理中实施绿色工程，对人类的可持续发展有着举足轻重的作用。

2.1.1.13　绿色设计

绿色设计（Green Design）也称生态设计（Ecological Design），环境设计（Design for Environment），环境意识设计（Environment Conscious Design）。系指在产品整个生命周期内，着重考虑产品环境属性（可拆卸性，可回收性、可维护性、可重复利用性等）并将其作为设计目标，在满足环境目标要求的同时，保证产品应有的功能、使用寿命、质量等要求。绿色设计的原则为"3R"的原则，减少环境污染、减小能源消耗，产品和零部件的回收再生循环或者重新利用。

绿色设计着眼于人与自然的生态平衡关系，在产品及其生命周期全过程的设计中，充分考虑对资源和环境的影响，在充分考虑产品的功能、质量、开发周期和成本的同时，优化各有关设计因素，使得产品及其制造过

程对环境的总体影响和资源消耗减到最小。

绿色设计借助产品生命周期中与产品相关的各类信息（技术信息、经济信息、环境协调性信息），利用并行设计等各种先进的设计理论，使设计出的产品具有先进的技术性、合理的经济性、良好的环境协调性的一种系统设计方法。

2.1.1.14　绿色制造

绿色制造（Environmentally Conscious Manufacturing）也称环境意识制造、面向环境的制造（Manufacturing for Environment）等，系指在保证产品的功能、质量、成本的前提下，综合考虑环境影响和资源效益的现代制造模式。

绿色制造的目标是使产品从设计、制造、包装、运输、使用到报废处理的整个产品生命周期中，对环境的影响（负作用）最小，资源利用率最高，并使企业经济效益和社会效益协调优化。

绿色制造模式是一个闭环系统，也是一种低熵的生产制造模式，即原料—工业生产—产品使用—报废—二次原料资源，从设计、制造、使用一直到产品报废回收整个寿命周期达到对环境影响最小，资源效率最高，也就是说要在产品整个生命周期内，以系统集成的观点考虑产品环境属性，改变了原来末端处理的环境保护办法，对环境保护从源头抓起，并考虑产品的基本属性，使产品在满足环境目标要求的同时，保证产品应有的基本性能、使用寿命、质量等。

2.1.1.15　绿色产品

绿色产品（Green Product）：系指生产过程及其本身节能、节水、低污染、低毒、可再生、可回收的一类产品，它也是绿色科技应用的最终体现。绿色产品能直接促使人们消费观念和生产方式的转变，其主要特点是以市场调节方式来实现环境保护目标。公众以购买绿色产品为时尚，促进企业以生产绿色产品作为获取经济利益的途径。

绿色产品就是在其生命周期全程中，符合环境保护要求，对生态环境无害或危害极少，资源利用率高、能源消耗低的产品，主要包括企业在生产过程中选用清洁原料、采用清洁工艺；用户在使用产品时不产生或很少产生环境污染；产品在回收处理过程中很少产生废弃物；产品应尽量减少材料使用量，材料能最大限度地被再利用；产品生产最大限度地节约能源，在其生命周期的各个环节所消耗的能源应达到最少。

　　为了鼓励、保护和监督绿色产品的生产和消费，不少国家制定了"绿色标志"制度。德国于 1978 年开始采用蓝色天使绿色标志，是世界上最早使用绿色标志的国家。从 1988 年开始，加拿大、日本、法国等国也相继建立自己的绿色标志认证制度。我国农业部于 1990 年率先命名推出了无公害"绿色食品"，1995 年，"绿色食品"数量增至 389 种。在工业领域，我国从 1994 年开始全面实施"绿色标志"工作，至今已有低氟家用制冷器、无铅汽油、无磷洗衣粉等 8 类 35 个产品获得了"绿色标志"。

2.1.1.16　环境标志

　　环境标志（Environmental Label）又称"环境标签"、"绿色标志"、"生态标志"：是一种印刷或粘贴在产品或其包装上的证明性标志。

　　环境标志是由政府部门或公共、私人团体依据一定的环境标准向有关厂家颁布证书，证明其产品的生产使用及处置过程全部符合环保要求，对环境无害或危害极少，同时有利于资源再生和回收利用的一种特定标志。

图 2-3　中国环境标志

　　环境标志表明获准使用该标志的产品不但质量符合标准，而且在生产、使用、消费及处理过程中符合环保要求，与同类产品相比，具有低毒少害，节约资源等环境优势，对生态环境和人类健康均无损害。中国环境标志如图 2-3 所示。

　　绿色产品贴上环境标志，表示产品的环境性能已通过公证性质的鉴定，是对产品全面的环境质量评价。对企业而言，绿色标志可谓产品的绿色身份证，是企业获得政府支持，获得消费者信任，顺利开展绿色营销的主要保证。

2.1.1.17　生命周期评价

　　生命周期评价（Life Cycle Assessment，LCA）起源于 1969 年美国中西部研究所，受可口可乐委托对饮料容器从原材料采掘到废弃物最终处理的全过程进行跟踪与定量分析。

　　根据 ISO14040（1999）的定义，LCA 是指"对一个产品系统的生命周期中输入、输出及其潜在环境影响的汇编和评价，具体包括互相联系、不断重复进行的四个步骤：目的与范围的确定、清单分析、影响评价和结果解释。生命周期评价是一种用于评估产品在其整个生命周期中，即从原材

料的获取、产品的生产直至产品使用后的处置，对环境影响的技术和方法。"

①目标与范围定义：目标定义主要说明进行 LCA 的原因和应用意图，范围界定则主要描述所研究产品系统的功能单位、系统边界、数据分配程序、数据要求及原始数据质量要求等。鉴于 LCA 的重复性，可能需要对研究范围进行不断的调整和完善。

②清单分析：首先是根据目标与范围定义阶段所确定的研究范围建立生命周期模型，做好数据收集准备。然后进行单元过程数据收集，并根据数据收集进行计算汇总得到产品生命周期的清单结果。

③影响评价：影响评价的目的是根据清单分析阶段的结果对产品生命周期的环境影响进行评价。这一过程将清单数据转化为具体的影响类型和指标参数，更便于认识产品生命周期的环境影响。此外，此阶段还为生命周期结果解释阶段提供必要的信息。

④结果解释：结果解释是基于清单分析和影响评价的结果识别出产品生命周期中的重大问题，并对结果进行评估，包括完整性、敏感性和一致性检查，进而给出结论、局限和建议。

2.1.1.18　优先污染物和管控污染物

优先污染物（Priority Pollutants）也称优控污染物，是一类对健康和环境影响基本明确、需要即刻开展环境管理和污染控制的污染物。不同国家确定优先污染物的方式有很大不同，但是普遍遵循的原则为：在环境中的浓度水平有可能导致不可接受的健康和生态风险，具有成熟的环境分析和环境监测技术，一旦实施环境管理则应该具有经济可行的污染控制技术，以及针对优先污染物环境管理可接受的总体成本。

美国的优先污染物和有毒物质清单：美国环保署于 1976 年公布了 126 种优先污染物清单。针对清单污染物，在清洁水法中规定了制定水质基准和标准的要求，并在 NPDES 中规定了 TBELs 和 WQBELs 两类排放许可。清洁水法中还同时规定了对其他有毒物质的控制，其清单主要来自美国国家毒物规则（NTR）和环境质量标准法规（WQSR）的要求，包括氨氮、烷基酚等 1976 年以后提出需要管控的有毒污染物。美国针对有毒物质管控的法规非常多，如社区知情权法、超级基金法、饮用水安全法等都有详细的优先管理或控制污染物清单。

欧盟的优先污染物清单：欧盟将水框架指令（WFD）中提出的 45 个优先污染物清单和其姊妹危险物质指令的 8 类污染物作为全欧洲需要环境管控

的污染物。此外，欧盟其他法规和成员国独立的环境法规也提出了许多需要管控的有毒有害物质清单，如工业排放指令（IPPC/IED）。欧盟确定优先污染物清单的原则包括普遍检出、具有潜在风险、环境监测技术可靠、具备污染预防和控制技术、社会经济环境效益的综合平衡和控制效果可检验。

我国在进行研究和参考国外经验的基础上，1989 年也提出将首批十四个化学类别的 68 种化学污染物列为优先污染物黑名单，包括卤代烃、苯系物、氯代苯类、多氯联苯类、酚类、硝基苯类、苯胺类、多环芳烃、酞酸酯类、农药、丙烯腈、亚硝胺类、氰化物、重金属及其化合物。GB 3838—2002 中列出了 40 种（类）水源水体选择性指标，但是这些指标并没有作为水质考核指标或许可证制度的内容。此外，在中国环境相关的法规中存在许多需要优先管理和控制的有毒有害污染物，如生活饮用水标准中的有毒有害污染物指标、2017 年公布的"优先控制化学品名录"等。后者要求对 22 个（类）污染物实施许可证管理。中国的优先污染物黑名单和优先控制污染物清单主要依据产量、环境检出和环境 PBT 性质（持久性、生物累积性和毒性）。

2.1.1.19 持久性有机污染物

持久性有机污染物（Persistent Organic Pollutants，POPs）是指通过各种环境介质（大气、水、生物体等）能够长距离迁移并长期存在于环境，进而对人类健康和环境具有严重危害的天然或人工合成的有机污染物质。由于其污染的严重性和复杂性远超过常规污染物，最近数十年成为环境科学研究的热点。

根据 POPs 的定义，国际上公认的 POPs 具有下列 4 个重要的特性：①能在环境中持久地存在；②能蓄积在食物链中对有较高营养等级的生物造成影响；③能够经过长距离迁移到达偏远的极地地区；④在相应环境浓度下会对接触该物质的生物造成有害或有毒效应。

POPs 由于其具有三致效应，并且其危害性具有隐蔽性和突发性的特点，一旦发生重大污染事件，将会产生灾难性后果甚至会持续危害几代人。其生产、使用和排放对人民群众健康和生态环境构成严重威胁，成为全球关注的环境污染物。为避免环境和人类健康受到持久性有机污染物危害，国际社会于 2001 年 5 月共同通过了《关于持久性有机污染物的斯德哥尔摩公约》（简称"《斯德哥尔摩公约》"或"公约"），决定全球携手共同应对持久性有机污染物这一顽敌。该公约至今已有 151 个国家签署，83 个国家批准，是国际社会对有毒化学品采取优先控制行动的重要步骤。2004

年 5 月 17 日，POPs 公约正式生效，全球削减和淘汰 POPs 进入全面实质性的开展阶段。

POPs 主要包括《斯德哥尔摩公约》首批公布的 12 种（类）：艾氏剂（aldrin），氯丹（chlordane），滴滴涕（DDT）、狄氏剂（dieldrin）、异狄氏剂（endrin）、七氯（heptachlor）、灭蚁灵、毒杀芬、多氯联苯（PCBs）、六氯苯（HCB）、多氯代二本并-对-二噁英（PCDDs）和多氯代二苯并呋喃（PCDFs）。以及后来列入《斯德哥尔摩公约》的溴联苯醚（polybrominated diphenyl ethers，PBDEs）、全氟辛烷磺酸（perfluorooctane sulfonate，PFOS）、全氟辛酸及其盐（perfluorooctanoic acid，PFOA）、邻苯二甲酸酯（phthalic acid esters，PAEs）等几十种物质。

中国政府于 2001 年 5 月 23 日在瑞典签署了《斯德哥尔摩公约》，2007年，国务院批准《中国履行〈关于持久性有机污染物的斯德哥尔摩公约〉国家实施计划》（简称"《国家实施计划》"），确定了我国履约目标、措施和具体行动。通过不断努力，按照《国家实施计划》要求，我国在《斯德哥尔摩公约》履约机制和能力建设、持久性有机物削减和淘汰方面开展了大量的工作，解决了一批危害群众健康的突出环境问题。随着人类对化学品认识的不断提升和广大人民群众对环境质量期望的不断提高，以及公约不断增列新的受控物质的国内国际形势，我国履约工作依然面临严重形势和繁重的任务。

2.1.1.20　非管控污染物

非管控污染物（Unregulated Pollutants）包括非故意产生的持久性有机污染物（Unintentionally Produced Persistent Organic Pollutants，UP-POPs）和有意识生产和使用的化学品。前者系指不是人类故意生产，而是在各种人类活动过程中非故意产生的副产物类持久性有机污染物，称之为非故意产生的持久性有机污染物。后者是当前经济活动和生活必需的化学品，其中相当一部分具有潜在的环境和健康危害，但是由于不符合优先管理和控制的基本要求而暂时放置，典型如药品化妆品、环境内分泌干扰物等新兴污染物（Emerging Contaminants）或新关注污染物（Contaminants of Emerging Concern）。

非管控污染物通常采用两类管理方式加以管理：第一种方式是在确定的清单范围内根据现场监测评估结果，提出需要确定排放标准、环境质量标准和修复标准的污染物；第二种方式采用触发机制，当触发某种阈值时启动环境管理和控制措施。

2.1.1.21 最佳可行技术

最佳可行技术（Best Available Technology，BAT），是指对市场及其运作结果提供多种选择的处理或过滤技术，每种选择都能够保证在最低成本条件下达到要求的结果。因此，严格地说 BAT 概念与各种因素相关，如时间（技术随时间的变化）；空间（某项技术在不同国家，成本和可获得性也不尽相同）；使用（使用不同技术达到相同结果）；以及结果（满足结果不一定是最好的选择，而且还要满足法律条文、公司专门的要求等）。

BAT 的概念最早来自欧盟。1996 年 9 月，欧盟执行委员会提出了污染综合防治指令（IPPC），以最佳可行技术作为能够达到对整个环境进行高水平保护的重要工具。该指令指出，预防或减少污染物排放的技术措施应基于 BAT。并且，该指令要求欧盟各成员国为若干工业和特定污染物，建立包括制定排放限值推广 BAT 的许可制度。

在欧盟工业污染排放指令（IED）（2010）中给出的 BAT 定义为：代表了各项生产活动、工艺过程和相关操作方法发展的最有效及最新阶段。它表明特定技术的实际适用性，为排放限值和其他许可条件提供基础，旨在防止和在不可行的情况下减少排放以及对整个环境的影响。更具体地说，最佳可行技术的定义基于以下要素：

"技术"：应包括技术的应用和设施的设计、建造、维修、操作和拆除。

"可行"：指那些在一定规模水平上发展起来的技术，在经济和工艺许可的条件下，同时考虑成本和利益，能够在相关工业领域中得到应用。某项技术是否被成员国采用并投入到生产中，取决于它们能否被经营者合理接受。

"最佳"：指在综合考虑环境保护的基础上，能够使效益达到最大化。

这个定义主要关注欧盟整体内各个点源排放量的最少化，并逐一规定每项工业设施的整体许可证。欧盟已经在最佳可用技术参考（BREF）文件中详细阐述了适用于各个工业部门的最佳可用技术。目前，欧盟的 BAT 体系已经基本建立完成，并在各行各业建立起相应的参考性文件，开始发挥其指导作用。期间，各成员国也相继以 BREF 为基础，构建起符合各自具体国情的 BAT 体系。

另外，美国对 BAT 的解释为：BAT（best available technology economically achievable）是代表以现有最佳的污染物控制和处理方法为基础的一种技术水平，并在给定的工业范畴和子范畴内具有经济可行性。

美国在国家、州和地方层面采用基于技术的绩效标准，通常以量化的

排放限值（ELV）的形式，应用于工业设施。美国的联邦环境立法，包括清洁空气法案（CAA），清洁水法案（CWA）和污染预防法案（PPA），都包括对基于技术的要求。通过实施污染控制计划，各州必须达到并保持质量标准。美国 EPA 在多个控制水平上建立特定污染物的基于技术的点源排放标准（TBEL），例如，现有或新来源，直接或间接排放，优先、常规或非常规污染物。基于污染控制技术的排放限值工业污染源控制最佳可行技术体系主要有最佳可行控制技术（BPT）、最佳常规污染物控制技术（BCT）、最佳经济可行技术（BAT）及现有最佳示范技术（BADT）等。

在中国，BAT 是从 2007 年颁布实施《国家环境技术管理体系建设规划》才开始起步的。目前，我国环境技术管理体系以系统、科学的行业环境污染防治技术评估制度为基础，以技术政策、BAT 指南和工程规范等技术指导文件为核心，建立环境技术的示范推广机制平台，为环境管理目标的设定以及环境管理制度的实施提供技术支持。

2.1.1.22　最佳环境实践

最佳环境实践（Best Environmental Practice，BEP）：系指环境控制措施和战略的最佳组合方式的应用。根据《关于持久性有机污染物的斯德哥尔摩公约》的精神，缔约方有义务促进或要求最佳可行技术（BAT）的使用，并且推动最佳环境实践（BEP）的广泛应用。

为了指导二噁英等 UP-POPs 的减排，2005 年 5 月联合国环境规划署成立了"最佳可行技术"和"最佳环境实践"专家组，之后制定了（BAT/BEP）导则。

以消除 POPs 污染、保护人类健康和环境免受 POPs 危害为目的的《关于持久性有机污染物的斯德哥尔摩公约》已于 2004 年 5 月 17 日正式生效。公约将首批 12 种（类）POPs 分为三类：需要消除的、需要限制使用的、非故意生产的 POPs，分别规定了相应的淘汰削减义务。其中公约第 5 条明确规定：各缔约方应制定和实施行动计划，以达到持续减少，并在可行的情况下最终消除以二噁英类为代表的、人为来源的非故意生产 POPs 排放总量的目标。公约第 5 条指明减排的核心手段是推行最佳可行技术和最佳环境实践（BAT/BEP），要求缔约方必须不迟于在公约生效的四年内对附件 C 第二部分的新源采用 BAT，并对附件 C 第三部分的新源以及附件 C 中所有的现有源促进采用 BAT/BEP。

2.1.2 以预防为主的综合防治环境污染

20世纪70年代起，发达国家采取了一系列以预防为主的综合防治环境污染的策略，政府和企业加大环境治理资金投入，研究开发及应用污染防治技术和设施。与此同时，将工业污染物管理的重点从末端治理转到源头污染预防上来，开辟污染预防的新途径。推行清洁生产工艺和污染物治理技术，加强对废弃物的回收利用，使用清洁能源，创建生态工业园，实施排污交易等。大大削减了向环境中排放危险物质数量。

到20世纪90年代后期，西方发达国家的环境得到了明显的改善，主要得益于产业结构调整和控污技术进步。据报道，美国化学工业产值在1988—1998年期间增长了35%以上，化工排放的危险物质占全部工业的比例由31%减少到10%，其中无机化学品工行业削减27%，有机化学品行业削减25%，农用化学品行业削减21%；日本化学工业在1995—1998年期间12种空气优先污染物排放量削减了35%，其中甲醛、乙醛、三氯乙烯排放量削减了50%以上，COD排放量显著下降，并始终保持低水平；英国化学工业1990—1998年期间削减了27种化学物质排放量的96%；加拿大化工公司1997—1998期间削减了15种优先化学物质排放量37%，与1992年相比，排放量减少了73%；意大利化学工业1989—1999期间减少水中COD排放量大约为45%，氨氮排放量减少约60%（由5730 t减少到2310 t），重金属排放量减少约60%（由58 t减少到23 t）。

发达国家在20世纪90年代，基本完成了对大量常规污染物的控制研究，不断发现并关注如持久性有机物、内分泌干扰物、纳米颗粒物、微塑料、抗生素及抗性基因等新的污染问题。

2.1.3 实施绿色新政推动绿色经济发展

进入20世纪以来，发达国家开始实施绿色新政推动经济发展。实施绿色新政，制定绿色规划，确定具有环境意识的绿色产品标志，不但有利于拉动就业、提振经济，还能有效调整经济结构，理顺资源环境与经济发展的关系；从长期来看，有利于经济可持续发展，还可防止危机重演。转变传统高能耗、高污染、高排放的经济增长方式，发展以低能耗、低污染、低排放为标志的"绿色经济"，不仅成为全球应对气候变化的重要选择，也被认为是人类社会继原始文明、农业文明、工业文明之后走向生态文明的

重要途径，"绿色经济"正在成为世界各国经济发展的共同选择和行动。当前，许多国家政府正在实施的"绿色新政"，旨在加强对绿色经济的引导和扶持，推动投资转向"绿色经济"领域。

欧盟 27 国达成协议，要求温室气体排放量到 2020 年比 1990 年减少 20%；2009 年欧盟制定了《环保型经济》的中期规划，全力打造具有国际水平和全球竞争力的"绿色产业"，筹措总额 1050 亿欧元，用 5 年时间初步形成"绿色能源""绿色电器""绿色建筑""绿色交通""绿色城市"产业的系统化和集约化结构成型。

英国 2009 年发布了《低碳转换计划》和《可再生能源战略》国家战略文件，从政策和资金方面向低碳产业倾斜，积极支持"绿色制造"，研发新的"绿色技术"。

德国发展绿色经济的重点是发展生态工业。2009 年 6 月公布了一份旨在推动德国经济现代化的战略文件，强调生态工业政策应成为德国经济的指导方针。据经济学家估计，到 2020 年用于基础设施的投资至少需要增加 4000 亿欧元，为此需要政府增加对环保技术创新的投入，并鼓励私人投资，通过筹集公共和私人资金建立环保和创新基金，以此推动绿色经济的发展。

法国绿色经济政策重点是发展核能和可再生能源。核能一直是法国能源政策的支柱，也是法国绿色经济的重点。2008 年 12 月法国环境部公布了一揽子旨在发展可再生能源计划。在利用地热方面，政府计划到 2020 年把地热能利用总量在现有基础上增加 5 倍；到 2020 年可再生能源在能源消费总量中的比重至少要提高到 23%。

日本率先提出要把日本打造成全球第一个绿色低碳国家。日本政府综合科学技术会议于 2009 年 10 月确定了 2010 年度科学技术相关预算分配的方针，最优先考虑环境、能源领域的技术革新，即"绿色技术革新"，目的是通过实行削减温室气体排放等措施，强化日本"绿色经济"。大力发展环境导向的清洁生产技术，并在 2025 年规划中提出了"全部清洁化"战略，建立替代性新工艺、新过程、新材料以及污染防治和资源循环体系，到 2025 年使单位产值能耗下降一半，使化学物质排放风险趋于零。制定了四大能源计划，其中之一就是节能领先计划，目标到 2030 年能耗效率至少提高 30%。通过改革税制，鼓励企业节约，大力开发和使用节能新产品。

韩国于 2009 年 7 月公布了绿色增长国家战略及五年计划，确定了发展

工业污染全过程控制与应用

"绿色能源"的一系列指标，计划建立"环境能源城"和"绿色村庄"，争取使韩国在2020年底前跻身全球七大"绿色大国"。

美国"绿色新政"包括节能增效、开发新能源、应对气候变化等多个方面，其中，新能源开发是其核心。2009年总额达7870亿美元的《美国复苏与再投资法案》将发展新能源作为主攻领域之一，2009年《美国清洁能源安全法案》规定美国到2020年将使温室气体排放量在2005年基础上减少17%，到2050年减少83%。以促进美国经济的战略转型。

不难看出，实施"绿色新政"的终极目标就是将高能耗、高污染、高排放的"黑色"传统经济发展模式，转变为低能耗、低污染、低排放的"绿色"可持续发展模式。

目前，发达国家已经进入工业高加工度化的发展阶段，已经走过了单纯末端治理的道路，基本完成了对大量常规污染物的控制研究，关注新型有毒有害污染物风险管控和环境水体微污染的转化与控制问题。从工业污染防治的发展史来看，发达国家不论从污染防治立法及控污战略制定方面都远早于我国，基本处于预防、全过程控制及循环经济的阶段；而我国在相当长的一段时期内仍将处于重化工业化中级阶段，状态是工业污染防治以末端治理为主，源头和过程控制刚起步。

2.1.4 碳中和背景下的绿色低碳化转型

2020年以来，发达国家逐渐构筑多产业循环链接的工业生态模式，在人工智能、信息化治污等领域已处于领先地位；同时在气候行动、环境及资源效率提升等方面，以约束性碳排放目标为基础，在发展过程中逐渐实现碳中和，旨在实现水效率高、可应对气候变化的弹性经济与社会体系，保护自然资源和生态系统的可持续性。为应对全球气候变化，世界各国以协议约定的方式制定节能减排计划，欧盟"地平线计划（H2020）"发布了气候行动、环境、资源效率和原材料项目和欧盟适应策略计划，美国"零碳排放行动计划（ZCAP）"，提出了提升经济活力、就业增长与2050年的零碳排目标，计划采用法规与市场激励手段来刺激创新、推广零碳排放技术。

我国已成为连续15年位居全球碳排放首位的国家，在应对全球气候变化工作中，承担着更大的碳减排责任。2020年9月，国家主席习近平在第七十五届联合国大会一般性辩论上向国际社会作出碳达峰、碳中和的郑重承诺，力争于2030年前二氧化碳排放达到峰值，努力争取2060年前实现碳

中和的目标。随后"3060 目标"被纳入"十四五"规划建议，中央经济工作会议也首次将"做好碳达峰、碳中和工作"列入 2021 年八大任务之一。因此，"3060 目标"不仅是中国为应对全球气候变化向国际社会做出的郑重承诺，也是中国未来经济结构转型与可持续发展的必然选择。当前中国的工业体系建立在高强度的碳排放之上，是碳排放的重要领域，因此工业类重点行业能否提前达峰，将是我国兑现应对气候变化承诺的关键。生态环境部于 2021 年 1 月发布的《关于统筹和加强应对气候变化与生态环境保护相关工作的指导意见》，旨在推动钢铁、建材、有色、化工、石化、电力、煤炭等重点行业提出明确的达峰目标并制定达峰行动方案。在上述背景下，面临碳排放标准逐渐趋严，高耗产能尤其工业领域的产能将进一步压缩，此类高碳排放行业的产能扩张也将极度受限。

"碳达峰、碳中和"目标不仅在于"节能减排"，背后更大的意义在于推动社会向绿色发展转型，以能源高效利用、清洁能源开发、生产方式和产业结构转变为核心，发展低碳经济。除了产能控制外，在低碳发展和环保要求日趋严格的景下，工业领域将加速从"灰色制造"向"绿色制造"转型。因此，工业领域不仅需从自身能源和产业结构进行调整，清洁生产水平的提高以及污染物排放总量的控制和治污设施的升级等工作也将是低碳发展下的必然选择，由此工业治污企业也将在此背景下迎来更多的机遇与挑战。

2.2　国内外污染控制发展历程

纵观社会发展，工业污染控制的历程，大致经历了四个阶段，即：

（1）第一阶段——直接排放阶段

20 世纪 40 年代以前，人们将生产过程中产生的污染物不加任何处理便直接排入环境。由于当时的工业尚不发达，污染物的排放量相对较少，而环境容量较大，因此环境污染问题并不突出。

（2）第二阶段——稀释排放阶段

稀释排放就是用稀释剂（例如：水、空气等）与污染物混合均匀，污染物被稀释至所要求的浓度后排放，从而实现污染物低浓度达标排放。

进入 20 世纪 40—50 年代，人们开始关注工业生产所排放的污染物对环境的危害。为了降低污染物浓度、减少局部环境影响，采取了将污染物转移到海洋或大气中的方法，认为自然环境将吸收这些污染。后来，人们意

识到自然环境在一定时间内对污染的吸收承受能力是有限的，开始根据环境的承载能力计算一次性污染排放限度和标准，将污染物稀释后排放。

稀释排放其实际的污染物排放量并没有减少，而且还耗费大量的资源。针对此问题，又提出了总量控制这个概念，有了总量控制，对于稀释排放就有了限制。

（3）第三阶段——末端治理阶段

末端治理（End-of-pipe Treatment）是指在生产过程的末端，针对产生的污染物开发并实施有效的治理技术。末端治理在环境管理发展过程中是一个重要的阶段，它有利于消除污染事件，也在一定程度上减缓了生产活动对环境污染和破坏趋势。

但随着时间的推移、工业化进程的加速，末端治理的局限性也日益显露。首先，处理污染的设施投资大、运行费用高，使企业生产成本上升，经济效益下降；其次，末端治理往往不是彻底治理，而是污染物的转移，如烟气脱硫、除尘形成大量废渣，废水集中处理产生大量污泥等，所以不能根除污染；第三，末端治理未涉及资源的有效利用，不能制止自然资源的浪费。

一味地采用末端治理不仅使企业不堪重负，而且环境污染问题还未得到根本解决，臭氧层破坏、气候变暖、酸雨、有毒有害废物增加等许多新环境问题的出现使人类的生存环境更加危险。面对这种严峻的局面，人类不得不对未来进行慎重的思考。要真正解决污染问题需要实施全过程控制，减少以至消除污染物的产生，对全过程产生的污染物进行转化利用以及无害化处理，才能从根本上解决环境污染问题。

（4）第四阶段——清洁生产与可持续发展阶段

20世纪70年代开始，"环境与发展"问题已成为人类发展中的最突出、最紧迫和全球性的任务，也引起了首脑层的广泛关注。1972年巴西里约热内卢召开了世界环境与发展大会，提出了五个方面的转变，即思想观念的转变，要求人类从征服自然转为与自然友善相处，从技术论转为唯生态论；人口增长的转变，要求人口增长要与环境承载力相适应；能源结构的转变，从不可再生能源转变到利用可再生的清洁能源；经济发展战略的转变，从消耗型转向效率型，并兼顾当代人和后代人的利益；工业模式的转变，从环境有害转为环境友好模式。随着认识的日益深刻和科技的飞速发展，清洁生产的轮廓已初步形成，人类逐渐进入环境保护的新阶段，即清洁生产阶段。清洁生产是在较长的工业污染防治过程中逐步形成的，也可

以说是世界各国 20 多年来工业污染防治基本经验的结晶。社会发展过程中的环保历程和工业污染管理方式变革的关系可见图 2-4。

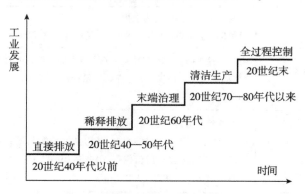

图 2-4　社会发展过程中工业污染防治方式变革

本节选取工业污染防治发展过程中末端治理及清洁生产两个代表性阶段分别进行详细介绍。

2.2.1　末端治理发展历程

20 世纪 40—50 年代，由于人类对工业化大生产所导致的环境污染缺乏足够认识，许多工业污染物任其自流，然后让自然界稀释、降解，长期如此，污染物排放量超过了自然界的容量和自净能力，从而导致环境污染事故频发，生态环境遭到严重破坏。自此，工业界不得不从自然排放、稀释排放转向治理污染，即针对生产末端产生的污染物开发行之有效的治理技术。这种做法即被称为"末端治理"，也是所谓"先污染后治理"模式的由来。末端治理即是指在生产过程的末端，针对产生的污染物开发并实施有效的治理技术，使污染物对自然界及人类的危害降低。该方法具有较强的针对性，与稀释排放相比，末端治理是一大进步，不仅有助于消除污染事件，也在一定程度上减缓了生产活动对环境的污染和破坏程度。末端环境管理亦称"尾部控制"，即环境管理部门运用各种手段促进或责令工业生产部门对排放的污染物进行治理或对排污去向加以限制。这种管理模式是在人类的活动已经产生了污染和破坏环境的后果上，再去施加影响。各国相继制定了污染控制为主的法规，要求工矿企业在限定时间内达到环境标准。20 世纪 60 年代起，大多数国家开始采取设立专职机构、制定环境标准、设立禁止性规范、要求行为义务等方式（表 2-1），调整大量出现的环境冲突。最典型的代表为污染防治技术体系与排放标准的建立。

表 2-1　国内外末端治理发展历程

国家	时间年份	内容
美国	1948—1955	从忽视污染防治转变为重视 《联邦水污染控制法案（1948）》《空气污染控制法（1955）》
	20 世纪 60 年代以来	由浓度控制向总量控制转变，基于技术的排放标准与许可证制度 《清洁水法案（1972）》《空气质量控制法（1967）》《清洁空气法（1970）》
欧盟	20 世纪 70—90 年代	单一的治理措施 《饮用水水质指令（1998）》《污染源控制与治理指令（1991）》《特殊危险物质排放限值指令（1986—1988—1990）》《化妆品成分监测方法指令（1976—1983）》
	20 世纪 90 年代—21 世纪	污染综合防治，许可证制度 《综合污染预防与控制（IPPC）指令 96/61/EC》《工业排放指令（2010/75/EC）》
中国	20 世纪 70 年代	思想认识的转变 《环境保护法（试行）（1979）》认识到了环境保护要依法管理，开始集中治理了一批重点污染源
	20 世纪 80 年代以来	依法管理进展 《环境保护法（1989）》《水污染防治法（2008）》确定了环境保护是我国的一项基本国策，形成了以环境影响评价、"三同时"、征收排污费、排污许可证等环境管理制度

　　美国在末端污染防治方面实行的是污染分类管理，实施有毒污染物、常规污染物和非常规污染物三类污染物排放控制。工业点源的污染物排放标准分为"直接排放"和"间接排放"、三类污染物分类控制。"直接排放"，一般通过污染物排放标准对点源进行控制；"间接排放"，则制定专门的预处理标准来进行管理。以水污染防治为例，美国 1948 年颁布《联邦水污染控制法》，1965 年颁布《水质法》修正案，采用以水环境质量为依据的水污染管理。1972 年颁布《清洁水法》，采用以污染控制技术和水环境质量相结合的排放限值管理。将水污染物分为有毒污染物、常规污染物和非常规污染物三类，并规定向水域排放污染物必须持有有关机构颁发的许可证。使执法更有针对性、可行性和科学性。其中基于污染控制技术的排放限值中工业污染源控制最佳可行技术体系主要有最佳可行控制技术（BPT）、最佳常规污染物控制技术（BCT）、最佳经济可行技术（BAT）及现有最佳示

范技术（BADT）等。《清洁水法》限定了 56 个工业行业的出水限值准则和标准，包括直接排放源、公共处理设施、间接排放源。针对工业排放废水的复杂性，美国于 20 世纪 70 年代提出并实施了"综合毒性排放和减毒排放控制"策略，对综合毒性排放实施许可证制度。截至 2017 年，美国 EPA 在水领域共建立了 54 个行业的指南及标准。在污染防治方面，基本上形成了以基于污染控制技术的排放法规管理为主，以排放标准管理为补充，以总量控制和排污许可证为主要内容的污染防治机制。

　　欧盟从 1975 年提出环境标准，以指令形式发布，具有与环境法规同样的效力。包括水质量指令、污染源控制与治理指令、特殊污染物控制指令、监测方法指令。1992 年提出，1996 年通过了《综合污染预防与控制第 96/61/EC 号指令》（IPPC 指令），是欧盟环境法规体系中唯一对所有工业污染源排放进行综合防治的指令，以此为标志开展了广泛的最佳可行技术评价工作，建立了污染综合防治体系。IPPC 针对 6 大类 35 个小类工业行业，考虑了水、气、固跨介质全要素及清洁生产与末端治理。提出排污许可证中需包括基于 BAT 的排放限值，在 IPPC 法律框架下，通过排污许可证应用基于最佳可行技术 BAT 制定的排放限值而使得 BAT 成为法律的一部分，具有强制性。2010 年，该指令升级为工业污染排放指令（2010/75/EU）。工业排放指令修改并整合了之前颁布的多部指令，是一部工业排放管理的综合性指令，并重申了排污审批和许可制度，是 IPPC 的进一步深化和延续，最大限度减少欧盟各种污染源的污染。欧盟从 1992 年提出 IPPC 指令，到目前已经完成 35 个行业 BAT 指导文件（BREFs 文件）。欧盟许可证制度要求企业尽可能多地采用合适技术，综合预防和控制各类污染产生，并最大限度减少废弃物排放。具有高污染排放潜能的新建和已建工业或农业设施，在运行之前，必须得到许可证。各成员国必须采取必要措施确保各企业的生产运营始终符合许可证的要求。欧盟建立的许可证制度，为欧盟各成员国许可证管理提出了基本要求和提供了基本框架，在欧盟范围内得到了广泛和有效实施，涵盖了约 52000 项工业设施的管理。欧盟颁布的综合污染防治指令是指导成员国应用 BAT 的框架性文件。作为最佳可获得技术，毫无疑问应该加以推广和应用，特别是在工业污染防治中，成员国政府有关部门都按照从单个污染源治理到区域、流域治理，从单一的治理措施到综合污染防治，表明工业污染防治发展到较高阶段。

　　我国的环境管理发展历程中基于末端控制思想的传统环境管理模式占有非常重要的地位。在第一个阶段（20 世纪 70 年代），实现了思想认识的

转变，颁布了《环境保护法（试行）》，认识到了环境保护要依法管理，并开始集中人力财力治理了一批重点污染源。在第二个阶段（20世纪80年代至90年代）确定了环境保护是我国的一项基本国策，提出了"三同步、三统一"的大政方针，确立了以强化环境管理为主的"三大政策"，形成了以环境影响评价、"三同时"、征收排污费和自然资源补偿费、排放许可证、环境保护目标责任、城市环境综合整治定量考核、限期治理、污染集中控制等制度为基本内容的环境管理体系。2007年发布《国家环境技术管理体系建设规划》，开始建立污染防治技术管理体系，以系统、科学的行业环境污染防治技术评估制度为基础，以技术政策、BAT指南和工程规范等技术指导文件为核心，建立环境技术的示范推广机制平台，为环境管理目标的设定以及环境管理制度的实施提供技术支持。在十一五、十二五阶段，水体污染与控制重大专项、环保公益项目、国家环境技术管理专项规划等一批项目围绕我国环境技术管理体系建设（最佳可行技术体系）开展了大量工作。发布了禽畜、农村、污泥、电镀、钢铁等32项BAT。

我国自2008年以来颁布的废水排放新标准中均对废水量和污染物排放浓度提出了更严格的要求，部分标准新增了污染物指标，并且几乎所有新标准中均规定了水污染物特别排放限值，具体见表2-2。

表2-2　2008年以来重点行业废水排放新标准及指标变化[注1]

行业	标准名称	提高的污染物指标（浓度单位为 mg/L）
石化	石油化学工业污染物排放标准（GB 31571—2015）	COD_{Cr}（70）、BOD_5（20）、石油类（5）、总有机碳（20）[注2]、氨氮（10）、总氮（40）[注2]、总磷（1）[注2]
石化	陆上石油天然气开采工业污染物排放标准（征求意见稿）	石油类（5）、总氮（30）[注2]、总磷（1）[注2]、总 β 放射性（1 Bq/L）
化工	合成氨工业水污染物排放标准 GB 13458—2013	悬浮物、COD_{Cr}（80）、氨氮、总氮（35）[注2]、总磷（0.5）[注2]、氰化物（0.2）、挥发酚（0.1）、石油类

续表

行业	标准名称	提高的污染物指标（浓度单位为 mg/L）
有色	钒工业污染物排放标准 GB 26452—2011	悬浮物、COD_Cr（60）、氨氮、总氮（20）[注2]、氯化物、石油类、总铜（0.3）、总钒（1）[注2]、总铅（0.5）、总砷（0.2）、总汞（0.03）
	铝工业污染物排放标准 GB 25465—2010	悬浮物、COD_Cr（60）、氟化物（5）、氨氮（8）、总氮（15）[注2]、石油类
	镁、钛工业污染物排放标准 GB 25468—2010	悬浮物、COD_Cr（60）、石油类、总氮（15）[注2]、氨氮（8）
	铅、锌工业污染物排放标准 GB 25466—2010	悬浮物、COD_Cr（60）、氨氮（8）、总氮（15）[注2]、总锌（1.5）、氟化物（8）、总铅（0.5）、总镉（0.05）、总汞（0.03）、总砷（0.3）、总镍（0.5）
	铁合金工业污染物排放标准 GB 28666—2012	悬浮物、COD_Cr（60）、氨氮（8）、总氮（20）[注2]
	铁矿采选工业污染物排放标准 GB 28661—2012（采矿酸性废水）	悬浮物、总氮（15）[注2]、石油类、总锌（2）、总铁（5）[注2]、硫化物（0.5）
	铜、镍、钴工业污染物排放标准 GB 25467—2010	悬浮物、COD_Cr（除湿法冶炼 60）、氟化物（5）、总氮（15）[注2]、氨氮（8）、总锌（1.5）、石油类、总铅（0.5）、总镍（0.5）、总钴（1.0）[注2]
	稀土工业污染物排放标准 GB 26451—2011	悬浮物、COD_Cr（70）、氟化物、石油类、总氮（30）[注2]、总锌（1）、总镉（0.05）、总铅（0.2）、总砷（0.1）、总铬（0.8）、六价铬（0.1）
纺织印染	纺织染整工业水污染物排放标准 GB 4287—2012（除蜡染行业）	COD_Cr（80）、悬浮物、色度、氨氮、总氮（25）[注2]、总磷（0.5）[注2]、可吸附有机卤素（12）[注2]、硫化物（0.5）、苯胺类（不得检出）、六价铬（不得检出）
钢铁	钢铁工业水污染物排放标准 GB 13456—2012	COD_Cr（50）、悬浮物、氨氮、总氮（15）[注2]、总磷（0.5）[注2]、氟化物（10）[注2]、总氰化物（0.5）
	炼焦化学工业污染物排放标准 GB 16171—2012	悬浮物、COD_Cr（50）、氨氮、总氮（20）、石油类、挥发酚、硫化物、氰化物（0.2）、多环芳烃（0.05）[注2]、苯并芘[注2]

行业	标准名称	提高的污染物指标（浓度单位为 mg/L）
造纸	制浆造纸工业水污染物排放标准 GB 3544—2008（制浆企业）	色度、悬浮物、总氮（15）[0]、氨氮（12）[2]、二噁英（30pgTEQ/L）[注2]
制药	发酵类制药工业水污染物排放标准 GB 21903—2008	色度、悬浮物、BOD_5（10）、COD_{Cr}（50）、氨氮（5）、总氮（15）[注2]、总有机碳（15）、总锌（0.5）、总氰化物（不得检出）
	化学合成类制药工业水污染物排放标准 GB 21904—2008	悬浮物、BOD_5（25）、COD_{Cr}（120）、氨氮（25）、总氮（35）[注2]、急性毒性（0.07）[注2]、总锌（0.5）、二氯甲烷（0.3）[注2]
	混装制剂类制药工业水污染物排放标准 GB 21908—2008	悬浮物、BOD_5（15）、COD_{Cr}（60）、氨氮（10）、总氮（20）[注2]、总磷（0.5）[注2]、急性毒性（0.07）[注2]
	生物工程类制药工业水污染物排放标准 GB 21907—2008	悬浮物、COD_{Cr}（80）、动植物油（5）、氨氮（10）、总氮（30）、乙腈（3）[注2]、急性毒性（0.07）[注2]
	提取类制药工业水污染物排放标准 GB 21905—2008	悬浮物、动植物油（5）、氨氮（15）、总氮（30）[注2]、急性毒性（0.07）[注2]
	中药类制药工业水污染物排放标准 GB 21906—2008	悬浮物、动植物油（5）、氨氮（8）、总氮（20）[注2]、急性毒性（0.07）[注2]
备注	注1. 数据均为新建企业的直接排放的数据，污染物指标均与作废的旧标准或《污水综合排放标（GB 8978—1996）中一级标准做对比（除化学合成类制药工业水污染物排放标准，GB 21904—2008）注2. 新增污染物	

　　各国制定和执行污染物排放标准都是以"末端治理"为主要目标。虽已引入排污许可证制度，确定排污总量，对各污染源下达允许排放的指标，但未跳出污染物末端处理的圈子。随着时间的推移，工业化进程的加速，末端治理的局限性日益显现。实践发现：这种仅着眼于控制排污口，使排放的污染物通过治理达标排放的办法，虽在一定时期内或在局部地区起

到一定的作用，但并未从根本上解决工业污染问题。末端治理需要投入昂贵的设备费用，惊人的维护开支和最终处理费用，其工作本身还要消耗能源、资源，继而使得污染在时间和空间上发生转移而产生二次污染。末端污染控制技术对环境的改善是极其有限的，从产品的生产过程对环境的影响考虑，依靠改进生产工艺和加强管理等措施来消除污染可能更为有效。

据美国 EPA 统计，美国"末端治理"用于空气、水和土壤等环境介质污染控制总费用（包括投资和运行费用），1972 年为 260 亿美元（占 GNP 的 1% 以上），1987 年猛增到 850 亿美元，20 世纪 80 年代末期达到每年 1200 亿美元（占 GNP 的 2.8%）。再如杜邦公司每磅废物的处理费用以每年 20%~30% 的速率增加，焚烧一桶危险废物可能花费达 300~1500 美元，但即便付出如此之高的经济代价也难达到预期的污染控制目标。

和世界发达国家以前的状况一样，我国的环境质量也出现了持续恶化的趋势，这是由于环保投入增加的速度不能抵消污染物排放增加的速度。我国"末端治理"在"六五"（即第六个五年计划）期间环境投资占同期 GNP 的 0.5%，"七五"期间提高到 0.7%，"八五"期间进一步提高到 0.8%，但大气污染日益严重，水资源短缺和污染严重的局面仍在加剧，工业废物的排放量迅速增加，土地沙化严重，物种退化和数量锐减，环境状况持续恶化的趋势尚未得到有效遏制。

2.2.2　清洁生产发展历程

鉴于末端控制环境管理模式的局限性，20 世纪 80 年代，欧美国家将环境政策的重点转向以预防为主，提出了污染预防的概念和相关政策。该概念和政策的调控对象是强调污染的发生，目的是减少甚至消除产生污染的根源。这种减少污染废物及防止污染的策略，称为污染预防，是当今环境管理战略上的一次重大转变。不仅减少了处理费用与污染转移，实际上它能通过更有效地使用原材料，最终增强经济竞争力。

清洁生产（Cleaner Production）正是产生于工业发展过快而导致资源过度消耗、环境状况恶化以及生态平衡破坏的背景下，因此实施清洁生产成为了实现污染预防及可持续发展的必然选择。在经历了资源枯竭、污染严重的发展阶段和末端治理时期后，为应对资源环境危机提出并倡导实施清洁生产，欧盟、日本、美国、加拿大等许多国家推出了以保护环境为主题的"清洁生产计划"，推进重污染行业清洁生产技术的研发、实施和立法（表2-3）。

清洁生产的思想最早来源于美国明尼苏达矿务及制造业公司（Minnesota Mining and Manufacturing Company，即 3M 公司），1975 年此公司提出"污染防治增益计划"（又称"3P"计划，即 Pollution Prevention Pays），这个计划的思想在于任何产品生产过程中产生的污染物都需要归入产品的输入中，即污染物作为企业的生产成本。自 1989 年联合国环境规划署（UNEP）和联合国工业发展组织（UNIDO）共同提出清洁生产的概念以来，已经被各国普遍认可和接受，其定义为："清洁生产是一种新的创造性的思想，该思想将整体预防的环境战略持续应用于生产过程、产品和服务中，以增加生态效率和减少人类及环境的风险。"如图 2-5。

——对生产过程，要求节约原材料和能源，淘汰有毒原材料，减降所有废弃物的数量和毒性；

——对产品，要求减少从原材料提炼到产品最终处置的全生命周期的不利影响；

——对服务，要求将环境因素纳入设计和所提供的服务中。

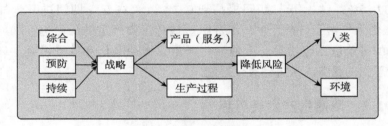

图 2-5　清洁生产概念的基本要素

表 2-3　国内外清洁生产发展历程

国家/组织	时间年份	内容
美国	1975—1990 年	清洁生产起源于 1960 年美国化学行业的污染预防审计； 美国 3M 公司提出"污染预防"计划：污染物作为生产成本（1975）； 通过《污染预防法》，源头控制取代末端治理（1990）
欧共体	1976—1987 年	提出"消除造成污染根源"的清洁生产思想（1976）； 宣布推行清洁生产政策（1979）； 制定了促进开发"清洁生产"两个法规（1984，1987）

续表

国家/组织	时间年份	内容
联合国	1980—1998 年	成立国际清洁工艺协会（1980）； 制定《清洁生产计划》给出清洁生产定义（1989）； 正式把清洁生产写入《21 世纪议程》（1992）； 26 个国家陆续成立国家清洁生产中心（1994 以来）； 67 个国家和组织发表《国际清洁生产宣言》（1998）
荷兰	1979—1990 年	Lansink 法案确定废弃物管理预防为主（1979）； 对公司进行防止废物产生大规模清查（1988）； 编制《防止废物产生和排放手册》（1990）； 实行污染预防项目，对实行清洁生产技术工厂提供费用补贴（1990）
德国	1986 年	《废物防止与管理法》（指定避免废物和废物管理法案）（1986）
丹麦	1991 年	颁布新的环境保护法（污染预防法），包含清洁工艺及废物循环利用章节（1991）
中国	清洁生产形成阶段 1973—1992 年	《关于保护和改善环境的若干规定》中提出"预防为主，防治结合"治污方针（1973）； 清洁生产理念和方法引入中国（1989），1992 开始推行； 国务院制定了《环境与发展十大对策》（1992）
	清洁生产推行阶段 1993—2002 年	第二次全国工业污染防治会议：工业污染防治从单纯的末端治理向生产全过程转变（1993）； 《中国 21 世纪议程》（1994）； 审议通过《清洁生产促进法》（2002）
	依法全面进行 清洁生产阶段 2003 年起	《清洁生产审核暂行办法》（2004）； 《关于进一步加强清洁生产审核的通知》（2008）； 《关于深入推进重点企业清洁生产的通知》（2010）； 修订《清洁生产促进法》（2012）

　　清洁生产作为一项重要的环境保护战略，能够最大限度地利用自然资源和原材料，并通过对产品整个生命周期的控制，有效地减少资源的消耗和废弃物及污染的产生，治污理念发生根本转变，从污染物末端治理转变为源头削减。联合国环境与发展大会上通过的《21 世纪议程》中将清洁生产看作是工业企业实现可持续发展的关键因素，号召工业企业提高资源能源利用效率，开发更清洁的技术，更新、替代对环境有害的产品和原材

料，实现环境和资源的保护和有效管理。由于清洁生产强调源头削减和全过程控制，可以将原有的末端处理方式变为积极主动的污染控制措施，已经成为控制环境污染的有效手段，而且还可以通过促使企业提高管理水平、节省成本、提高生产效率、改善企业形象等方式提高企业的市场竞争力。与末端治理不同，清洁生产是从源头、全过程控制，是一种积极、主动的态度。而末端治理是对生产过程中已经产生的污染物进行处理，具体来说在很大程度上只有环保部门来处理这一问题，总是处于一种被动的、消极的地位（表2-4）。

表 2-4　清洁生产与末端治理对比

比较项目	清洁生产	末端治理
产生年代	20 世纪 70—80 年代	20 世纪 60 年代
控制方法	污染物消除在生产过程中	污染物产生后再处理
控制目标	以污染物减排为主要目标，提高资源利用率	以达标排放为主要目标，处理效果受污染物种类影响较大
产污量、排污量	直接减少产污量、排污量	间接可推动减少产污量、排污量
资源利用率	提高（与末端治理相比）	—

　　20 世纪 90 年代前后，发达国家相继尝试运用如"废物最小化"、"无废技术"、"源削减"、"零排放技术"和"环境友好技术"等方法和措施，来提高生产过程中的资源利用效率，削减污染物以减轻对环境和公众的危害。不仅意味着对传统末端控制方式的调整，更是蕴涵着一场转变传统工业生产方式，乃至经济发展模式的革命。为应对新一轮的资源环境危机，提出并倡导实施清洁生产以来，1996 年德国颁布了《循环经济与废弃物管理法》，将资源循环的循环经济思想扩展并推广，提出对待废物问题的优先顺序被提炼为清洁生产的 3R 原则，即减量化、再利用和再循环。德国关于循环经济的实践，对世界各国产生了巨大影响。自 20 世纪 90 年代以来，包括美国、日本、欧盟各国等经济发达国家，都不同程度制定了本国的污染防治战略。一系列工业生态学、绿色化学、绿色工程、清洁生产-绿色产品设计等新概念、新实践的产生，带动了工业界的绿色制造、石油炼制的绿色催化、生物质高效炼制大宗化学品、钢铁冶炼的熔融还原与氢冶金等一批重大清洁生产新技术，大大促进了资源加工产业的绿色化升级。至 20 世纪90 年代后，西方发达国家的环境得到了明显的改善。
　　与发达国家相比，我国当前工业污染处理还是以末端处理为主，而发

达国家更加侧重从产业转移、工艺升级、绿色化学、清洁生产等手段的综合应用来解决污染问题。我国工业污染控制的进展历程，与环境管理体制的发展、污染控制理念的转变、环境污染形势和环境技术发展变化密切相关。20 世纪 90 年代以前，我国的工业废水控制政策主要集中末端治理。90年代中期，中科院过程工程所张懿院士，在国内首次基于原子经济性概念设计出矿物资源节约-高效利用的绿色化过程，并系统建立了绿色制造/绿色过程工程/清洁生产技术的设计原理、科学内涵和方法，开拓了清洁工艺-绿色化学化工过程研究新方向。清华大学钱易院士等专家积极推进了环保领域对循环经济理论和实践方面的认知，传统环境保护内涵范围大大扩展。我国于 2002 年 6 月 29 日通过了《中华人民共和国清洁生产促进法》，标志着中国推行清洁生产工作进入法制化轨道。2008 年颁布了《中华人民共和国循环经济促进法》，2012 年对《中华人民共和国清洁生产促进法》进行了修订，其中对部分条款进行了修改，并特别提出应当加大清洁生产促进工作的财政预算，用于支持国家清洁生产推行规划确定的重点领域、重点行业、重点工程实施清洁生产及其技术推广工作，以及生态脆弱地区实施清洁生产的项目。这也充分说明了我国对清洁生产愈加重视。而在推行清洁生产的过程中，清洁生产审核逐渐成为政府有效控制工业污染实现可持续发展的必不可少的有效手段和工具。自 2003 年以来已经在全国范围内得到了广泛的应用，例如钢铁、水泥、造船等重污染行业中的很多企业都被强制进行了清洁生产审核。到目前为止，我国共发布 30 个行业清洁生产评价指标体系，56 个清洁生产标准。目前我国清洁生产评价指标常用的为两种，一种为行业指标，另一种则采用生命周期理论进行分类。

　　清洁生产在我国的发展推动了我国环境保护由末端治理向源头污染控制的战略转变。在需求、政策驱动下，国家淘汰落后产能与污染治理的力度不断加大，但总体上我国的工业污染全过程控制科技支撑仍很薄弱。一方面，污染治理与生产过程脱节，生产过程减排少，工段和车间生产过程产生污染物全部汇集至末端进行集中处理后排放，其处理成本也相应提高，往往超过企业的承受能力，因此行业废水偷排、漏报现象比较严重。另一方面，现有污染控制体系缺乏协同考虑生产工艺过程中物质、资源循环，耗水量和成本居高不下等问题。因此，只有推行工业污染全过程控制，将污染治理与生产工艺紧密结合、污染治理成本纳入企业生产成本，才能从根本上解决污染治理成本居高不下的问题。

2.3 工业污染控制的科学基础

2.3.1 绿色化学

"绿色化学"由美国化学会（ACS）提出，已得到世界广泛的响应。世界上很多国家已把"化学的绿色化"作为 21 世纪化学进展的主要方向之一。

绿色化学核心：是利用化学原理从源头上减少和消除工业生产对环境的污染；反应物的原子全部转化为期望的最终产物。

绿色化学特点：是在始端就采用预防污染的科学手段，因而过程和终端均为零排放或零污染。

① 充分利用资源，采用无毒、无害的原料，进行工业生产；

② 在无毒、无害的条件下进行反应，以减少废物向环境排放；

③ 提高原子利用率，使所有原料原子被产品所消纳，实现零排放；

④ 生产出有利于环境保护、社区安全和人体健康的环境友好的产品。

国际上兴起的绿色化学与清洁生产技术浪潮，引起了我国高度重视。1994 年，我国政府发表了《中国 21 世纪议程》白皮书，制定了"可持续发展"战略，郑重声明走经济与社会协调发展的道路，将推行清洁生产作为优先实施的重点领域。

"绿色化学"与环境保护、人类福祉、永续发展密切相关，是从根本上解决环境可持续发展的不可或缺的重要支柱之一。

2.3.1.1 绿色化学概念

绿色化学又称环境无害化学、环境友好化学、清洁化学。绿色化学是设计研究没有或只有尽可能少的环境副作用，并在技术上、经济上可行的化学品和化学过程。包括原料和试剂在反应中的充分利用（原子经济性），它是实现化学污染防治的科学方法和技术手段，是一门从源头上阻止污染的化学，绿色化学适用于各种化学领域。

2.3.1.2 绿色化学工艺原则

（1）绿色化学工艺

绿色化学工艺系指在绿色化学的基础上开发的、从源头上阻止环境污染的生产工艺。

此生产工艺的指导思想是"原子经济性"反应，即每一个原料原子都转化为产品，不产生任何副产品或废物，从而实现"三废"的零排放。

此生产工艺采用无毒无害物质、可再生物质为原料，不采用有毒有害的溶剂和催化剂，也不采用不安全和高能耗的设备和工艺路线等。

绿色化学工艺就是运用绿色化学的原理和技术，尽可能选用无毒无害的原料，采用绿色生产工艺和环境友好的生产过程，制造出对人类健康和环境友好的工业产品。

总之，就是要努力实现工业原料绿色化，生产技术绿色化，工业产品绿色化，使工业成为绿色生态工业。

（2）基本原则

1）绿色化学的 5R 原则

5R 原则（the Rules of 5R）：① 减量化（Reduction）意即减少物耗能耗、减少"三废"产生；② 再使用（Reuse）诸如工业过程中的催化剂、载体等可重复使用，以利降 低 成 本 ；③ 回收再循环（Recycling）可以有效实现"省资源、少污染、减成本"的要求；④ 再生处理（Regeneration）变废为宝，物尽其用；⑤ 拒用（Rejection）指对一些无法替代，又无法回收、再生和重复使用的，有毒副作用及污染明显的原料，拒绝在生产过程中使用。

2）绿色化学工艺技术 12 条原则

① 污染预报：最好是预防废物产生而不要等到它产生以后再治理。

② 原子经济：化学合成的设计要最大限度地将生产过程使用的所有原料纳入最终产品中。

③ 不那么有害的化学合成：设计合成方法时要使用和生产对人群健康和环境危害小或无毒的物质。

④ 设计较安全的化学物质：设计化学产品要让它发挥所需功能而尽量减少其毒性。

⑤ 较安全的溶剂和辅料：少用各种辅助物质如溶剂、分离剂等，要使用安全的物质。

⑥ 设计考虑能源效率：从环境和经济影响角度重新认识化学过程的能源需求并应尽量少用能源，合成方法应优先在常温常压下进行。

⑦ 使用可再生原料：技术和经济上可行时要用可再生原料代替消耗性原料。

⑧ 减少衍生物：用一些手段如锁定基因、保护与反保护和暂时改变物

理、化学过程，尽量减少不必要的衍生物，因为它要求额外反应物质并能产生废物。

⑨ 催化：催化物质（尽可能有选择性）比化学计量物质要好。

⑩ 设计时考虑可降解性：设计化学产品要使其用过后能降解成无害物质而不是持续存在于环境中。

⑪ 对污染预防进行实时分析：要进一步开展分析方法的研究，进行实时和生产过程中的监测，在生成有害物质前加以控制。

⑫ 安全的化学过程：在化学过程中反应物质的选择，以及物质的生成必须以减少化学事故（释放化学物质、爆炸和起火）发生为原则。

2.3.1.3 绿色工业生产

绿色工业生产：原料绿色化→生产绿色化→产品绿色化。

（1）原料绿色化

工业原料绿色化，就是要尽可能选用无毒无害的工业原料或生物质可再生原料制造绿色产品。

无毒无害原料：例如：以水为原料，通过电解制取氢气和氧气；以空气为原料，应用低温冷冻原理从空气中分离出氧和氮，以及氩和氦等稀有气体。

生物质原料：生物质系由光合作用产生的生物有机体的总称。例如：各种植物、农副产物、海产物等。与石化原料相比，生物质具有可再生性，碳排放少而且对环境友好。生物质原料有很多用途，现已用于制造酒精、聚合物等等。2007 年美国总统绿色化学挑战奖颁发给了俄勒冈州立大学，他们开发了一种以大豆粉为原料制备无醛胶粘剂的新技术。

（2）生产绿色化

工业生产的绿色化，要求工业科技工作者从可持续的高度来审视"传统"的化学研究和工艺过程，以"与环境友好"为出发点，提出新化学理念，改进"传统"工艺路线，创造出新的环境友好的工业生产过程。

"原子经济性"是"绿色化学"重要内涵，充分采用"原子经济性"反应，尽可能提高反应的选择性，最大限度地提高原子利用率，既能够充分利用资源，又能够防止污染；采用无毒无害的原料、绿色催化剂、无毒无害的绿色溶剂或不用溶剂，进行工业生产过程。

1）催化剂绿色化

绿色催化种类很多，例如：光催化、电催化、酶催化剂、稀土催化剂、活性炭催化剂、手性催化剂（不对称催化剂）、耐水性 Lewis 酸催化剂等等。

2）溶剂绿色化

① 水：水是世界万物生命的起源，也是人类孕育生命、生产、生活的源泉，它是一种十分安全的万能溶剂。

② 近临界水：近临界水（Near-critical Water，NCW）系指温度在 200~370℃ 的压缩液态水，是近年来在绿色化学的理念下开发出来的新型介质与优良溶剂。

近临界水与常温常压水相比，突出的性能是电离常数大和介电常数小，因而近临界水具备自身酸碱催化功能和能溶解有机物和无机物的特性。

近临界水是最好的清洁溶剂之一，可减少生产过程中的污染物产生；它能去除产品中的微量污染物，有助于产品纯度达标。因此，在工业生产和分离技术上有着广泛的应用前景。

③ 超临界流体：超临界流体（Supercritical Fluid）是指温度及压力均处于临界点以上的液体。兼有气体液体的双重性质，具有许多独特的优点，如黏度小、密度大、扩散性能好、溶剂化能力强等。

超临界流体应用广泛，例如：超临界流体萃取、超临界水氧化技术、超临界流体干燥、超临界流体染色、超临界流体制备超细微粒、超临界流体中的化学反应、超临界流体色谱等。

在超临界水中，易溶有氧气，可使氧化反应加快，可将不易分解的有机废物快速氧化分解，是一种绿色的"焚化炉"。

超临界二氧化碳具有低黏稠度、高扩散性、易溶解多种物质、且无毒无害，可用于清洗各种精密仪器，亦可代替干洗所用的氯氟碳化合物，以及处理被污染的土壤；超临界二氧化碳可轻易穿过细菌的细胞壁，在其内部引起剧烈的氧化反应，杀死细菌。

④ 离子液体：离子液体（Ionic Liquid，IL）又称离子性液体，系指全部由离子组成的液体，也即液态时的离子化合物。所有可熔融而不分解或气化的盐类都可作离子液体，如高温下的 KCl、KOH 呈液体状态，此时它们就是离子液体。在室温或室温附近温度下呈液态的由离子构成的物质，称为室温离子液体、室温熔融盐、有机离子液体等。离子液体已被广泛应用于化学研究的各个领域，离子液体作为反应的溶剂已被应用到多种类型反应中。

3）不使用溶剂

为了减少因使用溶剂而造成环境污染，不少科技工作者着力开发免溶剂生产工艺。例如：

① 高能球磨技术：高能球磨（High-energy Ball Milling）又称机械力化学（Mechanochemistry）。美国能源部下属爱荷华州立大学能源国家实验室即埃姆斯实验室最新研究发现，一些有机材料可以无需溶剂，即能在固体状态下发生化学反应生成新的化合物。这一新发现有望为减少工业行业有害溶剂的用量做出贡献。

② 使用引发剂：聚合过程中不使用溶剂，使用引发剂促使单体进行聚合反应。据报道，其优点是配方简单、产物色浅、聚合物质量高、污染物少、生产设备简单，投资少。

③ 多孔催化剂：日本九州大学教授 Y. Aoyama 开发了一种多孔金属催化剂，它不使用溶剂而促进化学反应。由于没有废水排出及该催化剂可重复使用，使得工艺简单并节省能源。该多孔催化剂由钛、锆和其他催化金属粉末与有机化合物结合的粉末制成（比表面约 200 m^2/g）。

（3）产品绿色化

工业产品的绿色化，就是根据绿化学的新观念、新技术和新方法，研究和开发无公害的传统工业产品替代品，设计和生产出更安全的工业产品。也即采用环境友好的生态原料，运用绿色生产技术，获得环境友好的绿色工业产品，并对产品进行绿色使用，实现人类与自然环境的和谐永续发展。

（4）消费绿色化

由国家发展改革委等 10 个部门制定、于 2016 年 2 月 17 日出台的《关于促进绿色消费的指导意见》中提出，加快推动消费向绿色转型。到 2020年，绿色消费理念成为社会共识，长效机制基本建立，奢侈浪费行为得到有效遏制，绿色产品市场占有率大幅提高，勤俭节约、绿色低碳、文明健康的生活方式和消费模式基本形成。

意见提出，积极引导居民践行绿色生活方式和消费模式；要全面推进公共机构带头绿色消费；要深入开展全社会反对浪费行动；建立健全绿色消费长效机制（立法）。

（5）处置绿色化

污染物有多种处置方法，此处介绍较为常用又比较接近绿色的处置方法。

① 吸附法：所谓吸附法是用固体吸附剂吸附杂质或污染物。常用的固体吸附剂有活性炭、硅胶、分子筛、氧化铝、聚丙烯酰胺等等。

② 混凝法：混凝法是向污水中投加一定量的药剂，经过脱稳、架桥等

反应过程，使水中的污染物凝聚并沉降。水中呈胶体状态的污染物质通常带有负电荷，胶体颗粒之间互相排斥形成稳定的混合液，若水中带有相反电荷的电介质（即混凝剂），可使污水中的胶体颗粒改变为呈电中性，并在分子引力作用下凝聚成大颗粒下沉。

这种方法用于处理含油废水、染色废水、洗毛废水等，该法可以独立使用，也可以和其他方法配合使用，一般作为预处理、中间处理和深度处理等。常用的混凝剂有硫酸铝、碱式氯化铝、硫酸亚铁、三氯化铁等等。

③ 氧化法：一是空气氧化法，将废水暴露在空气中利用空气发生氧化作用达到处置要求。

二是化学氧化法，就是用强氧化剂，如过氧化氢等强氧化剂氧化的方法叫化学氧化法。

化学氧化法较为常用的氧化剂有：臭氧（O_3）、双氧水（H_2O_2）、高锰酸钾（$KMnO_4$）、液氯（Cl_2）、次氯酸钠（$NaClO$）等强氧化剂，可将大部分有机污染物降低到一定浓度。在环境保护中，常把臭氧用于废气和废水的净化。

化学氧化法也是化学转化膜处理的一种。采用化学介质处理金属表面，通过化学反应使金属表面氧化，生成稳定的防锈氧化膜。常用于铝及铝合金、铜及铜合金、碳钢等。

三是电解氧化法，即利用电解的基本原理，使废水中污染物质通过电解过程，在阴阳两极分别发生氧化和还原反应，以消除污染物质。

④ 生化法：生化处理法是利用微生物的新陈代谢作用处理废水、废渣或废气的一种方法，用各种微生物将垃圾自然分解掉。例如：利用生物发酵处理酒糟、牛粪、水果下脚料等，得到有机饲料用于养牛、沼气发电、有机肥种田，取得良好的经济效益和环境效益。实现动物–植物–微生物循环利用，保障"三物"永持续发展。

⑤ 焚烧法：焚烧法就是利用高温（900～1000℃）燃烧易燃或惰性残余废弃物。废弃物经过燃烧，可以减少体积，便于填埋，还可以消灭各种病原体，把一些有毒有害物质转化为无害物质并可回收热能。近年来，焚烧成为很多国家综合利用废弃物资源所采取的重要手段。现在，欧美等发达国家正努力开发废弃物新能源，例如：利用废弃物焚烧发电获取能源。就环境保护而言，焚烧处理也存在大气污染问题，焚烧炉排出的有毒有害气体有氯化氢、硫氧化物、氮氧化物、多氯联苯（PCB）、二噁英（Dioxin）等，所以必须对焚烧尾气进行二次处理，达标后才能排放（国家标准：《危

险废物焚烧污染控制标准（GB 18484—2001）》和《生活垃圾焚烧污染控制标准（GB 18485—2014）》）。

2.3.1.4 绿色化学评估方法

对于绿色化学，必须有一定的评价体系和评价指标来评价和描述化工过程以及结果的绿色程度，本节介绍一些目前广泛应用的绿色化学评估方法。

（1）原子经济性

绿色化学的"原子经济性"（Atom Economy）是指在化学品生产过程中，制备方法和工艺应被设计成能把反应过程中所用的所有原材料尽可能多地转化到最终产物中；化学反应的"原子经济性"概念是绿色化学的核心内容之一。

"原子经济性"这一概念最早由美国斯坦福大学的特罗斯特（B. M. Trost）教授于 1991 年提出，获得 1998 年美国"总统绿色化学挑战奖"的学术奖。他针对传统上一般仅用经济性来衡量化学工艺是否可行的做法，明确指出应该用一种新的标准来评估化学工艺过程，即选择性和原子经济性，原子经济性考虑的是在化学反应中究竟有多少原料的原子进入到了产品之中，这一标准既要求尽可能地节约不可再生资源，又要求最大限度地减少废弃物排放。理想的原子经济反应是原料分子中的原子百分之百地转变成目标产物，不产生副产物或废物，实现废物的"零排放"。

实现反应的高原子经济性，就需要开发新的工艺路线、新的反应技术去替代传统的工业生产过程。例如：用催化反应替代化学计量反应等方法。

（2）质量强度

为了全面评价有机合成及其反应过程的"绿色性"，有研究者提出了反应的质量强度（Mass Intensity, MI）概念，即获得单位质量产物消耗的所有原料、助剂、溶剂等物质的质量。

$$质量强度（MI）= 反应或过程中消耗的物质总质量（kg）/产物的质量（kg）$$
$$(2-2)$$

总质量是指反应或过程中消耗的原（辅）材料等物质的质量，包括反应物、试剂、溶剂、催化剂等，不包括水。

质量强度考虑了产率、化学计量、溶剂和反应混合物中用到的试剂，也包括了反应物的过量问题。在理想情况下，质量强度应接近于 1，通常质量强度越小越好，这样生产成本低，能耗少，对环境的影响就比较小。因此，质量强度对于合成化学家特别是企业管理者来说，是一个很有用的

评价指标，这对评价一种合成工艺或化工生产过程来说都是极为重要的指标。

（3）环境因子和环境系数

环境因子（E）是荷兰有机化学教授 Sheldon R. A. 在 1992 年提出的一个量度标准。定义为每产出 1 kg 产物所产生的废弃物的质量，即将反应过程中的废弃物总量除以产物量。

$$E = 废弃物总量（kg）/产物量（kg） \qquad (2-3)$$

其中，废弃物是指目标产物以外的任何副产物。E 越大代表废弃物越多，对环境负面影响越大。

严格来说，E 只考虑废物的量而不是质，他还不是真正评价环境影响的合理指标，因此 Sheldon R. A. 将 E 乘以一个对环境不友好因子 Q 得到一个参数，称为环境系数（Environmental quotient），即

$$环境系数 = E \times Q \qquad (2-4)$$

规定低毒无机物（如 NaCl）的 $Q = 1$，而金属盐、一些有机中间体和含氟化合物等的 Q 为 100~1000，具体视其毒性 LD_{50} 值而定。

2.3.2 清洁生产

2.3.2.1 清洁生产的内涵

清洁生产的内涵包括能源、生产过程、产品三方面：

① 清洁的能源——常规能源清洁利用；可再生能源利用；新能源开发；节能技术。

② 清洁的生产过程——尽量少用、不用有毒有害的原料；尽量使用无毒、无害的中间产品；减少或消除生产过程的各种危险因素，如高温、高压、低温、低压、易燃、易爆、强噪声、强震动等；采用少废、无废的工艺；采用高效设备；物料的再循环利用；简便、可靠的操作和优化控制；完善的科学量化管理等。

③ 清洁的产品——节约原料和能源，少用昂贵和稀缺原料，尽量利用二次资源作原料；产品在使用过程中及使用后不含危害人体健康和生态环境的成分；产品易于回收、复用和再生；合理包装产品；产品应具有合理使用功能（以及具有节能、节水、降低噪声的功能）和合理的使用寿命；产品报废后易处理、易降解等。

2.3.2.2 推行清洁生产的主要途径

（1）推行清洁生产的相关理论

1）可持续发展战略的重要措施

清洁生产能兼顾经济效益和环境效益，能减少原材料和能源的消耗、降低成本、提高效益；能生产出无毒无害的产品，能使环境和人类的危害降低；能通过科学管理使生产过程中排放的污染物降低；能鼓励对环境无害化产品的需求和以环境无害化方式使用产品。无论从经济角度，还是环境社会的角度看，推行清洁生产技术均符合可持续发展战略，它已经成为世界各国实施可持续发展战略的重要措施。

2）污染预防

1990 年，美国国会通过了《污染预防法》，首次将污染预防作为基本国策，1991 年，美国 EPA 颁布了"污染预防"战略，提出污染防治（P2：Pollution Prevention）分为四个优先等级：源头减量，再循环，废物处理，安全处置，如图 2-6 所示。

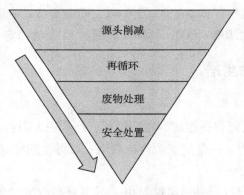

源头削减

再循环

废物处理

安全处置

图 2-6　污染防治优先等级

与传统污染治理相比，污染防治 P2 原则侧重从工艺设计源头着手，即防止具有潜在风险的有害化学物质进入环境，通过绿色化学技术替代污染和危险废弃物的末端治理技术。源头减量正在成为降低有害化学品对环境、工人和公众健康风险的重要手段，其核心是利用化学原理从源头上减少和消除工业生产对环境的污染，反应物的原子全部转化为期望的最终产物。

意大利学者恩里柯·卡格罗（Enrico Cagllo）对基于实施 P2 方案的 134家企业进行了分析，分析表明实例中的 134 家企业在实施了 P2 方案后，每

年节约运行费用超过 1.1 亿美元。每个企业每年因减少资源利用量平均节约 92.6 万美元，因循环利用平均节约 109 万美元。

解决废物排放环境问题的主要原则（按照优先次序）应为：首先通过原料替代或清洁工艺，在工业源头减少污染物的产生；其次加强原料的利用与循环，并促进资源能源的回收利用；仍然存在的污染物进行末端无害化处理后最终排放，达到消除污染、保护人类健康、节约工业成本的最终目标。

3）综合污染控制

综合污染控制（IPC）是 1990 年英国《环境保护法》引进的环境执法体系，它与清洁生产的全过程控制类似，强调综合性的措施，目的是将原有的单一环境执法体系转变成真正综合的环境执法体系。开展综合污染控制的有效途径主要有：

a. 制定出台相关的标准和指导准则；

b. 提高管理者的业务水平；

c. 积极开展国际合作；

d. 增强公众的参与意识。

4）ISO14000 环境管理标准

ISO14000 系列标准是一个系列的环境管理标准，它包括了环境管理体系、环境标志、生命周期评价等国际环境领域的许多焦点问题。ISO 给 ISO14000 系列标准预留了 100 个标准号，编号为 ISO14001 ~ ISO140100。根据 ISO/TC207 各分技术委员会的分工，该系列标准包括 7 个子系列，分属 6 个技术委员会和 1 个工作组，分配这 100 个标准号。截至 2000 年，ISO 已有 30 多个标准处于不同制订阶段，其中正式颁布的国际标准有 20 个。该标准要求企业从全面管理的角度思考企业的环境问题，最有利于变末端治理为全过程控制。标准要求组织全面考察产品的原料选用、生产加工、包装、运输、使用/回用、废弃/处置等全过程，实行污染预防，实施清洁生产。

（2）实施清洁生产的主要途径

1）资源的综合利用

资源综合利用是清洁生产的首要方向，综合利用就是要使资源在使用过程中"物尽其用"。为实现原料的综合利用，要对原料的组分和可能用途作系统分析，并对其在生产过程中的流向建立物料平衡，制定将原料转变为产品方案，并积极组织实施。

实现资源综合利用，需要实行跨部门、跨行业的协作开发，一种可取

的形式是建立原料开发区，组织以原料为中心的利用体系，按生态学原理，规划各种配套的工业，形成生产链，做到资源的充分利用。

2）改革工艺及设备，开发全新工艺

a. 简化流程中的工序和设备；

b. 实现操作过程的连续性，减少因开车、停车造成的不稳定状态；

c. 适当改变工艺条件，增加一些必要操作单元或改变操作参数，以达到减废效果；

d. 改变原料的来源、配方、品质等，或对原料进行必要的预处理；

e. 改善设备布局，换用高效设备；

f. 配备自动化控制装置，实现过程的优化控制；

g. 开发利用最新科技成果的全新工艺。

3）组织企业内部的物料循环

"组织厂内物料循环"被美国 EPA 作为与"源削减"并列的实现废料排放最小化的两大基本方向之一。在这里强调的是企业层次上的物料循环。实际上，物料再循环可以在不同的层次上进行，如工序、流程、车间、企业乃至地区，考虑再循环的范围越大，则实现的机会越多。

4）加强科学管理

经验表明，强化管理能削减近 40%污染物的产生。而实行清洁生产是一场革命，要转变传统的旧式生产观念，在企业管理中要突出清洁生产的目标，从着重于末端处理向全过程控制倾斜，建立一套健全的环境管理体系，使环境管理落实到企业中的各个层次，分解到生产过程的各个环节，贯穿于企业的全部经济活动之中，与企业的计划管理、生产管理、财务管理、建设管理等专业管理紧密结合起来，使人为的资源浪费和污染排放减至最小。

5）改革产品体系

在当前科学技术迅猛发展的形势下，产品更新换代的速度越来越快，新产品不断问世。人们开始认识到，工业污染不但发生在生产产品的过程中，也发生在产品使用低效率的工业锅炉中，在使用过程中不但浪费燃料，还排出大量的烟尘，本身就是一个污染源。在不少电器产品中用作绝缘材料的多氯联苯，虽然具有优良的电气性能，但是属于强致癌物质，对人体健康会造成严重威胁；作为冷冻剂、喷雾剂和清洗剂的氟氯烃是破坏臭氧层的主要人造物质之一，已被"蒙特利尔协定书"规定为限制生产和限期禁用物质。

6）必要末端处理

在推行清洁生产所进行的全过程控制中同样包括必要的末端处理。美国 1990 年污染预防法案中明确指出：未能通过源削减和再循环消除的污染物应尽可能地以环境上安全的方式进行处理。清洁生产本身是一个相对的概念，一个理想的模式，在目前的技术水平和经济发展水平条件下，实现完全彻底的无废生产，还是比较罕见的，废料的产生和排放有时还难以避免。因此，还需要对它们进行必要的处理和处置，使其对环境危害降至最低。

7）组织区域内的清洁生产

创建清洁生产的基本原理是按生态原则组织生产，实现物料的闭合循环。所谓按生产原则组织生产，就是地域性地将各个专业化生产（群落）有机地联合成一个综合生产体系（生态系统）。针对当地的资源条件，联合性质上不同类型的各种生产，使整个系统对原料和能量的利用达到很高的效率。

由于工业生产有明显的层次性，所以在不同层次上都有可能实现物料的闭合循环。一般希望在尽量低的层次上完成闭合，这样物料的运输路程缩短，额外的处理要求低，经济代价小。但是为了达到综合利用原料的目的，往往需要跨行业、跨地区的共同协作。随着层次的提高，物料闭合的可能性也相应扩大，在地区范围内削减和消除废料是实现清洁生产的重要途径。

2.3.2.3　清洁生产评价方法

目前国内外研究人员分别从生产等级和清洁生产效益等方面对清洁生产进行了不同程度的评价，常用的评价方法有：综合评价指数法、平均评价指数法、分级对比评价法（百分制评价法）、模糊数学评价法、模糊层次分析法、多目标模糊评价法、数据包络分析法等。清洁生产评价具有多目标、多属性、多层次的特点，必要时候要结合多种方法进行分析，才能给出全面、完整的评价。

2.3.3　生命周期评价

2.3.3.1　生命周期评价的基本概念

随着工业化生产高速发展，以前所未有的规模和速率在消耗着全球有限的自然资源，产生出多种和大量的有损自然生态和人类安全的污染物，环境污染和生态破坏、能源和资源短缺已成为当今亟待解决的问题。

面对人口、资源、环境与经济发展关系上一系列尖锐的矛盾，人们需要通过理论创新、技术进步及管理变革来协调人与自然环境的关系，促进社会的可持续发展，可持续的环境管理成为新的焦点。为此生命周期评价（LCA）作为一种有效的可持续环境管理工具受到了广泛的关注和研究。

1990 年国际毒理学与化学学会首次提出了生命周期分析评价的定义："生命周期评价是一种对产品、生产工艺以及活动对环境的影响进行评价的客观过程，它是通过对能量和物质利用以及由此造成的环境废物排放进行辨识和量化的。其目的在于评估能量和物质利用以及废物排放对环境的影响，寻求改善环境影响的机会以及如何利用这种机会。这种评价贯穿于产品、工艺和活动的整个生命周期，包括原材料提取与加工；产品制造、运输以及销售；产品的使用、再利用和维护；废物循环和最终废物弃置"。

ISO14040（1999）的定义：LCA 是指"对一个产品系统的生命周期中输入、输出及其潜在环境影响的汇编和评价，具体包括互相联系、不断重复进行的四个步骤：目的与范围的确定、清单分析、影响评价和结果解释。生命周期评价是一种用于评估产品在其整个生命周期中，即从原材料的获取、产品的生产直至产品使用后的处置，对环境影响的技术和方法"。

2.3.3.2 生命周期评价的发展

生命周期评价最早出现于 20 世纪 60 年代末 70 年代初，当时被称为资源与环境状况分析（REPA）。其最初应用可追溯到 1969 年美国中西部研究所受美国可口可乐公司委托对不同饮料容器从原材料采掘到废弃物最终处理的全过程资源消耗和环境释放所作的跟踪与定量分析。该公司在考虑是否以一次性塑料瓶替代可回收玻璃瓶时，比较了两种方案的环境友好情况，肯定了前者的优越性。随后，美国伊利诺伊大学（University of Illinois）、富兰克林研究会（The Franklin Institute）、斯坦福大学（Stanford University）的生态学居研究所以及欧洲、日本的一些研究机构也相继开展了一系列针对其他包装品的类似研究。这一时期的工作主要由工业企业发起，研究结果作为企业内部产品开发与管理的决策支持工具。

1990 年 8 月由"国际环境毒理学与化学学会（SETAC）"首次主持召开了有关生命周期评价的国际研讨会，在该会议上首次提出了"生命周期评价"（LCA）的概念。

1993 年 SETAC 在《生命周期评价纲要：实用指南》纲领性报告中，将生命周期评价的基本结构归纳为四个有机联系的部分：目标与范围界定、生命周期清单分析、生命周期影响评价和改善评价，成为生命周期评价方

法论研究起步的第一个里程碑。

1999 年国际标准化组织在 ISO14040 标准中对生命周期评价定义为："对一个产品系统的生命周期中输入、输出及其潜在环境影响的汇编和评价，具体包括互相联系、不断重复进行的四个步骤：目标与范围界定、清单分析、影响评价、结果解释。"进一步完善了生命周期评价理论。

LCA 已经纳入 ISO14000 环境管理系列标准，现已成为国际上广泛应用的环境管理产品设计、产品环境特征分析和决策的一个重要支持工具。

我国于 20 世纪 90 年代开始对 LCA 进行全面研究，于 1998 年以 ISO 14040 标准体系为基础，制定一系列我国的环境标准。1999 年，发布《环境管理生命周期评价—原则与框架》（GB/T 20404—1999）；2000 年，发布《环境管理生命周期评价—目标与范围确定和清单分析》（GB/T 24041—2000）；2002 年，发布《环境管理生命周期评价—生命周期影现象评价》（GB/T 24042—2002）以及《环境管理生命周期评价—生命周期解释》（GB/T 24043—2002）。步入 21 世纪以来，LCA 已经随着国家整体环境意识的提高而成为国内各行业可持续发展的重要研究方法之一。

目前，我国对 LCA 理论的研究主要分为两方面，一方面是通过对不同行业的清单进行分析，建立我国的生命周期清单数据库；另一方面是对 LCA 的方法进行研究，通过采用不同环境影响类型以及特征化模型，分析我国各行业的环境影响。

2.3.3.3　生命周期评价的技术框架

生命周期评价目前采用两种方法：SETAC - EPA LCA 分析法（SETAC-EPA Life Cycle Analysis，通常称为生命周期评价-LCA 方法）和经济输入-输出生命周期评价模式（EIO-LCA）。

1997 年 6 月 1 日正式颁布的 ISO14040（生命周期评价—原则和框架）将一个完整的产品生命周期环境分析工作分为四个基本阶段：目标与范围确定、清单分析（即分析产品从原材料获取到最终废置整个生命过程各个阶段中的环境投入与产出及其影响的清单）、影响评估（根据清单的分析结果，分析产品各个生命阶段对环境的影响，或比较类似产品对环境的影响）、结果解释（将得到的结果与所确定的目的进行比较，确定潜在的改进方向）如图 2-7 所示。

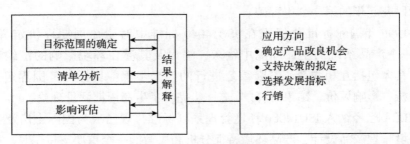

图 2-7　生命周期分析的构架

（1）目标与范围定义

目标定义主要说明进行 LCA 的原因和应用意图，范围界定则主要描述所研究产品系统的功能单位、系统边界、数据分配程序、数据要求及原始数据质量要求等。鉴于 LCA 的重复性，可能需要对研究范围进行不断的调整和完善。

（2）清单分析

首先是根据目标与范围定义阶段所确定的研究范围建立生命周期模型，做好数据收集准备。然后进行单元过程数据收集，并根据数据收集进行计算汇总得到产品生命周期的清单结果。工作步骤如图 2-8 所示。

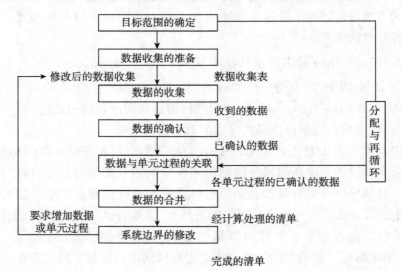

图 2-8　清单分析程序

（3）影响评价

影响评价的目的是根据清单分析阶段的结果对产品生命周期的环境影

响进行评价。这一过程将清单数据转化为具体的影响类型和指标参数，更便于认识产品生命周期的环境影响。此外，此阶段还为生命周期结果解释阶段提供必要的信息。

（4）结果解释

这是生命周期评价的最终目标，结果解释是基于清单分析和影响评价的结果识别出产品生命周期中的重大问题，并对结果进行评估，包括完整性、敏感性和一致性检查，从而找到合理、经济有效的方法来降低环境风险，进而给出结论、局限和建议。

2.3.3.4　生命周期评价的应用

生命周期评价比传统的清洁生产审核更直观和定量地表现出产品不同阶段所产生的生态环境影响，尽可能从环境影响最小化和资源、能源利用最大化方面考虑。作为一种能够评估从原材料开采到产品最终处置的整个生命周期且包含资源耗竭、人体健康和生态系统健康等多种环境影响类型的方法，是全面评价产品环境影响的有效工具。

作为一种用来汇总和评估某个产品或服务体系在其整个生命周期间的所有投入及产出对环境造成潜在影响的方法，LCA 被广泛应用于多种工业企业产品或过程的环境影响评价中，而且 LCA 最早就是由企业所发起，因此在工业企业部门的应用也非常广泛，例如钢铁、水泥、塑料、玻璃等行业。

钢铁行业 LCA 实例

钢铁产品的生命周期评价是评价钢铁产品从原材料的获取、生产和使用、直至使用后的废弃处置阶段，这一整个生命周期内的能耗、物耗及其对环境产生的潜在影响的技术。

国际钢铁协会（Worldsteel）从 1995 年起就开始通过世界各地的会员公司搜集生命周期清单数据，并在 1996 年开展了世界钢铁产品的生命周期清单研究，之后于 2000 年和 2007 年分别对清单数据进行了更新。在 Worldsteel《2008 年可持续发展报告》中，有 24 处关于 LCA 的内容，其中特别强调了 LCA 的数据库需要持续的关注和更新，LCA 方法也要不断改善和发展，同时，Worldsteel 将继续推动 LCA 在钢铁以及钢铁持续发展中的重要地位。

作为对欧盟委员会提出的 "整合性产品政策（Integrated Product

Policy, IPP, 2003) "的响应，欧钢联承担了钢铁工业的 IPP 项目，于 2007 年提交了《欧洲钢铁工业对整合性产品政策的贡献》(《The European Steel Industry's Contribution To An Integrated Product Policy》)的报告，报告中建立了钢铁工业 LCA 方法论，发布了欧洲钢铁工业生命周期物流分析图。此外，2007 年欧钢联还对其不锈钢产品的生命周期清单进行了数据更新。英国康力斯集团（Corus）到 2008 年，已经对其 88% 的产品进行了生命周期评价，通过 LCA 量化了产品的环境性能，向建筑用钢客户发布了 40 个产品环境声明。

Corus 研发中心开发了 LCA 软件 CLEAR，该软件在其产品设计与优化方面发挥了重要的作用。Corus 的彩涂板 HPS2000 已获得绿色产品认证。Ruukki 和 Arcelor 等钢铁企业也对其产品进行了生命周期评价，多种钢铁产品都已获得绿色认证或处于认证过程中。

新日铁利用 LCA 对其整个生产流程供应链进行管理，最大限度地减轻了钢铁产品生产对环境的影响；评价了循环利用对于生命周期成本及环境影响的积极作用；利用 LCA 进行了生态产品的研发。此外，新日铁还和日本的经济、贸易和工业部进行 LCA 研究方面的合作。研究集中在：① 有关 LCA 研究的技术开发；② 生态产品的开发和销售；③ 促进循环经济和可持续发展；④ 评价废钢循环。

BlueScope steel 从 1993 年开始开发自己的 LCA 模型，其模型的特点不仅能评价产品还能评价工艺过程，该公司利用 LCA 进行：① 产品评价；② 生态标志；③ 工艺改进；④ 生态设计；⑤ 新技术评估。该公司针对悉尼奥运会，还开发了新的 LCA 模型用于评价悉尼的奥运建筑和基础设施。

2.3.4 系统工程

2.3.4.1 系统论的相关概念

（1）系统论

系统论是研究系统的结构、特点、行为、动态、原则、规律以及系统间的联系，并对其功能进行数学描述的新兴学科。系统论的基本思想是把研究和处理的对象看作一个整体系统来对待。系统论的主要任务就是以系统为对象，从整体出发来研究系统整体和组成系统整体各要素的相互关

系，从本质上说明其结构、功能、行为和动态，以把握系统整体，达到最优的目标。

1）一般系统论

一般系统论是关于任意系统研究的一般理论和方法。它虽源于理论生物学中的生物机体论，但其与哲学密切相关，是处于具体科学与哲学之间，具有横断科学性质的一种基本理论。其主要任务是以系统为研究对象，从整体出发研究系统整体和组成系统整体各要素的相互关系，从本质上说明其结构、功能、行为和动态。

1924—1928 年美籍奥地利理论生物学家 L. 冯·贝塔朗菲（Ludwig Von Bertalanffy）多次发表文章表达一般系统论的思想，提出生物学中有机体的概念，强调必须把有机体当做一个整体或系统来研究，才能发现不同层次上的组织原理；1968 年贝塔朗菲的专著《一般系统论—基础、发展和应用》，总结了一般系统论的概念、方法和应用；1972 年他发表《一般系统论的历史和现状》，试图重新定义一般系统论。

一般系统论这一术语有更广泛的内容，包括极广泛的研究领域，其中有三个主要的方面：① 关于系统的科学，又称数学系统论；② 系统技术，又称系统工程；③ 系统哲学。

2）广义系统论

广义系统论包括信息论、控制论。信息论是研究信息的本质，并用数学方法研究其计量、交换、传递和储存的学科；控制论是研究系统状态的运动规律和改变这种运动规律的方法和可能性。

系统论、信息论、控制论，正朝着"三归一"的方向发展，现已明确系统论是其他两论的基础。

3）系统论的基本原理

① 整体性原理：系统是由若干要素组成的具有一定新功能的有机整体，各个作为系统子单元的要素一旦组成系统整体，就具有独立要素所不具有的性质和功能，形成了新系统的质的规定性，从而表现出整体的性质和功能不等于各个要素的性质和功能的简单加和。

② 层次性原理：由于组成系统的诸要素的种种差异包括结合方式上的差异，从而使系统组织在地位与作用，结构与功能上表现出等级秩序性，形成了具有质的差异的系统等级。层次概念就反映这种有质的差异的不同系统等级或系统中的高级差异性。

③ 开放性原理：系统具有不断地与外界环境进行物质、能量、信息交

换的性质和功能，系统向环境开放是系统得以向上发展的前提，也是系统得以稳定存在的条件。

④ 目的性原理：组织系统在与环境的相互作用中，在一定的范围内，其发展变化不受或少受条件变化或途径经历的影响，坚持表现出某种趋向预先确定状态的特性。

⑤ 突变性原理：系统通过失稳，从一种状态进入另一种状态是一种突变过程，它是系统质变的一种基本形式，突变方式多种多样，同时系统发展还存在着分岔，从而有了质变的多样性，带来系统发展的丰富多彩。

⑥ 稳定性原理：在外界作用下开放系统具有一定的自我稳定能力，能够有一定范围内自我调节，从而保持和恢复原来的有序状态，保持和恢复原有的结构和功能。

⑦ 自组织原理：开放系统在系统内外两方面因素的复杂非线性相互作用下，内部要素的某些偏离系统稳定状态的涨落可能得以放大，从而在系统中产生更大范围的更强烈的长程相关，自发组织起来，使系统从无序到有序，从低级有序到高级有序。

⑧ 相似性原理：系统具有同构和同态的性质，体现在系统的结构和功能，存在方式和演化过程具有共同性，这是一种有差异的共性，是系统统一性的一种表现。

（2）系统工程

不少学者曾尝试给系统工程（Systems Engineering）下定义，具代表性的有以下几种：

① 美国学者切斯纳指出："虽然每个系统都是由许多不同的特殊功能部分所组成，而这些功能部分之间又存在着相互关系，但是每一个系统都是完整的整体，每一个系统都有一定数量的目标。系统工程则是按照各个目标进行权衡，全面求得最优解（或满意解）的方法，并使各组成部分能够最大限度地相互适应。"

② 1967 年日本工业标准 JIS8121 规定："系统工程是为了更好地达到系统目的，对系统的构成要素、组织结构、信息流动和控制机构等进行分析与设计的技术。"

③ 日本学者三浦雄武指出："系统工程与其他工程不同之点在于它是跨越许多学科的科学，而且是填补这些学科边界空白的一种边缘科学。因为系统工程的目的是研制系统，而系统不仅涉及工程学的领域，还涉及社会、经济和政治等领域，为了适当解决这些领域的问题，除了需要某些纵向技

术以外，还要有一种技术从横的方向把他们组织起来，这种横向技术就是系统工程。换句话说，系统工程就是研究系统所需要的思想、技术、方法和理论等体系的总称。"

④ 1978 年我国学者钱学森在他的著作《论系统工程》中指出："系统工程则是组织管理这种系统的规划、研究、设计、制造、试验和使用的科学方法，是一种对所有系统都具有普遍意义的科学方法。"

⑤ 大英百科全书（1974）中指出："系统工程是一门把已有学科分支中的知识有效地组合起来用以解决综合化的工程技术。"

⑥ 苏联大百科全书（1976）："系统工程是一门研究复杂系统的设计、建立、试验和运行的科学技术。"

对系统工程各种各样的定义反映出不同学者在讨论问题的角度、认识问题的深度以及科学研究范围方面的差异。综合以上各种观点可以看出，系统工程是实现系统最优化的科学，是一门高度综合性的管理工程技术，涉及应用数学（如最优化方法、概率论、网络理论等）、基础理论（如信息论、控制论、可靠性理论等）、系统技术（如系统模拟、通信系统等）以及经济学、管理学、社会学、心理学等各种学科。系统工程是一门从整体出发合理开发、设计、实施和运用系统的工程技术。它根据系统总体协调的需要，综合应用自然科学和社会科学中有关思想、理论和方法，利用电子计算机作为工具、对系统的结构、要素、信息和反馈等进行分析，以达到最优规划、最优设计、最优管理和最优控制的目的，以便最充分地发掘人力、物力、财力的潜力，并通过各种组织管理技术，使局部和整体之间的关系协调配合，以实现系统的综合最优化。

2.3.4.2　系统工程的内涵

（1）系统工程含义

系统工程（Systems Engineering）是组织管理这种系统的规划、研究、设计、制造、试验和使用的科学方法，旨在求得最佳效益。这里，比较明确地表述了三层含义：

① 系统工程属于工程技术范畴，主要是组织管理的技术；

② 系统工程是研究工程活动全过程的工程技术；

③ 这种技术具有普遍的适用性。

由此可见，系统工程是多种技术的工程应用，是直接服务于改造客观世界的社会实践技术。具体地说，它是组织管理的技术，是一大类工程技术的总称。系统工程可以解决物理系统，一般指工程系统的最优控制、最

优设计和最优管理问题，也可以解决事理系统（一般指社会经济系统）的规划、计划、预测、分析和评价问题。

综合系统工程的定义，可以把系统工程内涵概述为：系统工程是工程应用技术，它提供了将用户需求成功转化为系统产品的逻辑思维方法（即方法论）和系列具体方法。它在应用中侧重于对系统总体问题（即系统构成要素、组织结构、信息交换与反馈机制）的研究。其任务是分解—集成思想的指导下，利用分析综合、试验和评价的反复迭代过程，综合光、机、热、电、通信、可靠性、管理等多种专业技术，开展系统的需求分析、方案设计、制造与总装、验证和使用等工作。其目标是通过系统过程技术及系统工程管理两大并行的优化过程，开发出满足系统全寿命周期使用要求、总体优化系统。

（2）系统工程的内容和解决问题的步骤

系统工程的内容主要有：系统工程的概念、系统分析、系统模型、系统决策、网络分析、系统模拟、系统评价、现代系统工程技术、系统信息技术、系统控制等。系统工程求解问题的步骤如下：

① 明确目标；

② 收集资料，提出方案；

③ 建立模型；

④ 系统分析与评价。

（3）系统工程的主要特点

系统工程的主要特点可归纳为以下几个方面：

① 系统工程的技术性本质。

② 系统工程强调系统观点。

③ 系统工程的综合性。

④ 系统工程的创造性。

⑤ 系统工程的广泛适用性。

2.3.4.3　系统工程的方法论

系统工程方法论有：霍尔方法论、切克兰德方法论、兰德方法论。

（1）霍尔方法论

美国系统工程专家霍尔（A. D. Hall）于1969年提出的一种系统工程方法论；霍尔三维结构，又称霍尔的系统工程，后人与软系统方法论对比，称为硬系统方法论（Hard System Methodology，HSM）。

霍尔三维结构将系统工程活动分为前后紧密连接的7个阶段和7个步

骤，包括时间维、逻辑维和知识维，如图 2-9。

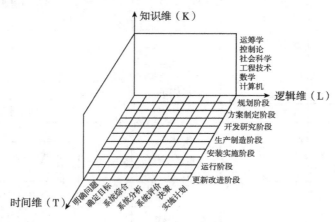

图 2-9　霍尔三维结构

1）时间维

时间维表明一个具体工程项目的系统开发过程，按时间上的先后次序可粗略地规划分为 7 个阶段：规划阶段、方案制定阶段、开发研究阶段、生产制造阶段、安装实施阶段、运行阶段、更新改进阶段。

2）逻辑维

逻辑维表明在上述时间维上每一阶段中一般的逻辑过程，通常分成下列 7 个步骤：明确问题，确定目标，系统综合，系统分析，系统评价，决策和实施。在时间维上的各个阶段都必须履行这些步骤，并且可以反复使用这些步骤来达到阶段目标。

3）知识维

表明完成各个阶段和各个步骤所需的各种专业知识、技能和技术。

（2）切克兰德方法论

20 世纪 80 年代中前期由英国学者 P. 切克兰德（P. Checkland）提出的方法比较系统且具有代表性。P. 切克兰德把霍尔方法论称为"硬科学"的方法论，他把自己提出的方法论称之为"软科学"方法论。

切克兰德方法论工作流程如图 2-10。

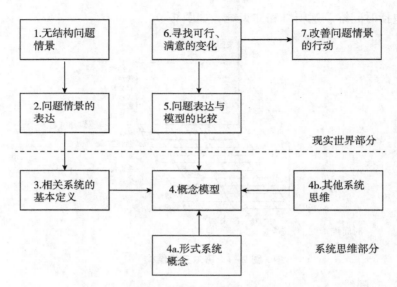

图 2-10 切克兰德方法论工作流程

（3）兰德方法论

1949 年 著 名 的 美 国 超 级 智 囊 团——兰 德 公 司 （Research and Development，RAND Corporation）提出了系统分析（SA）的方法论。

系统分析是一个有目的、有步骤的探索和思考问题的过程，系统分析人员应用科学方法对系统的目的、功能、环境、费用效益等进行调查研究，并分别处理有关的资料和数据。系统分析程序包括：

1）分析问题和确定目标

要解决某个实际问题，首先要对问题的性质、产生问题的根源以及解决问题所需的条件进行客观的分析，然后确定解决问题的目标。目标必须尽量符合实际，避免过高或者过低。目标必须具有数量和质量要求作为衡量标准。

2）收集资料和调查研究

为了更好地解决问题，需要对问题进行全面、系统的研究。因此必须收集与问题有关的数据资料，考察与问题相关的所有因素，研究问题中各种要素的地位、历史和现状，找出它们之间的联系，从中发现其规律性。

3）建立系统模型

建立系统模型必须满足以下条件：

① 应能正确而且明显地记述事实及其状况。

② 即使主要参量发生变化，所分析的结果仍然具有说服力。

③ 应该能探究明白已知结果的原因。

④ 应该能够分析不确定性带来的影响。

⑤ 应该能够明确地表示出时间的推移。

⑥ 应该能够进行多方面充分的预测。

4）系统最优化

运用最优化的理论和方法，对若干备选方案的模型进行模拟和优化计算，并求解出相应的结果。

5）系统评价

在最优化系统候选解的基础上，考虑前提条件和约束条件，结合经验和评价标准确定最优解，为选择最优方案提供足够的信息。

6）实施方案

根据出现的新问题，对方案进行必要的调整和修改。为了防止系统方案实施过程中可能出现的不平衡和偏差，需要对全过程进行系统控制，直到问题完全解决为止。

7）总结提高

问题解决以后，需要对解决问题的全过程进行综合分析，为解决新问题提供可借鉴的经验。

2.3.4.4　系统工程评价及优化方法

（1）系统工程评价方法

所谓系统评价，就是评定系统的价值。从不同的角度对系统进行评价，价值取向会有很大差异。系统评价就是根据预定的系统目的，在系统分析的基础上，就系统设计所能满足需要的程度和占用的资源进行评审和选择，选择出技术上先进、经济上合理、实施上可行的最优或满意的方案。

1）费用—效益分析

系统评价的经典方法之一。这种分析评价方法后来逐步应用到各种经济领域，要求系统给社会提供财富和服务价值，即效益必须超过费用，作为工程选择合理性的保证。当费用和效益都可以用货币或其他某种尺度度量时，费用—效益分析方法就比较容易进行。常用的评价基准有以下三种：

① 效益性基准：效益性基准是指在一定费用条件下，效益大者估价高。

② 经济性基准：经济性基准是指在一定的效益条件下，费用小者价值高。

③ 纯效益基准：纯效益，是指效益减去费用后的纯收入。纯效益基准选择效益大、价值高者为替代方案。适用于不加限制的情况。

　　如果给出两个具有特定费用和效益的替代方案，尤其是当效果不能转换为货币表示时，要评价二者价值的大小，通常可以按照追加效果与追加费用相比是否合算为原则进行处理。

　　2）评分法

　　系统综合评价时常用的一种评价方法。评分法又可分为加法评分法、加权加法评分法和乘积评分法。

　　① 加法评分法：加分评分法是指把各评价属性加起来，它要求所有评价属性的标值必须是同量、同级的量纲，即要求规范化。

　　② 加权加法评分法：加权加法评分法是指把人的主观因素加入到评价过程中，用权重值来反映评价者的偏好，即专家本人对属性重要程度的看法。加法评分法的缺点在于当各替代方案的累计评价分数差距不大时，对于哪个方案最优的问题很难得出明确的回答。为此出现了另一个评分法，即乘积评分法。

　　③ 乘积评分法：乘积评分法是指评分值连乘起来，按连乘值的大小评定优劣。

　　3）优序法

　　对各项评价指标分别排序，并分别对各序号（等级）以相应的评分值即优序数，然后综合诸评价指标，分别计算评价对象的总优序数，并按总优序数大小评定其优劣顺序的方法即优序法。通过对多目标决策问题进行两两相对比较，最后给出全部方案的优序排序。此方法应用简单，既能处理定量问题，又能处理定性问题。在建立管理成果指标体系的基础上，利用优序法，给出了管理成果评价方法。

　　优序法是系统工程中，系统评价的一种方法。具体是请多个专家，针对一个工程中的多个方案，并依据其目标，针对目标对各方案做出两两对比。

　　4）关联矩阵法

　　关联矩阵法是将不同的评价项目和可能实施方案以矩阵的形式表达出来，再考虑评价项目的权重后综合计算出备选方案的评价值。

　　关联矩阵法的应用过程是根据不同类型人员，确定不同的指标模块（又称一级指标），然后将指标模块分解获得二级指标（有些复杂的量表还包括三级指标），建立起具有层次结构的评估。这是它与一般的因素评分法的相同之处，而显著不同之处在于指标确定的同时赋予权重，即对其各评估要素依据其对于被评估者的重要程度的差异进行区别对待，从而使得定性指标的量化更加科学可靠。关联矩阵法的基本出发点是建立评价及分析

的层次结构，在权重的确定上，关联矩阵法要来得简单，操作性强。它是根据具体评价系统，采用矩阵形式确定系统评价指标体系及其相应的权重，然后对评价系统的各个方案计算其综合评价值——各评价项目评价值的加权和。

此方法应用于多目标系统。它是用矩阵形式来表示各替代方案有关评价项目的评价值。然后计算各方案评价值的加权和，在通过分析比较，综合评价值—评机值加权和最大的方案即为最优方案。应用关联矩阵法的关键在于确定各评价指标的相对重要度，即权重，以及由评价主体给定的评价指标的评价尺度。

5）层次分析法

把复杂问题分解为若干有序层次，然后根据对客观现实的判断，就每一层次的相对重要性给出定量表示，即所谓的构造比较判断矩阵。

层次分析法的主要特征是合理地将定性、定量问题转化成定量问题，按照思维、心理的规律将决策过程层次化、数量化，并逐层比较关联因素，为分析和预测事物的发展提供可靠的定量依据。它常用于多目标、多准则、多要素、多层次的非结构化的复杂决策问题，可将主观判断用数量形式进行表达和处理（图 2-11）。层次分析法主要用于确定综合评价的权重系数。

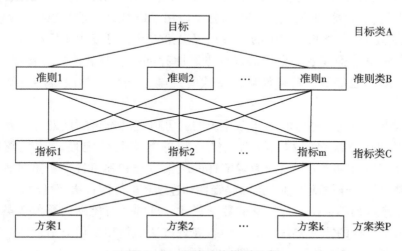

图 2-11　层次结构模型示意

6）模糊综合评价法

模糊综合评价法是适用于模糊信息系统的一种评价方法，它通过构造

基本要素集、评定集和考核集建立模糊隶属度向量和模糊判断矩阵，进而给出系统的综合评价值。它具有结果清晰、系统性强的特点，能较好地解决模糊的、难以量化的问题，适合各种非确定性问题的解决。但计算复杂，对指标权重矢量的确定主观性较强好，当指标集较大，即指标集个数较大时，在权矢量和为1的条件约束下，相对隶属度权系数往往偏小，权矢量与模糊矩阵不匹配，结果会出现超模糊现象，分辨率很差，无法区分谁的隶属度高，甚至造成评判失败。

（2）系统工程优化方法

1）线性规划

如果约束条件和目标函数都是呈线性关系的就叫线性规划。线性规划是最优化理论的一个重要分支，它是研究如何在多项互相竞争的活动中间最优地分配各项有限资源的一种数学方法。线性规划研究的问题主要有两类：一类是已经给定可用资源的数量，如何运用这些资源来完成最大量的任务；另一类是已经给定一项任务，研究如何统筹安排才能以最少量的资源去完成这项任务。要解决线性规划问题，从理论上讲都要解线性方程组。线性规划解法主要有单纯形法、对偶单纯形法、原始对偶法等。

2）动态规划

动态规划是一种将复杂问题转化为比较简单问题的最优化方法，一些线性规划、非线性规划及整数规划都可以用动态规划方法来求解。动态规划方法作为现代企业管理中的一种重要决策方法，可以用来解决最优路径问题、资源分配问题、生产调度问题、库存问题、装载问题、排序问题、设备更新问题等等，动态规划是现代管理学中进行科学决策不可缺少的工具。

根据时间变量是离散的还是连续的，可以把动态规划问题分为离散决策过程和连续决策过程；根据决策过程的演变是确定性的还是随机性的，动态规划问题又可以分为确定性的决策过程和随机性的决策过程，即离散确定性、离散随机性、连续确定性和连续随机性四种决策机制。

动态规划不存在一种标准的数学形式，求解动态规划问题没有类似于单纯形法这样的统一方法。对于动态规划方法的使用，需要对动态规划问题的一般结构有较深入的了解，必须具体问题具体分析。针对不同问题，使用动态规划的最优化原理和方法，建立起与其相应的数学模型。在一个具体问题中，如何定义状态、决策、阶段效应等，以及如何得到问题的基本方程表达式，在很大程度上还有赖于分析者的经验、洞察力和判

断力。

在用动态规划方法解决实际问题时，必须首先明确本问题中的阶段、状态、决策、策略以及指标函数，并建立状态转移方程，然后根据 k 阶段最优指标的大小找出与之对应的最优子策略，直至找出问题的最优解，这一过程为建立动态规划模型。

3）非线性规划

在实际问题中存在一类特殊的最优化问题，它们的目标函数或约束条件中包含有自变量的非线性函数，则将这一类特殊的规划问题称为非线性规划。

一般将不带有约束的极小值问题称为无约束极小化问题；根据约束条件是否是等式，还可以将非线性规划问题分为等式约束下的极小值问题和不等式约束下的极小化问题。求解约束极值问题比求解无约束极值困难得多，为简化工作，常采用以下方法：将约束问题化为无约束问题，将非线性规划问题化为线性规划问题，以及将复杂问题变化为简单问题。常采用二次规划方法解决非线性规划问题。

参考文献

［1］张笛，曹宏斌，赵赫，赵月红．工业污染控制发展历程及趋势分析［J］．环境工程，2022，40（01）：1-7+206.

［2］中国科学院创新发展研究中心，中国生态环境技术预见研究组．中国生态环境2035 技术预见［M］．北京：科学出版社，2020.

［3］陆钟武．穿越环境高山：工业生态学研究［M］．北京：科学出版社，2008.

［4］韦鹤平，徐明德．环境系统工程［M］．北京：化学工业出版社，2009.

［5］薛惠锋，董会忠，宋红丽．环境系统工程［M］．北京：国防工业出版社，2008.

［6］严广乐，张宁，刘媛华．系统工程［M］．北京：机械工业出版社，2008.

［7］张凯，崔兆杰．清洁生产理论与方法［M］．北京：科学出版社，2005.

［8］雷兆武，张俊安．清洁生产及应用［M］．第 3 版．北京：化学工业出版社，2020.

［9］宋国君，张震．美国工业点源水污染物排放标准体系及启示［J］．环境污染与防治，2014，36（01）：97-101.

［10］叶旌，霍立彬，章为静，等．美国饮用水化学候选污染物的筛选过程［J］．环境工程技术学报，2014，4（4）：346-352.

［11］匡跃平．大型跨国化工公司的环境保护战略［J］．化工环保，2000，20（2）：

14-17.

[12] 段宁. 清洁生产、生态工业和循环经济 [J]. 环境科学研究, 2001, 6 (14)：1-4.

[13] 郑秀君, 胡彬. 我国生命周期评价 (LCA) 文献综述及国外最新研究进展 [J]. 科技进步与对策, 2013, 30 (6)：155-160.

[14] 世界钢铁协会. 世界钢铁生命周期清单方法论报告 1999/2000 [R]. 布鲁塞尔：环境事务委员会, 2002, 10.

[15] 刘涛, 刘颖昊. 钢铁产品生命周期评价研究现状及意义 [J]. 冶金经济与管理, 5：25-28.

[16] 梁慧刚 汪华方. 全球绿色经济发展现状和启示 [J]. 新材料产业, 2010, (12)：27-31.

[17] 车国骊, 田爱民, 李扬, 等. 美国环境管理体系研究 [J]. 世界农业, 2012 (02)：43-46.

[18] 胡必彬, 陈蕊, 刘新会, 等. 欧盟水环境标准体系研究 [J]. 环境污染与防治, 2004 (06)：468-471+400.

[19] 杨威, 余贵玲. 工业发展环境污染强度的现状及趋势 [J]. 宏观经济管理, 2014, (10)：55-57.

[20] 徐坤. 工业固体废物资源综合利用现状及展望 [J]. 建筑工程技术与设计, 2019 (20)：4466. DOI：10. 12159/j. issn. 2095-6630. 2019. 20. 4346.

[21] 黄群慧, 李芳芳. 中国工业化进程报告 (1995—2010) [M]. 北京：社会科学文献出版社, 2012.

[22] 宋丹娜, 刘景洋, 潘涔轩, 等. 新发展理念下改革和优化清洁生产工作的对策建议 [J]. 环境与可持续发展, 2021, 4：39-44.

[23] 冯飞, 王晓明, 王金照. 对我国工业化发展阶段的判断 [J]. 中国发展观察, 2012 (8)：56-57.

[24] 林益明, 袁俊刚. 系统工程内涵、过程及框架探讨 [J]. 航天器工程, 2009, 18 (1)：8-12.

[25] 于景元. 系统工程的发展与应用 [J]. 工程研究——跨学科视野中的工程, 2009, 1 (1)：25-33.

[26] Martina D. More Difficult than Finding the Way Round Chinatown? The IPPC Directive and its Implementation [J]. European Environmental Law Review, 2000, 9 (7)：199-206.

[27] Jensen AA, Elkington J, Christiansen K, et al. Life cycle assessment (LCA) - a guide to approaches, experiences and information sources [R]. European Environment Agency, Environmental Issues Series 6, 1998.

[28] International organization for standardization, ISO 14040 Environment management -

life cycle assessment – principles and framework. Geneva, Switzerland, 1997.

［29］European Committee for Standardisation. Environmental Management – Life Cycle Assessment – Principles and Framework：ISO 14040：2006［S］.［2006 – 07］. http：// www. iso. org/standard/37456. html.

［30］UNEP. Cleaner Production Worldwide, volume Ⅱ［M］. Paris：UN Press, 1994：10-40.

［31］Wang J. China′s national cleaner production strategy［J］. Environmental Impact Assessment Review, 1999, 19（5-6）：437-456.

［32］Seider W D , Seader J D , Lewin D R . Product and process design principles：synthesis, analysis, and evaluation［M］. New York：John Wiley & Sons Inc. , 2017.

［33］Domenech, T, Bleischwitz R, Doranova A, et al. Mapping Industrial Symbiosis Development in Europe_typologies of networks, characteristics, performance and contribution to the Circular Economy［J］. Resources, Conservation and Recycling, 2019, 141：76-98.

［34］胡鞍钢 . 绿色革命，一次全方位的工业革命［N］. 新华日报, 2013-03-06.

［35］（美）伍德罗·克拉克，格兰特·库克 . 金安君，林清富译 . 绿色工业革命［M］. 北京：中国电力出版社, 2015.

［36］HJ/T 169-2004，建设项目环境风险评价技术导则［S］.

［37］环境保护部 . 关于进一步加强环境影响评价管理防范环境风险的通知：环发［2012］77 号［EB/OL］.（2012 – 07 – 03）［2021 – 12 – 11］. https：//www. mee. gov. cn/ gkml/hbb/bwj/201207/t20120710_233249. htm.

［38］生态环境部 . 关于统筹和加强应对气候变化与生态环境保护相关工作的指导意见：环综合〔2021〕4 号［EB/OL］.（2021 – 01 – 11）［2021 – 12 – 11］. https：// www. mee. gov. cn/xxgk2018/xxgk/xxgk03/202101/t20210113_817221. html.

第3章　工业污染全过程控制

中国的污染排放标准是从 1973 年开始实施的（GBJ-4-73），与之配套的是排污收费、三同时、环境影响评价等具体措施，并在 1979—1989 年期间形成了我国第一套排放标准制度体系。中国的排污许可证制度起始于 1989 年，是为了配合排放标准的实施和排污权交易而设定的。2001 年 9 月在山西太原实现了中国第一个排污权交易。

中国的总量控制政策起始于 1997 年。总量控制是指以控制一定时段内一定区域内排污单位排放污染物总量为核心的环境管理办法体系。严格意义上，总量控制是环境质量管理的内容。总量控制包含三个方面的内容：对主要超标因子排放总量按照行政命令方式逐年递减；实施方式按照流域/地域确定，可以采用流域限批的管理手段；确定污染物排放控制的时间跨度。对工业污染源，总量控制的主要污染指标是 COD 和氨氮，并因此对工业污染源提出了不断加严的排放标准，工业水污染控制的成本越来越高。

1993 年，在我国第二次全国工业污染防治会议上提出了"三个转变"，即从"末端治理"向生产全过程控制转变，从单纯浓度控制向浓度与总量控制相结合转变，从分散治理向分散与集中治理相结合转变。此次会议确定了清洁生产在我国工业污染控制中的地位，是我国改变传统工艺发展模式，推行清洁生产的重要标志。结合排放标准和总量控制的具体要求，从污染控制技术成本优化的角度出发，水专项于 2006 年开始启动系统的工业污染全过程控制技术研究。试图将绿色化学、绿色工艺、清洁生产审计、清洁生产工艺、过程污染减排和末端治理技术融为一体，在实现环境效益最大化的同时，实现污染控制成本最小化。

2006 年以来，我国科技工作者在充分借鉴国内外工业污染治理相关先进理念与高新技术的基础上，通过不懈努力、上下求索、开拓创新，"工业污染全过程控制"策略框架基本形成。在这个框架内，形成了一批针对钢铁、焦化、造纸、印染、纺织等多个行业的全过程污染控制关键技术，部分行业形成了比较完整的全过程技术系统。本书对十几年来在工业污染控制的科研、工程以及管理等方面的自主创新和有益实践作了系统总结，进

一步明晰了"工业污染全过程控制"的理念、基本概念、科学内涵及具体方案，并围绕典型行业的应用示例进行总结。

3.1　工业污染全过程控制理念

　　"工业污染全过程控制"的系统控污理念为针对工业生产过程的"两协同、两统筹"，包括基于过程与末端的控制方法协同、气-液-固污染跨介质协同、经济-技术-管理多领域统筹与资源-能源-环境多要素统筹（图 3-1）。

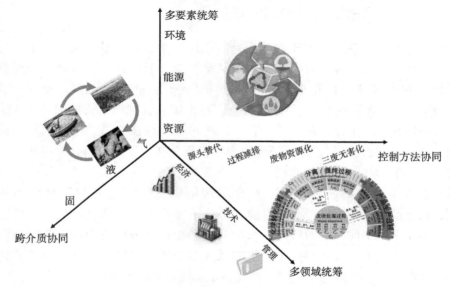

图 3-1　工业污染全过程控制的治污理念

3.1.1　源头-过程-末端控制方法协同

　　工业污染主要来源于原料（介质）或生产过程，通常比较复杂。目前，在需求、政策驱动下，国家淘汰落后产能与污染治理的力度不断加大，但总体上我国的工业污染控制科技支撑力量仍很薄弱。一方面，污染治理与生产过程脱节，生产过程减排少，工段和车间生产过程产生污染物全部汇集至末端进行集中处理后排放。随着规定污染物控制（特别是有毒有害污染物）的排放要求越来越严格，其处理成本也相应提高，往往超过企业的承受能力。另一方面，现有污染控制体系缺乏协同考虑生产工艺过程中物质、资源循环，资源和能源不能在生产过程中得到充分利用，导致

企业原材料消耗增高、耗水量和产品成本居高不下等问题。

"工业污染全过程控制"通过污染成因及原料部分生命周期分析对污染物来源进行全面解析，采用清洁生产过程高效反应，如毒性原料替代、原子经济性反应代替传统工艺、绿色高效分离等清洁工艺技术进行优化集成，通过工艺调整，预防或减少污染物的产生。同时结合系统工程和最优化方法设计资源高效分层多级利用、强化资源回收过程，并通过低成本无害化处理使综合毒性风险降低，最终建立源头减废、过程控制、废物资源化与末端治理一体化的污染全过程控制系统。

3.1.2　气-液-固污染跨介质协同

近年来，污染跨介质迁移转化问题凸显。受热力学平衡限制，工业过程排放的污染物经常同时存在于两个甚至三个介质中，大量难降解物质会随排放的废水进入自然水体或大气环境，并通过扩散、沉降、径流、吸附-解吸、再悬浮等多个过程迁移转化，在土壤和沉积物中长期积累并在生物圈中转化，发生污染跨介质转移。目前污染治理往往是"头痛医头、脚痛医脚"，致使污染物并非从环境中去除，而是在气、液、固介质中相互传递，增加了水污染治理的难度，往往在新的介质中转化为新的污染物，形成"治而未治"的恶性循环。跨介质污染由于缺少统一的联合治污机制，治污脱节现象比较严重。目前，环境治理已经跨入多种介质、多项因子、多个领域协同并治的阶段，如何解决和控制环境中工业源的跨介质污染问题，实现工业排放特征污染物的低成本处理与资源化及在多介质环境中的联防联控，已成为工业污染控制领域亟待解决的关键难题。

"工业污染全过程控制"针对目前污染控制单介质、小尺度和碎片化的现状，从多介质协同治污、多污染物协同控制、区域统筹治污等方面入手，率先加强重点行业污染成因的基础性和系统性研究，研究废水-废气-固废污染物多介质调控与治理机理，探明主要污染物的跨介质关键循环过程，解析不同排放源和输送途径对污染的贡献率及主控因子，研发工业有毒有害污染物精准溯源与源头减排技术，建立高效、经济、安全的污染多介质组合技术优化协同策略，为跨介质污染协同控制技术提供基础理论与技术支撑。

3.1.3　经济-技术-管理多领域统筹

环境管理是政府规范工业生产的主要抓手，产业政策是国家加强和改

善宏观调控、有效调整和优化产业结构的重要手段，其核心依据是排放标准。工业废水排放标准、污染控制技术政策、最佳可行技术（BAT）指南和工程规范等行业技术指导文件制定与污染控制技术选择紧密关联。目前环境技术对环境管理的支撑力度不大，缺乏有效的技术经济性评估，缺乏完备的环境技术支持体系和管理机制；同时缺乏有效的行政手段和经济手段使企业污染治理行为变被动为主动，以满足环保排放标准并获取利润支撑企业发展。因此，亟须加速环境防治多领域统筹的能力建设，为我国的环境管理和环境保护提供支持。

"工业污染全过程控制"统筹经济、技术、管理三个层面，对各个污染控制过程提供技术支持，同时也为环境管理目标的设定以及环境管理制度的实施提供理论支撑，确保污染物的有效削减和稳定达标，支撑执行和（或）制（修）订相应环境法律法规，支撑建立技术政策、最佳可行技术（BAT）指南和工程规范等行业技术指导文件体系以及建立环境技术的示范推广平台，为我国相关部门技术、经济政策的制定、环境管理和行业污染物排放标准的制（修）订和具体实施提供技术基础与依据，以促进技术进步与成果转化，有效引导环境技术和产业的发展，通过环境技术管理体系的逐步完善提高我国环境管理制度的实施性。通过技术手段实现工业生产综合成本最小化，创造显著的社会、环境、经济效益，对企业污染防治起到指导作用，引领企业主动治污，有利于进一步促进和协调环境保护、绿色发展决策和经济社会发展之间的联系。

3.1.4　资源−能源−环境多要素统筹

由于人口的快速增长以及随之发展的经济模式对资源的过分依赖，导致我国一些重要的自然资源的可持续利用和保护正面临着严峻的挑战。人均资源、能源相对不足，是中国经济、社会可持续发展的一个限制因素，其中水资源短缺和能源紧张的问题尤为突出。工业尤其是原料初加工为主的工业过程需要将资源转变成产品，过程中消耗能源、排放污染物，这是中国资源、能源消耗和污染排放的主要领域，是节能减排工作的重点和难点。我国工业结构以重化工业为主导，决定了现阶段经济社会活动需要消耗大量的能源资源。目前我国仍处于工业化中后期发展的重要阶段，能源资源和环境约束更趋强化，工业转型升级和绿色发展的任务十分繁重。加快转变经济发展方式、实现工业绿色转型升级、应对全球气候变化、提升产业国际竞争力、完成全国节能减排目标对工业节能减排技术措

施和管理机制提出了更高要求。当前中国行业技术发展总体不平衡，单位产品能耗和污染排放水平参差不齐，先进和落后技术装备并存。在产业结构和能源消费结构短期内没有出现重大变化的情况下，强化技术手段在解决节能减排工作中的根本作用是优先的选择。

"工业污染全过程控制"将资源、能源及环保要素放入工业发展全局进行统筹考虑，发展传统能源的清洁利用技术，合理配置水资源，通过源头削减和过程控制，以提高原材料、资源和能源的利用效率，使用最优化方法设计资源高效分层多级利用，强化资源回收过程，并通过低成本无害化处理使综合毒性风险降低，通过全过程减排和资源利用最大化设计，实现节水节能与污染减排，建立资源、能源、环境统筹下的综合集成技术系统。

3.2 工业污染全过程控制的基本概念与科学内涵

本书提出的"工业污染全过程控制"概念（图3-2），是以工业过程的综合成本最小化为目标，基于污染物的生命周期分析，利用系统工程的方法，将毒性原料和（或）介质替代、原子经济性反应、高效分离、废物资源化、污染物无害化、水分质分级利用等技术方法的综合集成，形成最佳可用技术（BAT）和最佳环境实践（BEP），并满足工业污染源中管控污染物排放稳定达到国家/行业/地方排放标准。

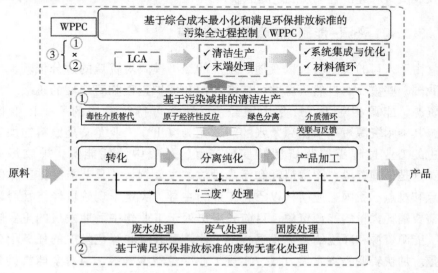

图3-2 工业污染全过程控制内涵

第 3 章　工业污染全过程控制

"工业污染全过程控制"的科学内涵是：依据系统工程、循环经济、绿色化学、清洁生产以及生命周期评价等理论和方法，综合运用最佳可行技术和最佳环境实践（BAT/BEP），执行和（或）制（修）订相应环境法律法规，确保以最少的人力、物力、财力、时间和空间，实现工业生产综合成本最小化；实现工业全过程废弃物的减量化、资源化、无害化；实现工业生产的智能化、绿色化；实现人与自然和谐相处，永续发展。

"工业污染全过程控制"是对工业生产过程中产生的常规污染物（BOD、COD、油脂、TSS 和酸度等）、特征污染物（硫化物、氯化物、总氮、总磷等）和有毒有害污染物（重金属、氰化物、持久性有机污染物、药品化妆品等）的产生过程进行生命周期分析和基于法规要求的清洁生产，从资源（原料和水）和能源、生产过程以及产生"三废"过程入手，以环境效益最大化、综合成本最小化为多方案决策优化目标，设计包括原料减量或无毒无害原料替代、介质，原子经济性反应最佳的绿色工艺，生产工艺的协同优化和清洁生产，生产工艺过程产生污染物的无害化、资源化和废弃物短程循环利用，工艺段"三废"的减量和单元处理、末端废物进入集中污水处理设施前的预处理和资源化、末端废物直接排放进入环境介质的深度处理等技术方法的综合集成。它包含了从微观尺度上资源高效清洁转化的原子经济性反应与分离过程的绿色设计与过程强化，中观尺度的过程耦合与调控，到宏观尺度的工业全过程物质流程-能量流程-信息流程的综合成本最小化与环境污染达标的约束指标导向，以实现总体多目标最优化系统集成，为工业可持续发展提供支撑，与末端治理、清洁生产有明显区别（表 3-1）。

表 3-1　末端治理、清洁生产与工业污染全过程控制的区别

比较项目	末端治理	清洁生产	工业污染全过程控制
产生时代	20 世纪 60 年代	20 世纪 70—80 年代	20 世纪末
控污环节	末端	生产过程	生产过程+末端
目　标	污染物达标排放	污染物减排	满足环保标准+综合成本最小化
关注对象	污染物	生产过程	生产过程+污染物
手　段	污染物无害化	原子经济性反应、毒性原料替代、高效分离等	清洁生产+末端治理+系统优化

3.3　工业污染全过程控制的基本原则

工业污染全过程控制的 7 条基本原则，用于指导工业污染控制技术方案的设计工作，并可拓展到整个过程工业生产环节，具体内容如下：

1）全局最优原则

将生产全过程作为一个整体考虑，基于污染物的生产全过程生命周期，统筹原料、生产端与末端，整合工艺流程实现过程耦合，对污染物处理技术进行全过程优化集成，实现总成本最小，全局最优。

2）稳定满足排放标准原则

以末端达标处理为基本保障，不仅满足 COD、氨氮等常规污染物稳定达标排放，而且实现特征污染物稳定达标。

3）多介质污染协同控制原则

基于废水-废气-固废污染物多介质调控与治理，研发反应强化高效分离技术，规避环境影响跨介质转移的风险。

4）绿色低碳化原则

提升工艺与设备的能源效率，尽可能地减少能耗、进行能量资源回收、增加产能，将能源、水、污染物等要素耦合调控，实现减污、降碳协同。

5）源头减排优先原则

优先以毒性原料替代、原子经济性反应与高效分离为重点，实现污染源头削减，降低末端处理负荷。

6）污染物资源化/能源化利用优先原则

采用资源高效分层多级利用强化污染物的资源与能源回收过程，提升资源利用效率，降低污染排放。

7）内循环优先原则

在生产企业、园区内进行短流程循环，尽可能多地重复使用或再循环反应介质或含有污染物的废物/排放物，降低流通成本，减少进入社会循环后可能产生的环境风险。

3.4　工业污染全过程控制的方法论

3.4.1　工业污染全过程控制的方法论基础

　　"工业污染全过程控制"是在绿色化学、清洁生产的基础上，利用系统工程的原理、方法及思路，进行过程综合，将污染物全过程作为整体考虑，统筹污染物控制及处理的各项技术，实现综合成本最小化。本节将介绍绿色化学、清洁生产与系统工程在工业污染全过程控制方法论中的具体体现。

　　3.4.1.1　以绿色化学为基础的工业污染全过程控制方法论

　　绿色化学的"原子经济性"（Atom Economy）是指在化学品生产过程中，制备方法和工艺应被设计成能把反应过程中所用的原材料尽可能多地转化到最终产物中；化学反应的"原子经济性"概念是绿色化学的核心内容之一。

　　理想的原子经济性反应是原料分子中的原子百分之百地转变成目标产物，不产生副产物或废物，实现废物的"零排放"。"原子经济性"的概念当今已被普遍承认，近些年来，开发原子经济性反应已成为绿色化学研究的热点之一。

　　常用"原子利用率"来衡量化学反应过程的原子经济性，原子利用率的含义是目标产物总质量占全部反应物总质量的百分比，其表达式为：

　　　　原子利用率＝（目标产物的总质量/全部反应物的总质量）×100%

$$(3-1)$$

原子利用率达到 100% 的反应有两个最大的特点：

　　① 最大限度地利用了反应原料，最大限度地节约了资源。

　　② 最大限度地减少了废物的生成与排放（"零废物排放"），因而最大限度地减少了环境污染，或者说从源头上消除了由化学反应副产物引起的污染。

　　实现反应的高原子经济性，就需要开发新的工艺路线、新的反应技术去替代传统的工业生产过程。

　　3.4.1.2　以清洁生产为基础的工业污染全过程控制方法论

　　清洁生产内涵的核心是实行源削减和对生产或产品的全过程实施控

制，清洁生产是工业污染全过程控制的一部分，工业污染全过程控制中采用清洁生产过程高效反应，如毒性原料替代、原子经济性反应代替传统工艺、绿色高效分离等清洁工艺技术进行优化集成，通过工艺调整，预防或减少污染物的产生。

清洁生产是一个相对概念，是一个动态目标；清洁生产通过工业污染全过程控制和预防来实现，工业污染全过程控制和预防又以清洁生产的内容为主要对象。因此，工业污染全过程控制是推行清洁生产和实现持续发展战略的综合性措施，是清洁生产的实践及具体实施。因此清洁生产方法论是工业污染全过程控制的基础。

3.4.1.3 以系统工程为基础的工业污染全过程控制方法论

如图3-3，工业污染全过程控制图基于系统工程霍尔三维结构方法论的基础上。在时间维上，原材料提供阶段（或者原材料采集阶段）、生产阶段、末端处置阶段到自然环境修复阶段，关注污染物的来源及归宿。在逻辑维上，从技术层面、经济层面及环境层面进行评价及优化。在知识维上，完成各阶段和各步骤所需要的理论主要有系统工程、清洁生产、绿色化学、末端治理、BAT/BEP等。本方法具有研究方法上的整体性（三维）、技术应用上的综合性（知识维）、组织管理上的科学性（时间维与逻辑维）和系统工程工作的问题导向性（逻辑维）等突出特点。

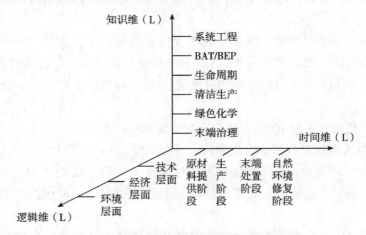

图3-3 工业污染全过程控制的霍尔三维结构

工业污染全过程控制理论采用系统工程的分析方法，以系统观点明确期望达到的目标，通过模拟计算找出系统中各要素的定量关系，同时依靠定性分析，以两种相互结合的分析方法，分析比较费用、效益、功能、环

境等各项技术经济指标，得出可供决策的必须信息和资料，优选出最佳可行方案，如图3-4。

1）确定目标

工业污染全过程控制的目标具有数量和质量要求作为衡量标准，以污染物稳定达标排放、综合生产成本最低为主要目标。

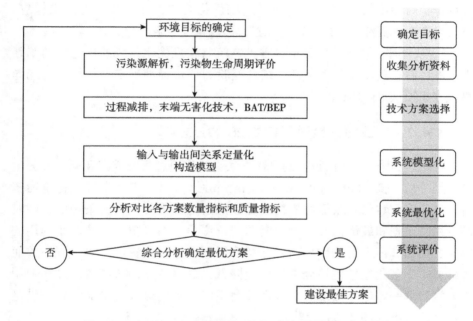

图3-4 以系统工程为基础的工业污染全过程控制实施方案

2）收集分析资料

收集有关的污染源数据、产污节点、工艺路线、排污数据、清洁工艺技术等资料，调查分析与问题相关的所有因素，从中发现其规律性，进行污染源解析及污染物生命周期评价。

3）技术方案选择

筛选技术经济性较好的原料替代、清洁生产过程减排、末端无害化技术。例如：毒性原料和（或）介质替代、原子经济性反应、高效分离、废物资源化、水分质分级利用、BAT/BEP等技术。

4）集成优化

① 建立系统模型：将环境系统分解为若干个可以多级递阶控制或分散控制的子系统，之后用简洁可进行逻辑处理的模型代替子系统，建立综合成本最小化模型、环境风险模型、水网络优化模型等，形成工业污染全过

程控制全局优化模型，通过模型的分析与计算，为研究系统决策问题提供必要的可靠信息。

② 系统最优化：工业污染全过程控制运用最优化的理论和方法，对已建立模型进行模拟和优化计算，并求解出相应的结果。工业污染全过程控制的过程优化就是将生产全过程作为一个整体考虑，整合工艺流程实现过程耦合，对污染物处理技术进行全过程优化集成，并对其中的能量供应、物质供应和水资源利用进行优化配置，形成集成网络。

③ 系统评价：工业污染全过程控制策略在最优化系统的候选解的基础上，考虑前提条件和约束条件，结合经验和评价标准确定最优解，为选择最优方案提供足够的信息。

3.4.2 工业污染全过程控制技术方法

"工业污染全过程控制"的具体方法：首先通过污染成因及原料部分生命周期分析（part Life-cycle Assessment，pLCA）对污染物来源进行全面解析，基于物质转化的原子经济性概念等清洁过程进行源头污染控制，同时结合系统工程和最优化方法设计资源（资源是一切可被人类开发和利用的物质、能量和信息的总称）高效分层多级利用、强化资源回收过程，并通过低成本无害化处理使综合毒性风险降低，最终建立源头减废、过程控制与末端治理一体化的污染的全过程控制系统，实现综合成本最小化和满足环保排放标准（图3-5）。

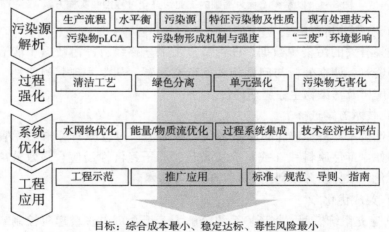

目标：综合成本最小、稳定达标、毒性风险最小

图3-5 工业污染全过程控制的技术方法

当前，针对石化、冶金、造纸、纺织印染、制药等重污染行业，以COD、氨氮和重金属等常规污染物稳定达标排放为约束指标，综合生产/减排成本（即直接生产成本与末端处理成本之和）最小化、处理效果最大化原则，构建源头–过程–末端多尺度工业污染全过程控制综合防控策略。如图 3-2 所示，基于对物料部分生命周期分析（pLCA）的污染全过程控制，既充分重视源头污染减排，通过清洁生产工艺替代传统工艺减少污染物产生量，促进产业结构的优化调整；严格控制工业生产整个过程中不同环节污染物原料的使用量和污染物产生量，提高原子经济效率，在产业生态设计的基础上实现绿色制造；控制有毒有害污染物的同时，提高资源回用率。

对于实际生产过程而言，开展工业污染全过程控制通常包括四个方面：污染解析、清洁工艺、末端处理、资源化利用等，以及对全过程能量供应、物质供应和水资源利用进行优化集成等。本书提出的"工业全过程污染控制"技术方法，已在焦化行业、钨行业、钒行业等诸多行业中应用，取得节能减排、控制污染和成本最小化的良好效果。

3.4.2.1　污染解析

目前我国工业行业特征有毒污染物缺乏物体系化、层次化的限制标准与控制技术，综合毒性风险管理体系尚不健全；同时相关的调研工作开展得不够，缺乏准确、充分的数据来说明在不同的工艺流程与过程中，行业特征污染物的来源与生命周期轨迹；且由于产业结构不合理、源头减排作用发挥不够，以末端控制为主要手段的污染处理成本居高不下，已经难以满足不断提高的水质标准要求。

（1）污染源解析内容（图 3-6）

污染源解析是科学控污的基础，与清洁生产审核中的物料调研找出污染物产生原因相似，"工业污染全过程控制"理论中污染解析就是对生产过程中产生的污染源进行生命周期分析，其核心是结合生产过程，基于物料平衡及水网络平衡分析，对物料、水、污染物三大维度协同诊断，识别重点产污环节，了解污染物产生的原因。在生产过程中不同条件下产排污环节、产污机理、产排量以及特征污染物有所不同。如一个生产过程中污染由哪个单元产生以及其形成的原因，排放的废液（或废气、废渣）中具体包含哪些特征污染物，这些污染物的环境毒性及它从产生到进入环境的迁移转化轨迹等，明确各节点产排污系数、特征污染物的组成、含量和形态特征，确定各环节污染贡献率与特征污染物的分布情况，确定重点控制环节，分析生产过程中重点控制环节的污染物转化规律。污染源解析为跨介

工业污染全过程控制与应用

质协同控污、单元强化及系统优化提供科学基础，具有重要意义。

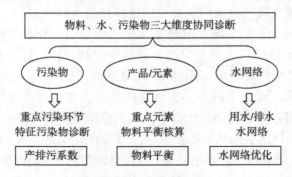

图 3-6　污染源解析内容

（2）污染源解析方法

污染源解析，广义上来看，包含两层意思，一是应用多种技术手段定性识别不同污染物的不同来源；二是通过建立污染物与来源的因果对应关系定量计算来源的相对贡献。归纳起来主要常用的解析方法有以下几类。

1）基于污染负荷估算的源解析法

这一类方法把污染源作为解析对象，不关注受纳水体实际污染状况及污染物特征。通过模拟不同来源污染物的输出、转移和转化等进程，估算各个来源污染物输出或进入水体的负荷，经过比较得出各个来源的相对贡献。目前应用较多的是非点源污染模型估算污染负荷，包含输出系数法、机理模型、多元统计模型、等标污染负荷计算等方法。

等标污染负荷法是目前较为广泛应用的典型源解析法。以污染物排放标准或对应的环境质量标准作为评价准则，通过将不同污染源排放的各种污染物测试统计数据进行标准化处理后，计算得到不同污染源和各种污染物的等标污染负荷值及等标污染负荷比，从而获得同一尺度上可以相互比较的量。

① 某一工序某一污染物的等标复合污染：

$$P_{ij} = \frac{C_{ij}}{C_{oj}} \times Q_{ij} \tag{3-2}$$

式中：P_{ij}—i 污染物在 j 工序的等标污染负荷；

C_{ij}—i 污染物在 j 工序的实测浓度，mg/L；

C_{oj}—i 污染物的排放标准，mg/L；

Q_{ij}—含 i 污染物在 j 工序的排放量，m³。

② 某一工序所有污染物的等标污染负荷之和，即为该工序的等标污染负荷之和 P_{nj}，按下式计算：

$$P_{ij} = \sum_{i=1}^{n} P_{ij} = \sum_{i=1}^{n} \frac{C_{ij}}{C_{oi}} \times Q_{ij} \qquad (3-3)$$

③ 某污染物在所有工序的等标污染负荷之和，即为该污染物的等标污染负荷之和 P_{ni}，按下式计算：

$$P_{ni} = \sum_{j=1}^{n} P_{ij} = \sum_{j=1}^{n} \frac{C_{ij}}{C_{oi}} \times Q_{ij} \qquad (3-4)$$

④ 污染物负荷比：某一工序污染物的等标污染负荷之和 P_{nj} 占所有工序等标污染负荷综合 $P_{j总}$ 的百分比，称为该工序的等标污染负荷比 K_j，按下式计算：

$$K_j = \frac{P_{nj}}{P_{j总}} \times 100\% \qquad (3-5)$$

某一污染物的等标污染负荷之和 P_{ni} 占所有工序等标污染负荷综合 $P_{i总}$ 的百分比，称为该污染物的等标污染负荷比 K_i，按下式计算：

$$K_i = \frac{P_{ni}}{P_{i总}} \times 100\% \qquad (3-6)$$

2）基于污染潜力分析的指数法

此方法综合分析影响污染物输出的首要因子，并按照其重要性赋予不同的权重，用数学关系建立一个污染物输出的多因子函数，对水体不同单元各因子标准化后赋值并分别进行函数计算，获得各单元污染输出潜力指数，比较后得到各个单元输出的污染相对贡献。与上述方法不同的是，此方法计算结果是各单元输出的污染负荷相对值。如孙涛等把对应分析法和综合污染指数法综合起来应用于水质解析，通过对应分析法选出具备代表性的监测点，结合综合污染指数，更好地反映整条河流的污染状况。胡振动等针对目前单因素评价和常用污染指数法的不足，提出了一种新的水质综合污染指数法的方法实现水质评价。采用层次分析法和熵值法相结合的方法，利用 S 型函数的动态调整来扩大标准超标污染物的影响。解决了平均污染指数法过于松散、单因素评价方法过于严格的问题。

3）基于源–受体特征污染物的源解析法

这类方法通常并不关注污染物迁移过程及输出负荷，而是从受纳水体

污染物特征出发，建立污染物特征因子与潜在来源中相关因子的关联，以此判断污染物的主要来源或计算各来源对受纳水体污染的贡献比例。其中一种直接以受体污染物特征分析来定性地判断污染的主要来源，另外一种则是建立受体与污染源特征因子的相关关系，定量地分析各来源的相对贡献。如陈秀端等选取西安城市居民区土壤为研究对象，通过绝对主成分分数/多元线性回归（APCS/MLR）与地统计相结合的方法解析了土壤中特征金属离子的主要来源、各来源对各元素的贡献量、各来源贡献的空间分布特征。

3.4.2.2　过程强化

（1）清洁工艺

清洁工艺是指不断采取改进设计、使用清洁的能源和原料、采用先进的工艺技术与设备、改善管理、综合利用等措施，从源头削减污染，提高资源利用效率，减少或者避免生产、服务和产品使用过程中污染物的产生和排放，以减轻或者消除对人类健康和环境的危害。其核心是在生产过程中控污，如节约原料和能源、淘汰有毒有害的原燃材料、减少各种废弃物的排放量和毒性等。在工业污染全过程控制理论中清洁生产则是基于污染减排，在生产过程中通过工艺调整，预防或减少污染物的产生，主要包括毒性原料或介质替代，采用原子经济性反应替代传统工艺，采用更高效节能的分离技术以及介质循环回用等。

（2）单元强化

工业生产包含复杂的物理化学过程，生产系统存在着大量物质和能量转换、输送和储存的过程单元。工业过程系统从原材料到产品的整个流程主要包括转化、分离、产品加工、污染处理几大单元，在化学转化过程中，把制造产品所用的原材料预先进行必要的化学前处理，此阶段，产品从相应的原材料中提取出来，以便于后续进行分离纯化过程；分离纯化过程是为了去除目标材料中的杂质成分，提升最终目标产品纯度；在分离纯化过程之后，根据产品种类和设备条件以及环保要求，采用最佳实用技术制备产品；在以上几个生产过程中所产生的气体、液体和固体废弃物都需要进入污染处理单元进行回收利用或无害化处理。"工业污染全过程控制"理论中单元强化的具体实施方法主要包括新工艺创新、介质强化（催化剂、药剂、溶剂等）、装备强化（设备、材料、控制等）、外场强化（电、超重力、光、等离子等）等手段及方法，在生产过程中通过对各单元进行工艺调整来预防或减少污染物的产生（图3-7）。

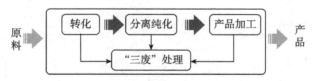

图3-7　工业过程反应-分离系统示意

（3）污染资源化与无害化

无害化处理就是利用物理、化学、生物或物化的方法在不产生二次污染的前提下将污染物从废液（或废气、废渣）中脱除或解毒，然后再协同优化处置。资源化利用即回收有用的物质和能源并进行循环再利用。就现有状况而言，末端污染处理的可选择手段有限，成本控制会较源头控污的成本要高，影响污染物控制成本的因素很多，包括污染物种类、浓度、存在形态等。工业污染全过程控制中的末端处理是基于满足环保排放标准，与生产过程作为整体考虑，进行废水、废气及固废的无害化处理。

3.4.2.3　系统集成优化

系统集成优化就是将原料和能源、生产全过程以及"三废"处理作为一个整体考虑，整合工艺流程实现过程耦合，采用系统工程的优化方法，对其中的能量供应、物质供应和水资源利用进行优化配置，形成集成网络，建立能够反映全过程的数学模型，最终形成系统最优化方案。

工业生产的各个单元是相互联系和相互制约的，各单元的性能除单独影响系统整体功能外，单元之间又相互影响，并协同影响系统功能。原料的纯度影响到反应过程；转化单元操作条件改变，将改变反应产物组成，进而影响到分离单元的操作，最终影响产品产出，以及产生废弃物的量。过程单元层次的优化措施并不一定能带来系统层次的优化效果，因此，在治理环境问题时，不能仅着眼于单个操作单元的优化，必须从整体出发，在系统尺度上进行过程集成，才能合理经济地利用资源、能源，降低生产成本。"工业污染全过程控制"理论的系统优化建立在污染源解析与单元优化的基础上，将生产全过程作为一个整体考虑，整合工艺流程实现过程耦合，以生产成本与废物处理成本组成的综合成本最小为目标（图3-8），对单元处理技术进行全过程优化集成，并对其中的能量供应、物质供应和水资源利用进行优化配置，实现污染物稳定达标排放及综合生产成本最低。

工业污染全过程控制与应用

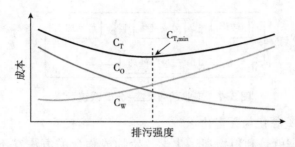

图 3-8　工业全过程综合成本、生产成本、废物处理成本与排污强度的关系
（C_T 为总成本，C_o 为生产成本，C_w 为废物处理成本，$C_{T,min}$ 为最小总成本）

（1）经济评价方法

1）模型基础

模型化是定量分析工业污染全过程控制技术经济性的根本，其中基于数学方程式表达的数学模型是最有效方法之一。工业污染全过程控制协同优化模型是以生产全过程作为整体考虑，解决整个工业生产过程中从污染源解析到末端无害化的污染物控制及处理等问题，利用污染物控制及处理技术协同优化整合方案，构建的多目标协同优化模型。工业污染全过程控制协同优化模型主要包含以下优化目标：

① 成本最小化：通过降低原料/能源消耗或实施新的生产技术来降低总生产成本。

② 环境风险最低化：降低/控制污染物的产生以降低废物的填埋/处置量、满足新的环境标准要求、减少突发事件的产生。

③ 污染处理技术全过程统筹：使优化后的工艺满足工业生产全过程污染物低成本协同处理的约束，实现基于源头减排、过程控制到末端无害化处理的污染物全过程控制体系。

2）模型假设

工业污染全过程控制协同优化模型以多目标优化为导向，以工业污染全过程控制及处理技术优化整合方案为核心，构建了一个包含清洁生产工艺改造成本、全过程技术优化集成成本、末端无害化处理成本等工业过程污染物控制综合成本最低的协同优化模型，其假设条件如下：

① 不考虑生产企业外部的环境动态变化；

② 成本单价以某一固定时间、固定地点为准，不考虑地域、环境、时间的动态变化；

③ 模型中的生产数据为产业内具有代表性的、连续稳定运营 6 个月以

· 92 ·

上的工厂数据；

④ 不相容的污染物（如相遇爆炸、腐蚀等）不在同一时间出现在同一生产过程中，也不需要同一时间用同样的技术或者方法进行处理；

⑤ 生产过程中的各个环节满足污染物处理的安全管理要求和环境保护法律法规；

⑥ 废弃物的排放量全部计入污染物的未处理量。

3）目标函数及参数说明

本文对基于材料成本、水耗成本、能耗成本、附加成本的产品生产过程进行了成本评估，生产过程各环节中成本指标和重要组成部分如图3-8所示。

从原材料到产品的整个生产过程可以分为化学转化过程、分离/提纯过程、产品生产过程和废物处理过程，如图3-9所示，每个过程包括材料成本、能耗成本、水耗成本和附加成本（含环境成本）。经过废物处理过程之后，所再生的气、液、固体物质和能量可回用到各个过程中以减少全过程的成本，确定全过程中的各部分消耗细节之后，继而为全过程及优化工艺的选择提供指导。在每个过程中，材料成本、能耗成本、水耗成本和附加成本（含环境成本）可以基于消耗数据计算得出。

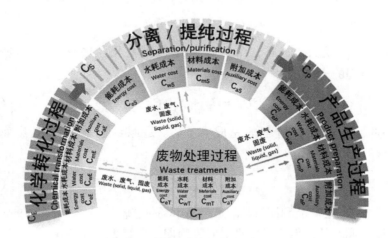

图3-9　工业污染全过程控制各环节成本评价指标简图

在化学转化过程中，把制造产品所用的原材料预先进行必要的化学前处理。此阶段，产品从相应的原材料中提取出来，以便于后续进行分离/提纯过程；分离/提纯过程是为了去除目标材料中的杂质成分，提升最终目标

 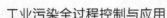

产品纯度。分离/提纯技术常用有离子交换法、萃取法、蒸馏法、过滤法、升华法、溶解法、吸附法、洗涤法、沉淀法、结晶法、转化法、膜分离法、色谱法等一系列分离/提纯技术；在分离/提纯过程之后，根据产品种类和设备条件以及环保要求，采用最佳实用技术制备产品。

在以上几个生产过程中所产生的气体、液体和固体废弃物都需要进行回收利用和无害化处理，在环境保护相关的法律法规限制下，需要特别关注拥有高环境风险的废物处理过程，采用 BAT/BEP 法以减少产品生产过程的环境影响。基于制度和管理效率，废弃物处理成本会因处理过程的技术和运输的复杂程度有一定的波动。成本的计算为产品生产全过程控污提供了一个重要参考，同时也能分析产品生产过程中的材料、水耗、能耗和附加成本（含环境成本）对技术的要求。

4) 主要成本定义

产品生产过程中主要成本参数与产品生产过程密切相关，主要包括操作成本、总成本和利润。操作成本一般在生产过程中产生，主要包括材料成本、能耗成本、水耗成本和附加成本。总成本主要包括原材料成本、操作成本和废物处理成本。利润是产品的净收入。操作成本、总成本和利润的计算公式如下：

$$C_{OC} = C_E + C_S + C_P \tag{3-7}$$

其中，C_{OC} 是操作成本，C_E、C_S、C_P 分别是化学转化、分离与提纯、产品生产过程的成本；

$$C_{TO} = C_{RM} + C_{OC} + C_W \tag{3-8}$$

其中，C_{TO} 是生产过程的总成本，C_{RM} 是原料成本，C_W 是废物处理成本；

$$C_{PF} = C_{MA} - C_{TO} \tag{3-9}$$

其中，C_{PF} 是产品利润，C_{MA} 是产品市场价格。

除以上成本外，也应考虑投资回收周期，计算公式如下：

$$t = C_{IV} / (C_{PF} \times m) \tag{3-10}$$

其中，C_{IV} 是工厂建厂时的一次性投资成本，m（单位：t）是年产量，t（单位：年）是工厂的投资回收周期。工厂的生产年限小于 t 时，处于抵消投资的阶段；当工厂生产年限大于 t 时，工厂的生产利润全部为工厂

的收入。

5）模型约束条件

工业污染全过程控制模型旨在通过工艺流程优化控制工业污染，通过工业污染全过程控制模型应用于工业生产，使优化后的工艺符合工业要求。因此，模型的限制条件为污染物成分符合国家、地方及行业排放标准要求，数学表现形式为：

$$S_i \leqslant S_i^* \tag{3-11}$$

其中，S_i 是气体/液体/固体废弃物中的污染物 i 的浓度，S_i^* 是国家/地方/行业标准中（例如，GB 8978—2002 污水综合排放标准）对气体/液体/固体废弃物中的污染物 i 的浓度的限制。

6）相关系数的确定

鉴于在生产过程中不同生产部分有不同的重要性，提出相关系数公式（3-12）来表示特定生产过程的重要性。在实验阶段，由于实验规模小且只能有小部分的生命周期评估，相关系数很难直接测定。在工业污染全过程控制中，相关系数的确定基于以下规则：

① 如果存在材料或能耗循环，则循环率大于 0，相关系数小于 1；

② 如果不存在材料或能耗循环，每一个部分的权重相同，循环率为 0，相关系数为 1；

如果材料或者能源的循环在考虑全过程的输入和输出后实施，对应的相关系数的降低量也会得到计算。

$$\omega_n = \frac{1}{1 + \eta_n} \tag{3-12}$$

其中，ω_n 是产品生产过程中 n 部分的相关系数，η_n 为产品生产过程中 n 部分的物质/能耗/水/附加材料的循环率。

7）各项成本的定义

本模型中的所有成本均为单位产品的各项成本。每个成本可以根据下式计算：

$$C = m \times C_0 \tag{3-13}$$

其中，C 是成本，m 和 C_0 是单位材料/水/能量/附加成本的质量和市场单价。

在原料化学转化、分离/提纯、产品生产和废物处理四个工艺过程（生

产部分）中，成本可分为材料成本（如 NaOH、H_2SO_4、$NaHCO_3$），水耗成本（如水、蒸汽），能耗成本（如电、焦煤）和附加成本（如包装成本、人工成本、厂房设备折旧成本、环境成本）。不同生产部分的成本计算方法如下：

$$C_E = C_{eE} + C_{wE} + C_{mE} + C_{aE} = \sum_i c_{eE,\,i} + \sum_j c_{wE,\,j} + \sum_k c_{mE,\,k} + \sum_l c_{aE,\,l}$$

$$(3-14)$$

$$C_S = C_{eS} + C_{wS} + C_{mS} + C_{aS} = \sum_i c_{eS,\,i} + \sum_j c_{wS,\,j} + \sum_k c_{mS,\,k} + \sum_l c_{aS,\,l}$$

$$(3-15)$$

$$C_P = C_{eP} + C_{wP} + C_{mP} + C_{aP} = \sum_i c_{eP,\,i} + \sum_j c_{wP,\,j} + \sum_k c_{mP,\,k} + \sum_l c_{aP,\,l}$$

$$(3-16)$$

$$C_T = C_{eT} + C_{wT} + C_{mT} + C_{aT} = \sum_i c_{eT,\,i} + \sum_j c_{wT,\,j} + \sum_k c_{mT,\,k} + \sum_l c_{aT,\,l}$$

$$(3-17)$$

其中，C_E、C_S、C_P 和 C_T 分别是原料化学转化过程、分离/提纯过程、产品生产过程和废物处理过程的成本；i, j, k 和 l 分别指能量、水、材料和附加材料。

在原料化学转化过程，C_{eE} 是能耗成本，$c_{eE,i}$ 是能量 i 的成本；C_{wE} 是水耗成本，$c_{wE,j}$ 是水 j 的成本；C_{mE} 是材料成本，$c_{mE,k}$ 是材料 k 的成本；C_{aE} 是附加成本，$c_{aE,l}$ 是附加成本 l。

相似的，在分离/提纯过程，C_{eS} 是能耗成本，$c_{eS,i}$ 是能量 i 的成本；C_{wS} 是水耗成本，$c_{wS,j}$ 是水 j 的成本；C_{mS} 是材料成本，$c_{mS,k}$ 是材料 k 的成本；C_{aS} 是附加成本，$c_{aS,l}$ 是附加项 l 的成本。

在产品生产过程，C_{eP} 是能量成本，$c_{eP,i}$ 是能量 i 的成本；C_{wP} 是水耗成本，$c_{wP,j}$ 是水 j 的成本；C_{mP} 是材料成本，$c_{mP,k}$ 是材料 k 的成本；C_{aP} 是附加成本，$c_{aP,l}$ 是附加材料 l 的成本。

最终，在废物处理过程，C_{eT} 是能量成本，$c_{eT,i}$ 是能量 i 的成本；C_{wT} 是水耗成本，$c_{wT,j}$ 是水 j 的成本；C_{mT} 是材料成本，$c_{mT,k}$ 是材料 k 的成本；C_{aT} 是附加成本，$c_{aT,l}$ 是附加材料 l 的成本。

在产品生产过程中不同的成本种类（能耗成本、水耗成本、材料成本和附加成本）可以通过如下公式计算：

$$C_e = \sum_n \omega_n C_{en} = \omega_E C_{eE} + \omega_S C_{eS} + \omega_P C_{eP} + \omega_T C_{eT}$$

$$= \sum_n \omega_n \sum_i c_{en,i} = \omega_E \sum_i c_{eE,i} + \omega_S \sum_i c_{eS,i} + \omega_P \sum_i c_{eP,i} + \omega_T \sum_i c_{eT,i}$$

$$(3-18)$$

$$C_w = \sum_n \omega_n C_{wn} = \omega_E C_{wE} + \omega_S C_{wS} + \omega_P C_{wP} + \omega_T C_{wT} = \sum_n \omega_n \sum_j c_{wn,j}$$

$$= \omega_E \sum_j c_{wE,j} + \omega_S \sum_j c_{wS,j} + \omega_P \sum_j c_{wP,j} + \omega_T \sum_j c_{wT,j} \qquad (3-19)$$

$$C_m = \sum_n \omega_n C_{mn} = \omega_E C_{mE} + \omega_S C_{mS} + \omega_P C_{mP} + \omega_T C_{mT} = \sum_n \omega_n \sum_k c_{mn,k}$$

$$= \omega_E \sum_k c_{mE,k} + \omega_S \sum_k c_{mS,k} + \omega_P \sum_k c_{mP,k} + \omega_T \sum_k c_{mT,k} \qquad (3-20)$$

$$C_a = \sum_n \omega_n C_{an} = \omega_E C_{aE} + \omega_S C_{aS} + \omega_P C_{aP} + \omega_T C_{aT} = \sum_n \omega_n \sum_l c_{an,l}$$

$$= \omega_E \sum_l c_{aE,l} + \omega_S \sum_l c_{aS,l} + \omega_P \sum_l c_{aP,l} + \omega_T \sum_l c_{aT,l} \qquad (3-21)$$

其中，C_e、C_w、C_m、C_a 分别是生产全过程的能耗成本、水耗成本、材料成本和附加成本。n（n = E，S，P 和 T）是生产部分的序号。C_{en}、C_{wn}、C_{mn}、C_{an} 分别是 n 部分的能耗成本、水耗成本、材料成本和附加成本。$c_{en,i}$、$c_{wn,j}$、$c_{mn,k}$、$c_{an,l}$ 分别是 n 部分的能耗 i、水 j、材料 k 和附加材料 l 的成本。

基于以上计算，操作成本 C_{OC} 可以如下式表示：

$$C_{OC} = C_E + C_S + C_P = \sum_n \omega_n C_n$$

$$= \sum_n \left(\sum_i \omega_{n,i} c_{en,i} + \sum_j \omega_{n,j} c_{wn,j} + \sum_k \omega_{n,k} c_{mn,k} + \sum_l \omega_{n,l} c_{an,l} \right)$$

$$(3-22)$$

其中，C_{OC} 是操作成本，C_n 是 n 过程的操作成本。

8）成本模型适用性说明

本模型适用于一切工业生产过程中成本的计算，可以精确地计算各个生产过程材料、能耗、水耗和附加成本（含环境成本），通过对比不同技术的成本数据，优化生产过程，选择最优的生产技术，使综合生产成本最低，生产利润最大化。除常规全过程成本计算外，本模型还适用于以下过程：

① 单个生产部分的成本评价：可对原料化学转化、分离/提纯过程、产品生产过程和废物处理过程的任意一个生产过程进行流程优化、技术筛选和成本评价。

② 单个成本项的评价：可对材料成本、能耗成本、水耗成本和附加成本中的任意一项进行工艺流程分析与优化。

工业污染全过程控制的成本分析示例

我国全过程污染控制的应用，侧重点在于我国国情的动脉产业（开发利用自然资源形成的产业）的源头减量，强调从生产源头节约资源、能源消耗，减少废弃物产生，从源头设计，革新产品/工艺/技术。将污染物在生产过程内处理的成本纳入生产成本后，虽然总成本提高导致产品经济收益有所下降，但源头污染治理成本则低于污染在末端处理中的治理成本，更是远远低于污染进入大环境中后的修复成本。

以铬污染为例，在生产过程内铬源头减排的成本为 2.676 万元/t 铬，将污染治理成本纳入生产成本后总收益为 0.324 万元/t 铬（铬产品价格约 3 万元/t）；当铬污染产生后形成铬渣，末端对铬渣进行无害化处理，解毒成本（含 1.2%～1.5%六价铬）为（10～12.5）万元/t 铬；当铬污染进入土壤环境中，土壤修复成本（RCRA 技术，0.5～2 g 六价铬/kg）为（628.74～2514.97）万元/t 铬。因此，工业污染全过程控制的策略，首先重视遵循源头预防，对工业化中期我国的资源节约/环境保护的贡献率最大，并可实现经济与环境效益的统一，从而激发企业的积极性，使国家的产业政策得以实施。

（2）系统优化方法

经济评价方法通过对全过程控污设计方案中可行技术路径的物料和能量衡算，并在此基础上进行经济评价，来实现技术路径筛选。实质上是全过程控污优化问题的群举求解方法，利用商业流程模拟软件或自建的流程物料能量核算方法，在收集必要的基础数据后，就可以开展，简单实用。但这种方法仅适用于候选技术路径较少的案例，且无法考虑不同单元间的相互作用和多目标间的协同效益，很难获得优化的方案。

系统优化方法则通过构建决策问题的数学模型，根据优化判据确定目标函数，以及目标函数应该满足的约束条件，再利用最优化算法，求出满足约束条件的目标函数最优解。这种方法在以化学工业为代表的过程工业中得到广泛应用，过程系统综合为典型代表应用之一。过程系统综合指按照规定的系统特性，寻求所需的系统结构及其各子系统的性能，并使系统按规定的目标进行最优组合。全过程控污问题本质上属于过程系统综合问

题，可以采用过程系统综合的方法进行表达和求解，实现全过程控污问题的解决。需要指出的是，需要根据全过程控污理念的特点，进行模型构建和求解方法的拓展。与经济评价方法相比，系统优化法可从众多的候选路径中，协调多个目标，进行技术路径的筛选和优化，同时可获得优化的全过程控污方案的流程结构和优化的操作参数，具有明显的优势。

由于过程系统综合问题往往是一个复杂的多目标优化问题，如何建立最优化问题及合适的求解策略是应用此方法的难点。与过程模拟有成熟的软件工具相比，目前过程系统综合还没有形成系统的建模方法和软件工具，这是全过程控污问题采用系统集成优化方法求解亟须解决的"卡脖子"问题，也是我们进一步工作的重点。具体表现为：

1）分子尺度模型的耦合

与传统的过程系统综合相比，全过程控污引入分子尺度的药剂设计筛选，需要引入分子尺度的构效关系模型以及表达药剂是否选择的决策变量，使优化问题的规模大幅度增加，组合爆炸的问题更加突出。如何将耦合后优化问题的规模和复杂度控制在可控范围内，需要深入的研究。

2）操作单元的模型表达

操作单元污染行为的模型预测是全过程控污优化模型的核心。但严格机理模型表达复杂，直接用于大型优化问题，往往会造成求解困难。需要发展简捷建模方法以降低模型复杂程度和求解难度。

3）多尺度耦合复杂优化问题求解方法

由于分子、单元和系统三个尺度模型计算复杂程度不同，如药剂筛选往往要进行分子尺度的模拟计算，单元技术分析则可能需要复杂的热力学、相平衡计算，甚至流体动力学计算，计算量大，需较长的计算时间，如果多个尺度模型直接耦合，将形成大规模的复杂非线性优化问题，求解困难，甚至无法求解。如何结合最优化算法和模型特点，优化模型表达，设计合适的求解策略需要进行研究和探讨。

4）全过程控污软件

工业污染控制专业研究人员，对于过程系统综合和最优化理论与方法大都缺乏深入的认识，直接利用全过程控污理念，构建优化模型来解决控污问题，难度很大。需要开发界面友好，符合专业表达习惯的软件工具，以支持全过程控污理念的推广应用。同时，全过程控污涉及药剂、单元及系统多尺度、多维度数据的收集、管理和应用，如何建立合适数据标准和管理工具也是软件开发应该关注的问题。

参考文献

[1] 吴振烈. 第二次全国工业污染防治工作会议在上海召开 [J]. 油气田环境保护, 1993 (4): 4.

[2] 胡鞍钢. 绿色革命将进入爆发期 [J]. 人民论坛, 2013 (4): 2.

[3] 中共中央, 国务院. 中共中央 国务院关于加快推进生态文明建设的意见: 中发〔2015〕12 号 [EB/OL]. (2015-05-05) [2020-12-31]. http://www.gov.cn/xinwen/2015-05/05/content_2857363.htm.

[4] 陈吉宁. 着力解决突出环境问题 [N]. 人民日报. 2018-01-11.

[5] 方璇, 耿长君, 徐友海, 等. 污染物的源解释技术研究进展 [J]. 化工科技, 2007. 15 (3): 60-64.

[6] 陈锋, 孟凡生, 王业耀, 等. 多元统计模型在水环境污染物源解析中的应用 [J]. 人民黄河, 2016, 38 (01): 79-84.

[7] 李颖. 固体废物资源化利用技术 [M]. 北京: 机械工业出版社, 2013.

[8] 汪淑奇, 黄素逸. 物质流、能量流与信息流协同的探讨与应用 [J]. 华中科技大学学报 (自然科学版), 2002, 30 (11): 71-73.

[9] 龙妍, 黄素逸, 张洪伟. 物质流、能量流与信息流协同的初探 [J]. 化工学报, 2006, 57 (9): 2134-2139.

[10] 郑忠, 黄世鹏, 李曼琛, 等. 钢铁制造流程的物质流和能量流协同优化 [J]. 钢铁研究学报, 2016, 28 (4): 1-7.

[11] 孙涛, 张妙仙, 李苗苗, 等. 基于对应分析法和综合污染指数法的水质评价 [J]. 环境科学与技术, 2014, 37 (4): 6.

[12] 陈秀端, 卢新卫. 基于受体模型与地统计的城市居民区土壤重金属污染源解析 [J]. 环境科学, 2017, 38 (6): 9.

[13] 刘旭旺. 全局优化理论几种算法的改进与研究 [D]. 阜新: 辽宁工程技术大学, 2009.

[14] 张天柱, 石磊, 贾小平. 清洁生产导论 [M]. 北京: 高等教育出版社, 2006.

[15] 孙东川, 林福永, 孙凯. 系统工程引论 [M]. 2 版. 北京: 清华大学出版社, 2009.

[16] 汪应洛. 系统工程 [M]. 北京: 机械工业出版社, 2008.

[17] 张龙, 贡长生, 代斌. 绿色化学 [M]. 2 版. 武汉: 华中科技大学出版社, 2014.

[18] 冯之浚. 循环经济导论 [M]. 北京: 人民出版社, 2004.

[19] 张笛, 曹宏斌, 赵赫, 等. 工业污染控制发展历程及趋势分析 [J]. 环境工程, 2022, 40 (01): 1-7+206.

[20] 曹宏斌, 赵赫, 赵月红等. 工业生产全过程减污降碳 [J]. 中国科学院院

刊, 2023. Doi: 10. 16418/j. issn. 1000-3045. 20220729004.

[21] Ponthot J P, Kleinermann J P . A cascade optimization methodology for automatic parameter identification and shape/process optimization in metal forming simulation [J]. Computer Methods in Applied Mechanics & Engineering, 2006, 195 (41/43): 5472-5508.

[22] Marchetti A G , Ferramosca A , AH González. Steady-state target optimization designs for integrating real-time optimization and model predictive control [J]. Journal of Process Control, 2014, 24 (1): 129-145.

[23] Geng Y , Fujita T , Park H S , et al. Recent progress on innovative eco-industrial development [J]. Journal of Cleaner Production, 2016, 114 (15): 1-10.

[24] Lian S , Revitt D M , Ellis J B . A systematic approach for the comparative assessment of stormwater pollutant removal potentials. [J]. Journal of Environmental Management, 2008, 88 (3): 467-478.

[25] CaoH , Zhao H , Zhang D, et al. Whole-process pollution control for cost-effective and cleaner chemical production—A case study of the tungsten industry in China [J]. Engineering, 2019, 5: 768-776.

第二篇

应用示例分析

本书作者所在团队经过多年研究实践，建立了"问题识别—内在关系揭示—控制技术研发—工程应用示范"为核心的普适性"工业污染全过程控制"的技术方法，开展了"工业污染全过程控制"理念的实际工程应用探索。

　　研发团队突破了焦化/煤化工行业废水全过程高效低成本处理核心关键工艺、设备、药剂产品及成套技术，实现了毒性消减及污染物深度脱除，系统稳定性高、处理成本低。通过与北京赛科康仑环保科技有限公司等合作，将成果推广应用到鞍钢、武钢、中煤等大型央企在内的30余项水污染控制工程，产生了显著的环境、经济和社会效益。该技术入选环保部发布的《国家鼓励发展的环境保护技术（水污染治理领域）》（2015年）。该项目入选参加国家"十二五"及"十三五"重大成就展，获2018年国家科技进步二等奖，2020年中国科技产业化促进会科学技术特等奖。

　　研发团队突破了有色冶金行业仲钨酸铵（APT）生产氨污染全过程控制关键技术，通过集成工艺研究及示范工程建设，在保证APT生产过程的氨氮污染物排放稳定达标的前提下，实现了氨介质的生产工艺内循环，优化了整个APT生产过程中的氨平衡与水平衡，能够帮助钨冶炼企业实现污染治理与资源循环利用的双重效益。废水废气中氨氮去除率及资源化回收率均＞99%；通过氨氮污染物减排、回收氨水产生显著经济和环境效益。技术装备已应用至镍钴、稀土、锆、钛、钒、铀、铌钽、三元前驱体等多个行业90余项工程中，成果获2016年环保部科技进步一等奖。

　　研发团队突破了工业钒铬废渣与含重金属氨氮废水资源化关键技术和应用，通过发现钒铬难分离原因，提出伯胺氢键缔合机制，证明铬催化伯胺萃取钒新原理，设计出性质稳定、钒铬分离效果好的伯胺萃取剂，完善中间污物形成机制，指导污物防控技术研发，从源头消除重金属危废，建立世界首套万吨级（1.5万t/年）产业化工程，实现多组分高效资源化利用，总资源利用率由不足30%提高至95%以上，废水、废渣近零排放。成果获2013年国家技术发明二等奖。

　　本篇选取焦化行业、钨行业、钒行业作为重化工行业的典型代表进行"工业污染全过程控制"的示例分析。主要从工业污染全过程综合防控技术体系、全过程控制技术优化集成以及全过程控制的工程推广应用等几个方面进行介绍。

第4章 焦化行业水污染全过程 控制技术与应用

4.1 焦化行业基本概况与发展趋势

4.1.1 我国焦化行业基本概况

焦化行业是我国的重要支柱产业，主要产品焦炭用于高炉炼铁和有色金属的鼓风炉冶炼，起还原剂、发热剂和料柱骨架作用。同时，还用于铸造、化工、电石和铁合金。

我国是焦炭生产和消费大国，尤其在近年来焦炭产能得到迅猛发展。进入21世纪以来，在国民经济长期高速发展特别是钢铁工业发展的拉动下，中国焦化事业实现了跨越式发展。我国2000—2020年底焦炭产量为增长率约为286.6%。我国焦化产业集中度近年来逐步提高，根据中国炼焦行业协会统计，截至2020年底，规模以上企业焦炭总产能达到6.34亿t，占全球60%以上。但焦化行业受到产能过剩的影响，产能平均利用率约为74%，增产不增效和高成本低效益的现状还没有得到好的改变。

目前我国已经建成国际领先水平的7.63 m顶装焦炉和6.25 m捣固焦炉40余座，合计产能占比达5%，已建成全球最大的260 t/h干熄焦装置，炼焦装备水平得到大幅提升。虽然取得了一些进步，但是由于受到现有炼焦工艺的限制，在回收化工产品的同时会产生大量污染物。再者，不少发达国家因为环境成本的日益增加，加上各国环境保护的法律法规政策愈加严厉，许多焦化厂被迫关闭，致使世界焦炭生产和污染负荷向中国转移。

我国焦化行业10余年来贯彻国家产业政策，通过淘汰落后产能，来进行产业结构调整。在加强环境保护、合理利用资源、走可持续化道路方面取得了很大的进展。但在废弃物资源化利用、节能减排和工艺技术改革创新方面仍有着较大的环境和经济效益潜力。但是目前我国焦炭产能过剩，与此同时仍然有大量的在建和拟建能力。

4.1.2　焦化行业在国内的发展趋势

我国的钢产量快速增长在一定程度上导致了我国对焦炭的需求也快速增长。近 10 年来，我国焦化行业实现了跨越式发展，在行业规模、技术进步、节能减排、产业链建设等方面取得巨大进步。我国焦化行业已形成完整的产业体系，从 2001—2020 年我国焦炭产量变化趋势如图 4-1 所示。

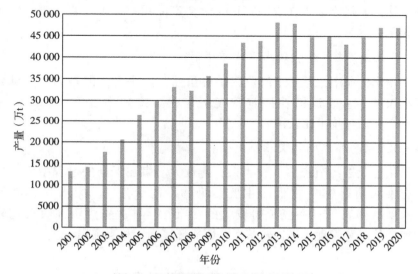

图 4-1　我国焦炭产量变化趋势图

2005 年我国焦炭产量首次突破世界焦炭产量的 50%，在随后的 10 余年时间内，我国焦化行业以年均两位数的速度快速扩展规模，截止到 2020 年度，我国焦炭产量达 4.71 亿 t，焦炭产能及产量占全球比例均在 66% 左右。

面对我国国民经济发展进入新常态，焦化行业呈现出的主要特征是"两低一高"，即低价格、低效益和高压力。从 2011 年以来，焦炭产量逐步放缓。目前，我国焦化行业陷入前所未有的困境，规模以上焦化行业企业主营业务同比下降，大多数企业产能利用率低，高成本运行。目前我国焦化行业存在以下问题：产能过剩、资源配置和产业布局不太合理、环保问题突出、技术和管理水平比较落后等。

4.1.2.1　产能过剩

我国焦炭的产能存在过剩现象，产能利用率维持在 73%~75%。2005 年以来，受焦炭市场价格下跌的影响，一些规模较小的焦炭生产企业因亏损而停炉，开始显现焦炭产能过剩的不良后果。

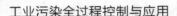

4.1.2.2 资源配置和产业布局不太合理

目前，发达国家的焦化行业主要服务于钢铁冶炼，其中95%的焦炭生产能力作为钢铁企业的配套设施进行布局。焦炭生产过程中产生的煤气、余热、焦油等能在钢铁生产过程中得到充分利用。中国钢铁企业用焦量占焦炭产量的80%左右，但只有1/3的生产能力布局在钢铁联合企业内，2/3的焦炭生产能力为独立焦化生产企业，除少数作为城市煤气供应的市政配套设施外，大部分集中在煤炭产区，远离产品用户，难以实现煤炭资源的综合利用。

4.1.2.3 技术和管理水平比较落后

在焦化行业中，近年来产业集中度虽然有所提升，但是仍有大量分散的中小焦化企业。这就在一定程度上使得生产集中度低，管理较为粗放，生产和治污技术比较落后。

4.1.2.4 环保问题突出

焦化行业排污节点多，种类杂，毒性大。煤在干馏的过程中所产生的有毒有害物质是炼焦过程的主要污染物，包括废气、废水和废渣等物质，大多数都属于对环境威胁较大的污染物，其次炼焦资源浪费比较严重，加之技术和管理水平比较落后，因而环境问题相当突出。

4.2 焦化行业污染源解析及产污规律

焦化企业和高污染、高耗能存在密切相关的联系，在工业生产领域中，焦化行业作为不可或缺的产业，在生产煤炭化工产品时需要采用焦炭、焦油以及煤气等原料资源，所以会产生许多污染物。自21世纪以来，我国的社会主义市场经济高速发展，为了满足钢材需求，逐渐带动冶金产业发展，这也为焦化行业的发展带来了良好的机遇，焦化产业发展造成了大气污染、水体污染以及土壤污染等等问题，而且需要损耗大量的能源材料，必须加强对污染物的治理，才能确保社会生态环境清洁环保。

焦化废水主要是在煤的高温干馏、煤气净化及化工产品精制过程中产生的，包括蒸氨废水、脱硫废液、剩余氨水以及化验污水，包含的化学物质种类较多，主要为酚、氨气、硫化氢、焦油、苯类、氰化物等有毒化学物质，所以大量排放进河道水源之后，将会造成非常严重的污染问题。

焦化废气主要是焦化厂在煤炭干馏结焦等生产过程中产生的，其中主要主要包含了烟尘、煤尘以及飞灰等各种污染废气。同时，在焦化废气中还存在许多有毒污染物，其主要为酚、氰化物以及苯并芘等一系列的苯系化合物和硫氧化合物，对人们的身体健康产生极大的危害，逐渐降低了周边环境下的空气质量。

焦化行业污染物的组成和性质与原煤煤质、炭化温度、生产工艺和化工产品回收方法密切相关。因此，本节将根据煤种分布、温度及工艺流程等因素来分析焦化行业污染源信息及产污规律。

4.2.1 煤种分布

煤种直接影响污染物产生。实际生产工程中，由于煤的性质复杂，煤炭分类方案必须有利于煤炭资源的计划开采，合理利用资源和满足不同煤加工利用过程对煤质的要求。根据不同的应用和研究目的，国际、国内对煤炭进行了不同的分类。这里主要从有利于煤加工利用对煤质的选择出发，给出中国煤炭技术分类体系。

中国煤炭分类（GB/T 5451—2009）包括对无烟煤、烟煤、褐煤的分类，具体情况见表4-1。

表4-1 无烟煤、烟煤及褐煤的分类

类别	符号	分类指标	
		V_{daf}/%	P_M/%
无烟煤	WY	≤10.0	—
烟煤	YM	>10.0	—
褐煤	HM	>37.0	

注：1. V_{daf} 表示干燥无灰基的挥发分产率，一般来说，随煤阶增高挥发分产率降低。凡 V_{daf}>37.0%，G≤5，再用透光率 P_M 来区分烟煤和褐煤（在地质勘查中，V_{daf}>37.0%，在不压饼的条件下测定焦渣特征为1~2号的煤，再用 P_M 来区分烟煤和褐煤）。

2. 凡 V_{daf}>37.0%，P_M>50%者为烟煤，30%<PM≤50%的煤，如恒湿无灰基高位发热量 $Q_{gr, maf}$≥24 MJ/kg，划分为长焰煤，否则为褐煤。

中国烟煤主要分布在北方各省，华北地区储量约占全国储量的60%以上。烟煤分为长焰煤、气煤、气肥煤、肥煤、1/3焦煤、焦煤、1/2中黏煤、弱黏煤、黏煤、瘦煤、贫瘦煤和贫煤十二个类别。在炼焦资源中，以低变质的气煤和1/3焦煤的比例较多，占全国炼焦资源的45.73%，肥煤（包括气肥煤）的比例相对最少，为12.81%，焦煤的比例居第2位，为23.61%，瘦煤（包括贫瘦煤）占15.89%，未分类煤则不足2%。从上述数

据可以看出，在中国炼煤资源中，强黏结性的肥煤和焦煤的比例只占 1/3 稍多，黏结性较弱的高变质的瘦煤和贫瘦煤的比例也少，最多的则是高挥发的气煤和 1/3 焦煤，见表 4-2。

表 4-2　炼焦煤中各煤种资源所占比例 （%）

煤类	占炼焦煤资源的百分比
气煤、1/3 焦煤	45.73
气肥煤、肥煤	12.81
焦煤	23.61
瘦煤、贫瘦煤	15.89
1/2 中黏煤及未分类煤	1.96

4.2.2　炭化温度

根据煤干馏的温度，分为低温干馏（反应温度 500~600 ℃），中温干馏（反应温度 700~900 ℃），高温干馏（反应温度 950~1050 ℃）。其主要产品及用途如表 4-3 所示。其中低温干馏适用煤种主要是褐煤、长焰煤和高挥发分的不黏煤等低阶煤。高温干馏因焦炭质量主要取决于炼焦用煤质量和炼焦工艺，而传统的炼焦用煤必须具备一定的黏结性和结焦性，在炼焦阶段，煤的黏结性强弱和结焦性好坏主要与有机显微组成和无机显微组成有关。因此应根据生成焦炭质量的具体要求，选择符合不同炼焦工艺要求的煤质。

表 4-3　焦化行业主要产品

反应温度	产品	
500~600℃	半焦（兰炭）	
700~900℃	中温焦	
950~1050℃	焦炭	冶金焦（高炉焦、铸造焦和铁合金焦）
		气化焦
		电石焦

煤的干馏过程中以及煤气净化、化学产品精制过程中形成的废水称为焦化废水，包括低温焦化废水和高温焦化废水。

（1）低温焦化废水

低温焦化废水也叫兰炭废水，或者半焦废水，废水来源主要有两个方面：一是除尘洗涤水，主要是原料煤的破碎和运输过程中的除尘洗涤水、焦炉装煤或出焦时的除尘洗涤水，以及兰炭装运、筛分和加工过程的除尘洗涤水。这类废水主要含有高浓度悬浮固体煤屑、兰炭颗粒物等，一般经澄清处理后可重复使用。二是低变质煤在中低温干馏过程中以及煤气净化、兰炭熄焦过程中形成的一种工业废水，成分复杂，主要含有高浓度有机物和无机物，是毒性很强的污染物，一般很难处理回用。有的兰炭企业还有生活污水、洗煤工段的洗煤废水等。兰炭废水中的无机污染物主要有硫化物、氰化物、氨氮和硫氰化物等；有机污染物主要含有煤焦油类物质，其中酚类的含量很高，还有单环及多环的芳香族化合物，以及含氮、硫、氧的杂环化合物等。因此，兰炭废水具有成分复杂、污染物浓度高、色度高、毒性大、性质稳定的特点，属于较难处理的工业废水之一。

（2）高温焦化废水

高温焦化废水也叫剩余氨水，或者酚氰废水。受原煤性质、炼焦工艺、化工产品回收方式、季节等因素的影响，在焦炭炼制、煤气净化及化工产品回收过程中产生的焦化废水水质成分及其含量有显著差异，总体性质表现为 NH_3-N、酚类及油分浓度高、有毒及抑制性物质多。总体有 3 个特点：

① 焦化废水水量大，成分复杂，污染物浓度高。

② 废水含大量的难降解物，可生化性较差。

③ 废水毒性大，硫氰酸根、氰化物、杂环化合物等都对微生物有毒害作用。

兰炭与焦炭虽然都是在相似条件下生产得到的产物，但是兰炭废水与焦化废水具有较大的差异，这主要是因为：一是煤质不同，这就造成了在生产过程中污染物的种类和含量必定相同；其次是生产温度，兰炭生产主要在 600~800℃ 的中低温条件下进行，而焦炭生产主要在 1000℃ 左右的高温条件下进行，所以在兰炭废水中会生成了大量小分子物质，并且在生产过程中伴随着大分子物质的存在。但是在高温的条件下，小分子物质相互作用生成了大分子有机物质，这一原因导致兰炭废水中的有机污染物种类更多。因此兰炭废水和高温焦化废水水质较为相似，但又有不同之处。与高温焦化废水相比，兰炭废水的成分更加复杂，其有机组分浓度比之高十倍左右，有机污染物的含量也远大于前者，其处理更加困难。兰炭废水和高温焦化废水主要污染物成分及浓度见表 4-4。

工业污染全过程控制与应用

表 4-4　兰炭及高温焦化废水水质

水质指标	酚（mg/L）	氨氮（mg/L）	COD$_{Cr}$（mg/L）	油（mg/L）	色度（倍）
兰炭废水	4000～15000	2500～7000	40 000～80 000	1000～1500	10 000～30 000
高温焦化废水	600～900	300～600	1500～4000	50～70	230～600

4.2.3　炼焦主要生产工艺

焦化生产过程由备煤（粉碎配料）-炼焦（包括装煤、炼焦、出焦、筛焦）-化产（煤气净化及化学产品回收）三部分组成。焦化所用的原料、辅料和燃料包括煤、化学品（洗油、脱硫剂和硫酸）和煤气。

（1）备煤工艺

炼焦用煤指标，如黏结性、膨胀压力、挥发分、水分、灰分、硫分、细度等因素会影响焦炭的质量。配合煤的黏性指标是影响焦炭质量最重要因素。煤加热后活性组分受热分解，形成液态状非挥发性可塑体中的液体部分数量决定了煤黏结性的强弱。为了获得抗碎强度和耐磨性好的焦炭，配煤中必须有足够的黏结性。在炼焦过程中膨胀压力能够使胶质体均匀地分布在煤粒之间，有利于煤的黏结。挥发分高低不仅影响焦炭强度，而且还影响化学产品的收率。挥发分过高，会降低焦炭的机械强度和耐磨强度，使焦炭易成碎块。相反，挥发分过低，虽然有利于提高焦炭的机械强度，但在炼焦过程产生的过高膨胀压力会影响推焦的进行，也可能会造成化学产品的收率降低，增大炼焦成本。煤中水分过小，会恶化脚炉装煤操作环境；水分过大会使焦炉装煤操作困难，使结焦时间延长，长期如此不仅影响炼焦速度还会影响焦炭质量，缩短焦炉使用寿命。灰分是惰性物质，在炼焦过程中不软化熔融、不收缩，能降低煤的黏结性。由于灰分与焦炭物质之间有明显的分界面，而且膨胀系数不同，在半焦收缩时灰分颗粒便成为焦炭裂纹中心，影响焦炭的机械强度和耐磨程度，且灰分颗粒越大，裂纹则越宽、越深、越长。煤种硫分主要以黄铁矿、硫酸盐及硫的有机化合物三种形态存在，硫分越高相应焦炭中硫分也高。经验表明，硫分每增加 0.1%，高炉生产能力就下降 2%～2.5%，而如果钢铁中硫含量大于 0.07%，钢铁会产生热脆性而无法轧制。细度是指将入炉过 3mm 筛子后，筛下煤样占全部煤样的百分数，细度过小，配合煤混合不均，炼煤过程中会受较大颗粒弱黏性煤及其灰分的影响而使焦炭的裂纹增多，强度下降。细度过高，将使装炉煤的堆密度下降，焦炭质量降低，且细度过

·112·

高煤尘增多，既易造成上升管堵塞，焦油渣量增大，又加重环境污染。因此，煤指标是影响焦炭的质量重要因素。

备煤的生产工艺为：原料煤（炼焦煤）经卸煤装置进入贮煤场，由皮带机经煤转运站运至配煤槽配煤，然后进行粉碎。粉碎后合格煤料送入炼焦车间捣固装煤塔内储用。

（2）炼焦工艺

炼焦的生产工艺为：粉碎后的煤料经捣固成煤饼后进入焦炉炭化室内进行高温干馏。焦炭成熟后，将红焦从炭化室内推出，送熄焦塔喷水熄焦或干熄焦系统熄焦。熄焦后的焦炭运至筛焦炉，经筛分后成为合格的成品焦。焦炉产生的荒煤气经焦炉上升管、集气管送往煤气净化系统。

焦炉生产所用的设备目前主要有一般焦炉、捣固焦炉、直立式炭化炉。一般焦炉按照规模和尺寸又可分为大型焦炉和普通焦炉两种。捣固焦炉多用于地区煤质不好，弱黏结性或高挥发分煤配比比较多的企业。直立式炭化炉一般用于煤制气或生产特种用途焦。

（3）煤气净化与化产回收

煤气净化系统的生产工艺为：炼焦荒煤气经焦炉上升管进入集气总管，经气液分离器分离部分焦油和冷却氨水后，顺序通过下列装置：初冷器、电捕焦油器、鼓风机、脱硫装置、脱氨装置、终冷塔、脱苯装置，得到净煤气。该净煤气送往联合企业的其他用户，或者经过精脱硫后进入焦炉煤气储气柜，供城市用户。因脱硫工艺的不同，煤气净化流程有所不同，煤气净化过程中所脱除的氨、焦油、硫、苯、萘等经过相应的技术手段进行回收各类化学产品。

一般炼焦化学产品产率和以单位体积的质量表示的粗煤气中的主要组分含量分别见表 4-5 和表 4-6。

表 4-5　炼焦工艺化学产品产率（对干煤）

名称	产率/%	名称	产率/%
焦炭	75~78	硫化氢	0.1~0.5
净煤气	15~19	氰化氢	0.05~0.07
焦油	2.4~4.5	吡啶类	0.012~0.025
苯族烃	0.8~1.4	化合水	2~4
氨	0.25~0.35		

表4-6　粗煤气中主要组分含量

名称	产率/%	名称	产率/%
水蒸气	250~450	焦油气	80~120
苯族烃	30~45	氨	8~16
硫化氢	6~30	萘	8~12
氰化物	1~2.5	轻吡啶	0.4~0.6
其他硫化物	2~2.5		

4.2.4　焦化行业主要产污节点

焦化行业生产工艺流程及产污节点如图4-2所示。

（1）焦化行业废气的产生与排放

焦化生产排放的废气主要来自于备煤、炼焦、化工产品回收与精制车间，污染物的排放量由煤质、工艺装备水平和操作管理等因素决定。焦化工艺生产过程中产生的主要大气污染物见图4-2。主要大气污染物及特征如表4-7所示。

表4-7　焦化工艺大气污染物及来源

工序	污染源	主要污染物
备煤工序	精煤堆存、装卸、破碎	颗粒物
装煤工序	工序逸散	颗粒物
炼焦工序	燃烧废气	颗粒物、SO_2、H_2S、PAHs、BSO、NH_3、CO
推焦工序	工序逸散	颗粒物、SO_2、PAHs
熄焦工序	熄焦废气	颗粒物、SO_2
筛贮焦工序	破碎和贮存	颗粒物
煤气净化工序	煤气冷却装置	NH_3、H_2S、C_mH_n 等
	粗苯精馏	NH_3、H_2S、C_mH_n 等
	精苯加工及焦油加工	苯、C_mH_n 等
	脱硫再生	H_2S
	蒸氨装置干燥系统	NH_3、酚
	硫铵干燥系统	颗粒物、NH_3、酚

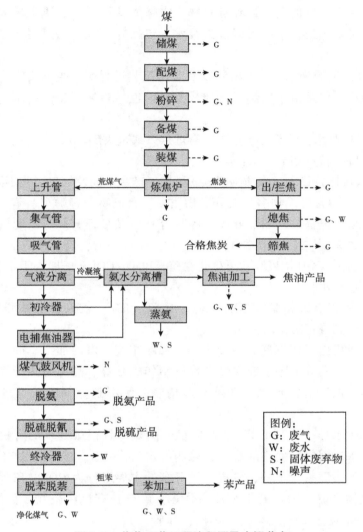

图 4-2　焦化工艺工程流程图及产污节点

（2）焦化行业废水的产生与排放

焦化生产过程中废水主要来自四个大方面：

① 煤高温裂解和荒煤气冷却产生的剩余氨水废液；炼焦煤中的水在炼焦过程中挥发逸出以及煤料受热裂解析出化合水，这些水蒸气随荒煤气一起从焦炉引出，经初冷凝器冷却形成冷凝水，称为剩余氨水。剩余氨水含有高浓度的氨、酚、氰、硫化物及油类，其污染物组成复杂。

② 煤气净化过程中煤气冷却器和粗苯分离槽排水等产生的废水，这种

废水含有一定浓度的酚、氰和硫化物，水量尽管不如剩余氨水量大，但成分复杂，是炼焦工艺中有代表性的废水，包括煤气终冷的直接冷却水、粗苯分离水。

③ 煤焦油的分流、苯的精制以及其他工艺过程所产生的废水，此部分废水量较小，但是由于污染成分比较复杂，包括焦油精制分离水、脱硫废液等。

④ 熄焦废水：这部分水量主要有熄焦方式来决定。

焦化废水特点如下所示：

① 水量比较稳定，水质则因煤质不同、产品不同及加工工艺不同而异。

② 废水中含有机物多，大分子物质多。有机物中有酚类、苯类、有机氮类（吡啶、苯胺、喹啉、咔唑、吲哚等）以及多环芳烃等；无机物中含量比较高的有：NH_3-N、SCN^-、Cl^-、S^{2-}、CN^-、$S_2O_3^{2-}$ 等。

③ 废水中 COD 浓度高，可生化性差，BOD_5/COD_{Cr} 一般小于 0.3，属较难生化处理废水。

焦化废水中含氨氮（NH_3-N）、总氮（TN）较高，不增设脱氮处理，难以达到规定的排放要求。

炼焦流程由备煤车间、炼焦车间、回收车间、焦油加工车间、苯加工车间、脱硫车间等工序组成，分别执行制作配合煤、高温炼焦干馏、回收焦油、精制加工焦油产品、洗苯和苯精制、使用脱硫剂吸收煤气中的硫化氢。

焦化废水是一种高 COD_{Cr}、高酚值、高氨氮且很难处理的有机工业废水，水质水量因焦炭生产的规模、采用的煤气净化工艺以及对化工产品加工的深度不一而有所不同，构成环境危害的主要组分为 COD、氨氮、挥发酚、氰化物、硫化物、氟化物及油分等，重点是有机污染物，如挥发酚、苯类、有机酸、喹啉、吡啶、呋喃、吲哚、萘、苊、芴、菲、蒽、荧蒽、芘、苯并[k]荧蒽和苯并[a]芘等。

焦化废水产生节点较多，如图 4-2 和图 4-3 所示，具体种类如表 4-8 所示，典型污染物性质见表 4-9。

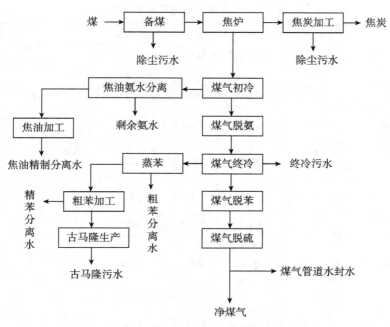

图4-3　焦化生产工艺流程及废水来源

表4-8　焦化工艺水污染物及来源

排水点	主要污染物
蒸氨塔后（未脱酚）	挥发酚、氰化物、H_2S、硫氰化物、氨、吡啶等、COD
蒸氨塔后（已脱酚）	挥发酚、氰化物、H_2S、氨、吡啶等、COD
粗苯分离水	挥发酚、苯、氰化物、H_2S、氨、吡啶、萘等、COD
脱硫废液	硫氰酸盐、氨氮、COD 等
终冷排污水	挥发酚、苯、氰化物、H_2S、硫氰化物、氨、吡啶、萘等、COD
精苯车间分离水	挥发酚、氰化物、H_2S、氨、油、吡啶、萘等、COD
精苯原料分离水	挥发酚、氰化物、氨、H_2S、萘等、COD
精苯蒸发器分离水	挥发酚、油、氨、H_2S、萘等、COD
焦油一次蒸发器分离水	挥发酚、氰化物、油、氨、H_2S 等、COD
焦油原料分离水	挥发酚、氰化物、油、氨、H_2S 等、COD
焦油洗塔分离水	挥发酚、氰化物、油、氨、H_2S 等、COD
洗涤蒸吹塔分离水	挥发酚、氰化物、油、氨、H_2S、萘等、COD

工业污染全过程控制与应用

表 4-9　焦化废水典型污染物性质

污染物	辛醇/水分配系数 LogKow	可降解性	极性	急性毒性（以大鼠口服计）LD$_{50}$/（mg/kg）	致癌性（IARC 标准）
苯酚	1.46	难降解	极性	317	三类致癌物
4-甲基苯酚	1.94	可降解	极性	207	未被 IARC 列为致癌物质
3-甲苯酚	1.96	可降解	极性	242	未被 IARC 列为致癌物质
2-甲基苯酚	1.95	可降解	极性	121	未被 IARC 列为致癌物质
萘	3.3	易降解	非极性	490	2B
1-甲基萘	3.87	经多环芳烃驯化可快速降解	极性	1840	未被 IARC 列为致癌物质
2-甲基萘	3.86	经多环芳烃驯化可快速降解	极性	1630	未被 IARC 列为致癌物质
苯并芘 BaP	5.97	难降解	非极性	50	2A
苯	2.13	经长期驯化可降解	非极性	3800	一类致癌物
吡啶	0.65	经长期驯化可降解	极性	891	三类致癌物
喹啉（苯并吡啶）	2.03	可降解	极性	331	未被 IARC 列为致癌物质
异喹啉		经驯化可降解	极性	360	未被 IARC 列为致癌物质
吲哚（苯并吡咯）	2.14	可降解	极性	1	未被 IARC 列为致癌物质
茚烯/茚	3.92	不易降解	非极性	1760	未被 IARC 列为致癌物质
芴	—	经驯化可降解	非极性	—	三类致癌物
苯并 [a]	5.79	难降解	极性	—	2A

续表

污染物	辛醇/水分配系数 LogKow	可降解性	极性	急性毒性（以大鼠口服计）LD$_{50}$/（mg/kg）	致癌性（IARC 标准）
菲	4.57	可降解	非极性	—	未被 IARC 列为致癌物质
氰化物	0.25	不易降解	—	78	2B
硫氰化物	0.94	不易降解	—	175	三类致癌物

（3）焦化行业固废的产生与排放

炼焦生产是一个流程长、并有多次加工的生产工艺，其间会产生多种固态、半固态及流态的废物，如煤尘、焦油渣、酸焦油、洗油再生器残渣、黑萘、吹苯残渣及残液、焦化废水处理剩余污泥、酚和精制残渣以及脱硫残渣等，其中焦油渣、各类化产残渣及焦化水处理剩余污泥等危险废物是需要重点处置的焦化固体废弃物。

4.3 焦化行业水污染控制过程强化关键技术

4.3.1 焦化行业清洁生产关键技术

4.3.1.1 脱硫废液资源化解毒技术

（1）技术描述

在钢铁行业炼焦过程中，煤炭中约 30%~35% 的硫转化成 H$_2$S 等硫化物，与 NH$_3$ 和 HCN 等一起形成煤气中的杂质。由于炼焦过程中产生的焦炉煤气数量巨大（生产 1 t 焦炭要产生 340 m^3 焦炉煤气），其中的 H$_2$S、HCN 及其燃烧产物不仅对人类健康和环境造成严重的危害，同时也对焦炉煤气这一重要的中高热值气体燃料的利用产生了影响，因此对焦炉煤气进行脱硫脱氰的净化处理已势在必行。

国内外用于焦炉煤气脱硫脱氰工艺众多，真空碳酸钾脱硫工艺具有节能、脱硫脱氰效率高、流程简单、操作可靠、设备投资低等特点，是目前国内行业中采用最为广泛的处理技术之一。该工艺属于湿式吸收法，通过使用碳酸钾溶液直接吸收煤气中的 H$_2$S、HCN、CO$_2$ 等酸性气体，吸收处理后的富液在真空低温条件下再生释放出 H$_2$S、HCN 等酸性气体形成脱硫贫

工业污染全过程控制与应用

液，再循环用于煤气脱硫。由于实际生产过程中会发生一些副反应生成 $K_2S_2O_3$、KSCN 等盐类，降低脱硫循环贫液的脱硫脱氰效率，因此需要外排少量脱硫贫液和部分真空冷凝液，即脱硫废液，以保证整个煤气脱硫系统的处理效果。所排出的脱硫废液成分复杂，S^{2-} 和 CN^- 浓度高（表4-10），毒性高，对后续废水的生化处理系统造严重的影响。有效脱除脱硫废液中的 S^{2-} 和 CN^-，研发高效、低成本的脱硫废液解毒技术成为行业关注的重点。

表4-10 脱硫废液成分分析

废液组成	pH	总氰 （mg/L）	硫化物 （mg/L）	硫氰酸钾 （mg/L）	电导率 （μS/cm）
脱硫废液	9.9~10.5	1000~2000	1000~5000	500~5000	50 000~120 000

针对脱硫废液氰化物等毒性物质含量高、难以处理等难题，本科研团队在对传统脱硫废液处理工艺进行充分对比和研究的基础上，通过研制脱硫脱氰剂和氰化物、硫化物反应耦合分离设备，开发脱硫废液低成本解毒和解毒渣制备产品资源化新工艺，解决了高浓度氰化物低成本去除和资源化的技术难题，突破了脱硫废液解毒关键技术，实现高毒性脱硫废液的高效解毒（图4-4），将脱硫废液中总氰化物从数千 mg/L 降低至 25 mg/L 以下，硫化物从数千 mg/L 降低至 10 mg/L 左右，同时实现解毒废渣资源化，从根本上解决了困扰脱硫工艺的环境污染和废液循环造成设备腐蚀老大难问题。

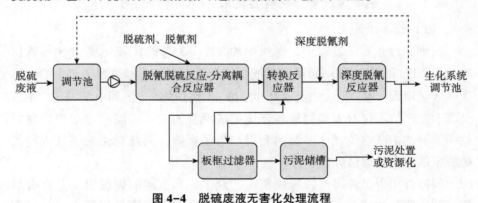

图4-4 脱硫废液无害化处理流程

新型脱硫废液处理工艺的特点有：

1）废水中硫化物和氰化物的沉降性好，固液分离设备投资低

单独通过化学沉淀方式处理脱硫废液，所形成硫化物和氰化物的沉淀

粒径小、沉降性差，沉淀时间超过6h仍然达不到较好的效果。通过设计复配脱硫脱氰药剂，改变沉淀颗粒物表面的电性质，促进沉淀颗粒物的聚并，降沉淀物的沉降时间缩短到1h，极大提高了脱硫废液化学沉淀处理过程中的固液分离效果。

2）药剂的投加量低，废水处理成本低

通过反应工艺的设计和专属反应设备的开发，控制污染物的反应路径，降低副反应的发生比例，提高药剂的反应效率，降低脱硫废液的处理成本。

3）通过专属脱氰混凝药剂的使用，确保废水中CN⁻稳定高效脱除

CN^-具有极强的络合能力，造成常规的脱氰药剂对于络合态氰化物的脱除效率低。通过使用研发的专属脱氰混凝药剂（IPE-ZH），极大地提高络合态氰化物的脱除效率，并同时强化废水中沉淀物的聚并和沉降，提高处理后废水的固液分离效果。

（2）技术应用效果

本技术基于总氰的形态匹配控制途径，开发脱硫废液预处理工艺及脱氰药剂，显著降低脱硫废液总氰化物/硫化物。出水总氰从1500~3000 mg/L降至50~200 mg/L，硫化物从1500~2500 mg/L降至10 mg/L以下，COD_{Cr}从5000~10 000 mg/L降至1000 mg/L以下（图4-5），处理后废水可直接进入生化系统。

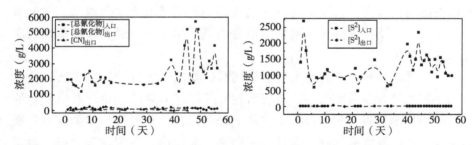

图4-5　脱硫废液预处理工艺脱氰脱硫效果（左：进出水总氰化物，右：进出水硫化物）

该技术对污染物去除与资源回收效率高，适应能力强，生产弹性大，其创新工艺受到企业的高度认可，通过与北京赛科康仑环保公司合作，率先在鞍钢股份鲅鱼圈钢铁分公司建成行业首座产业化工程（废液规模240t/d，2012年投产），并推广应用到鞍山盛盟煤气化有限公司、邯郸钢铁集团、武汉钢铁集团。处理效果及部分现场工程照片见图4-6。

图 4-6　脱硫废液预处理工艺脱氰脱硫效果及工程现场

4.3.1.2　酚油萃取协同预处理解毒技术

（1）酚油萃取技术模拟设计原理

焦化等煤化工过程产生的高浓度废水成分复杂，酚油共存，且难生物降解，传统脱酚萃取剂酮类、中性磷氧类、胺类等无法同时脱除酚和油，大大增加后续生化处理设施负荷，且增加处理成本，废水难以达标排放。基于此难题，成果完成单位通过计算机辅助分子设计和热力学液液相平衡计算，设计出水溶性低、环境友好的专用萃取剂 IPE-PO，进一步根据萃取剂的物化性质，以及萃合物的组成，开发了超重力式萃取塔、逆流碱洗反萃塔，以及三段排料萃取剂精馏分离塔，保证酚、油回收及萃取剂净化和循环利用。

酚油萃取协同解毒的技术特点是同时脱除废水中高浓度酚、杂环化合物和多环芳烃等高毒污染物，实现回收资源和源头降低毒性（对微生物的毒性抑制）的双重目标。环境友好萃取剂和工艺优化是该技术的核心，项目主要基于计算机辅助分子设计开展研究，设计出一种萃取效果好、解毒能力强、环境友好的专用萃取剂。

① 提出"基于化学数据库的分子设计初始基团筛选方法"，即通过对中国、美国及欧盟的化学品目录进行分析整理，构建含目前工业用化合物结构、物性、生物可降解性、生物毒性、萃取性能等数据的化学品数据库，并通过基团-萃取性能关系挖掘，筛选出适用于萃取剂分子设计的初始基团，减少经验选取带来的不确定性。

② 对目前计算机辅助分子设计模型对生成环状分子结构约束不完备的问题，即分子设计可能剔除一些原本能形成分子的基团组，同时又会产生

许多结构不合理的分子，降低了分子设计结果的可靠性，增加进一步实验
测试难度和工作量。提出针对典型环状分子（单环、双环）完备的结构约
束方法，并进行数学证明和算例测试，实现分子设计结果中保留所有可能
生成的分子，同时避免生成结构不合理的分子，提高分子设计的准确性。

③ 提出"虚拟分子"设计思路，即以官能团为分子构成的基本单
元，用"有毒物质虚拟分子"将真实废水中酚及其他有毒物质的复杂混合
物体系简化为一种或多种虚拟分子构成的简单混合物体系，解决萃取剂分
子设计问题中 UNIFAC 方法真实萃取体系液-液相平衡计算困难的问题。

④ 建立脱酚、杂环和多环有机物萃取剂计算机辅助分子设计 MINLP 模
型，以分配系数最大为目标函数，以萃取剂溶解度、熔点、沸点、密度等
物性数据，以及溶剂选择性、损失等萃取性能指标为约束，进行萃取剂的
设计筛选。通过 GAMS 软件进行数值求解，获得萃取剂分子或混合萃取
剂，并结合实验对设计出的萃取剂进行验证，并与化学品数据库比对，尽
量发掘"老"化合物的"新"用途，避免使用环境影响未知化合物。

⑤ 结合化学品数据库和改进的萃取剂计算机辅助分子设计模型，开发酚
油萃取剂计算机辅助设计平台，大幅度提高萃取剂筛选效率，降低筛选成本。
结合实验测试和专用设备研制，综合考虑溶剂成本、设备选型、环境毒性及
污染物脱除率等因素，形成酚油萃取协同解毒的成套技术，回收资源的同时
显著降低废水的生物毒性。图 4-7 为计算机辅助设计流程示意图。

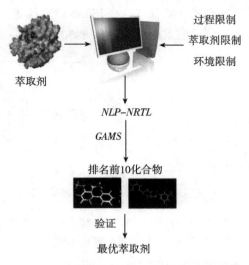

图 4-7　酚油萃取剂计算机辅助设计流程示意

工业污染全过程控制与应用

⑥ 基于酚油萃取剂计算机辅助设计平台，结合焦化和碎煤加压气化废水的组成分析，设计出适合焦化和碎煤加压气化废水酚油萃取协同解毒的专用萃取剂 IPE-PO，其在水中溶解度远远低于传统萃取剂。表 4-11 给出了其与几种传统脱酚萃取剂的性质与价格对比。

表 4-11　新型萃取剂与传统萃取剂性质与价格对比

萃取剂名称	溶解度，w%（25℃）	沸点，℃	价格，万元/t
乙酸乙酯	8.08	77	0.5~1.0
MIBK	2.2	115.9	1.0~1.7
DIPE	0.94	68.5	1.4~2.0
IPE-PO	0.048	120~170	1.0~1.4

完成萃取单元和溶剂回收单元模拟计算的基础上，对煤气化/焦化废水进行萃取精馏全流程的模拟计算，具体流程见图 4-8。从溶剂回收塔回收的萃取剂（物流 SOLVENT）和添加的萃取剂（物流 ADD-SOL）经过原料混合器 B4 混合之后和煤气化废水（物流 WASTEWA）一起进入萃取塔 B1 中进行萃取，萃取后上层有机相（物流 ORG-PHAS）进入溶剂回收塔 B2 中进行精馏，分离出萃取剂和苯酚，从塔顶采出的萃取剂经过原料预热器 B3 对萃取塔出来的上层有机相进行热交换，经过冷凝后返回原料混合器 B4 中进入到萃取塔中循环使用，塔底流出的苯酚（物流 PRODUET）经冷凝以后作为粗酚产品。萃取后的水相（物流 WAT-PHAS）直接进入生化处理。该工艺操作条件下，经过处理后废水中的苯酚从 8850 mg/L 降到了 171 mg/L。

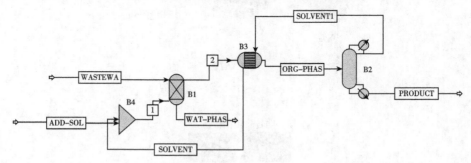

B1 萃取塔　B2 溶剂回收塔　B3 原料预热器　B4 原料混合器

图 4-8　萃取脱酚流程模拟

（2）酚油协同萃取剂应用效果

在计算机辅助模拟的工作基础上，继续开发预除油-蒸氨/酚油共萃协同解毒技术。首先对计算机辅助设计的萃取剂结果进行实验验证，设计出萃取效果好、解毒能力强的环境友好萃取剂 IPE-PO。该萃取剂为物理萃取剂，根据相似相容原理，萃取废水中的有机物，对苯酚的萃取率为 100%，对总酚的萃取率也有显著提高，解毒性强，新萃取剂可被微生物降解，与传统萃取剂二异丙醚（DIPE）和甲基异丁基酮（MIBK）相比有较大、优势。

根据 IPE-PO 和 MIBK 两种萃取剂的特点设计了两种萃取流程，MIBK萃取剂溶解度大，萃取后需蒸馏萃余液以回收溶解的萃取剂，设计的萃取流程与工业上相似，即蒸氨－萃取（二级）-蒸馏萃余液，简称 MIBK 流程；而 IPE-PO 的溶解度非常小，仅为 MIBK 的 1/35，无须蒸馏萃余液，按预除油－蒸氨－萃取（二级）步骤设计实验，简称 IPE-PO 流程。根据 IPE-PO和 MIBK 流程运行 25 个批次实际废水的统计结果，各指标的平均值如图 4-9 所示。以原水各指标为参照，各工段各污染物的脱除率见图 4-10。

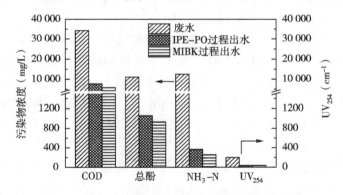

图 4-9　IPE-PO 流程和 MIBK 流程处理效果对比

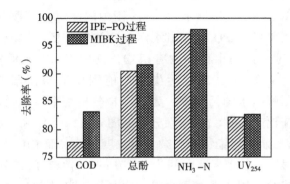

图 4-10　IPE-PO 流程和 MIBK 流程污染物去除率对比

由图 4-9 和图 4-10 可知,废水经 IPE-PO 流程处理后,出水 COD_{Cr} 浓度为 6245~8580 mg/L,平均 COD_{Cr} 浓度为 7637 mg/L,COD_{Cr} 的平均去除率 77.69%;出水总酚浓度为 848~1280 mg/L,平均总酚浓度为 1055 mg/L,总酚的平均去除率为 90.45%;出水氨氮浓度为 229~472 mg/L,平均氨氮浓度为 363 mg/L,氨氮平均去除率为 97.10%;出水 UV_{254} 32~48 cm^{-1},平均 UV_{254} 35 cm^{-1},UV_{254} 的平均去除率为 82.19%。废水经过 MIBK 流程处理后,出水 COD_{Cr} 浓度为在 4741~6470 mg/L,平均 COD_{Cr} 浓度为 5754 mg/L,COD_{Cr} 平均去除率为 83.19%;出水总酚浓度为 799~1016 mg/L,平均总酚浓度为 929 mg/L,总酚平均去除率为 91.58%,出水氨氮浓度为 187~387 mg/L,平均氨氮浓度为 254 mg/L。氨氮平均去除率 97.97%;出水的 UV_{254} 27~41 cm^{-1},平均 UV_{254} 34 cm^{-1},UV_{254} 平均去除率 82.70%。

由结果可见,MIBK 流程对 COD 的去除效果明显优于 IPE-PO,出水平均 COD_{Cr} 浓度相差 1883 mg/L,而总酚、氨氮、UV_{254} 的去除效果优势不明显,分别相差 126 mg/L,109 mg/L 和 1 cm^{-1},表明 IPE-PO 流程萃取脱酚的能力与 MIBK 相当。IPE-PO 流程先对废水进行预除油,降低废水的 COD 和总酚含量,脱酸脱氨过程回收的氨水中有机物浓度较低,所得氨水品质较高。IPE-PO 萃取剂在水中溶解度小,不需回收,减少了回收萃余液中萃取剂的成本。与 IPE-PO 流程相比,MIBK 直接脱酸脱氨,回收的氨水中有机物浓度较高、品质较低,需进一步处理,且 MIBK 在水中溶解度较大,需回收,增加了处理成本。

对两个流程获得的萃余液进行分析,并与废水对比,结果如图 4-11 (a) 和 (b) 所示。由图可知,废水经 MIBK 流程和 IPE-PO 流程处理后,出水中污染物都很少,表明这两种处理方式都能够很好去除废水中的污染物,其中 IPE-PO 流程出水 GC-MS 图中的峰对应萃取剂的主要成分。由于 MIBK 流程和 IPE-PO 流程出水污染物浓度较低,与原水分析分流比 (99:1) 相同时只检测出很少的有机物,其中 MIBK 流程检出 8 种有机物,IPE-PO 检出 18 种,部分污染物可能因仪器检出限制而无法检测到,不能全面了解出水的污染物。为进一步分析两个流程出水的污染物情况,将进样分流比改为 4:1,结果分别见图 4-11 (c) 和 (d)。从图可看出,MIBK 流程出水中污染物多而杂,但浓度较低,而 IPE-PO 流程出水中污染物种类明显减少,但保留时间为 5~10 min 的峰经质谱分析为 IPE-PO 萃取剂的主要成分。因未蒸馏萃余液,少量萃取剂溶解残留其中,这也是导致 IPE-PO 流程出水 COD 较高的原因。

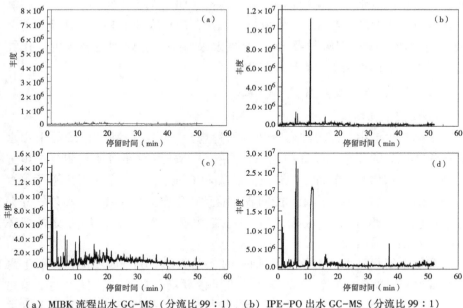

（a）MIBK 流程出水 GC-MS（分流比 99∶1）　　（b）IPE-PO 出水 GC-MS（分流比 99∶1）
（c）MIBK 出水 GC-MS（分流比 4∶1）　　（d）IPE-PO 出水 GC-MS（分流比 4∶1）

图 4-11　GC-MS 总离子流图

结合 GC-MS 结果，对废水及其分别经 IPE-PO 和 MIBK 流程预处理后的萃余液污染物种类进行比较，废水原水中检测出匹配度大于 60 的污染物有 101 种，经 IPE-PO 流程处理后污染物减至 74 种，MIBK 流程处理后污染物为 106 种，推测增加的物质为处理过程中（如蒸馏）产生的新物质，或原水中污染物浓度较高，掩盖了低含量的有机物，当监测预处理出水时因分流比较小，原水未被测出的低浓度污染物被检测到。

对比发现，MIBK 流程处理 COD 的效果较 IPE-PO 流程优，根据萃余液 GC-MS 结果可知，IPE-PO 流程处理后 COD 主要由两部分组成，即未被萃取污染物和溶解的萃取剂，而 MIBK 流程有萃余液蒸馏步骤，因此有必要对这两个流程处理过的废水进行生化处理，全面考察对废水的解毒能力。

从全过程污染控制角度提出了酚油共萃协同解毒技术及用于该技术的专用萃取剂 IPE-PO，解决了焦化高浓度废水高效脱酚和深度解毒的难题。与工业中应用广泛的传统处理工艺，即 MIBK 萃取体系相比，优势明显。该技术对煤化工高浓废水解毒效果显著，对苯酚完全脱除，总酚和杂环/多环等高毒性污染物脱除率较传统处理体系显著提高，其中总酚去除率达 90%以上。同时该技术将废水中 101 种污染物降至 74 种，能高效脱除有毒污染

物，大幅提高废水可生化性。深度处理后，COD_{Cr} 降至 100 mg/L 以下，满足污水场进水要求。与 MIBK 萃取体系相比，用萃取剂 IPE-PO 处理后萃余液中因萃取剂少量溶解导致 COD 处理效果略差，但处理后废水可生化性好，减少了蒸馏萃余液的高能耗步骤。

4.3.1.3 低投资熄焦技术与装备

(1) 技术描述

在炼焦生产中，高温红焦冷却有两种熄焦工艺：一种是传统的采用水熄灭炽热红焦的工艺，简称湿熄焦，另一种是采用循环惰性气体与红焦进行热交换冷却焦炭，简称干熄焦（英文缩写 CDQ）。传统湿法熄焦采用水直接熄灭炽热红焦，不但热能不能回收，而且吨焦产生 0.3~0.4 t 水蒸气并夹带、放散大量烟尘及少量硫化物等有害物质，严重污染大气及周围环境，同时还大量消耗水。

我国干熄焦技术是 1986 年宝钢一期工程从日本引进应用的，随后上海浦东煤气厂、济钢、首钢等企业又引进了俄罗斯、乌克兰、日本的干熄焦技术。在此基础上，原国家经贸委与原国家冶金局组织鞍山焦耐院等有关单位成立开发干熄焦技术一条龙协作组，对引进技术进行改进和创新，开发了具有我国自主知识产权的干熄焦技术。2004 年随着采用我国自主研发的干熄焦技术与设备的示范工程——马钢和通钢干熄焦装置的顺利投产，标志着我国实现了干熄焦技术与设备的国产化，以后又实现了设备的大型化和系列化。目前，我国已能自主设计、制造和建设 50~260 t/h 各种规模的干熄焦装置，干熄焦技术日趋成熟。

干法熄焦是采用惰性气体将焦炭冷却并回收焦炭显热的工艺。推出炭化室的焦炭落入干熄焦用焦罐车的焦罐内，并通过装料装置送入干熄炉冷却室，采用惰性气体与焦炭换热，冷却的焦炭由排焦装置连续排出并送下一工序。加热后的惰性气体可进入余热锅炉换热回收蒸汽并发电，冷却后的惰性气体返回熄焦工序。

干熄焦工艺流程方框图见图 4-12。

从干熄焦技术本身上看，适用于所有年产 30 万 t 焦炭以上常规顶装焦炉、捣固焦炉以及热回收焦炉。但若考虑到企业整体投资经济效益、酚氰废水出路等综合因素，干熄焦技术比较适用于大中型钢铁联合企业直属焦化厂。

(2) 技术效果

1) 节能效果

干熄焦生产过程中消耗的能源介质有焦炭（烧损）、水、电、蒸汽、压

缩空气、氮气等，回收的能源介质是蒸汽或电力。回收减自身消耗后，每吨干熄焦净回收能量 35~45 kgce。

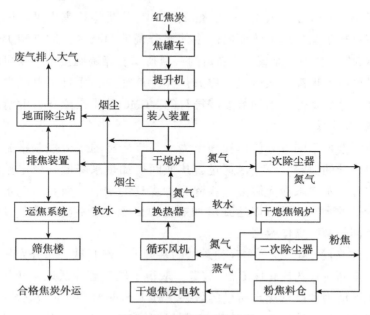

图 4-12　干熄焦工艺流程

某年我国 8744 万 t 焦炭采用干熄焦，直接节能效果是：

① 回收中高压蒸汽（4372~5246）万 t；

② 节约熄焦用水（3497~4372）万 m^3；

③ 净回收标煤约 349 万 t。

2）环保效果

干熄焦利用惰性气体，在密闭系统中将热焦炭熄灭，并配合良好的除尘设施，可将熄焦过程对环境的污染降到最低水平，减少了常规湿法熄焦过程中排放的含酚、HCN、H_2S、NH_3 的废气，同时，干熄焦产生的蒸汽相当于替代了燃煤锅炉产生的蒸汽，从而降低燃煤对周围环境的影响。

某年我国 8744 万 t 焦炭采用干熄焦，直接环保效果是：

① 少排放大气污染物（0.57~0.60）万 t；

② 回收中高压蒸汽可代替燃煤蒸汽锅炉，相当于节约动力煤（729~875）万 t（按 1 t 动力煤产 6 t 中高压蒸汽计），即少排放大气烟尘（1.28~1.53）万 t、SO_2（10.9~13.1）万 t、CO_2（1020~1225）万 t。

4.3.1.4 煤调湿技术

（1）技术描述

煤调湿技术（Coal Moisture Control，CMC），是将炼焦煤进入炼焦炉之前先进行预热干燥处理，将原料煤中的水分调节和减少，保持装炉煤水分控制在6%左右，并确保煤水分稳定的一项技术。煤调湿技术不仅可增加装入煤的堆密度，提高焦炭强度，提升炼焦生产能力，而且可以减少焦化废水排放量，达到降低成本和节能减排目的，CMC技术是焦化行业清洁生产最典型的技术手段。

煤调湿技术不同于煤预热和煤干燥，其有严格的水分控制措施，能确保入炉煤水分的恒定。该技术通过直接或间接加热来降低并稳定控制入炉煤所含水分，不追求最大限度地去除入炉煤气的水分，而只是把水分稳定在相对较低的水平，既可以达到增加效益的目的，又不会因水分过低而引起焦炉和回收系统操作困难。

在对前二代CMC技术实践和总结的基础上，新日铁公司开发投产了第三代也是最新一代的流化床CMC装置，取得了较显著降低炼焦耗热量、提高焦炉生产能力和改善焦炭质量的效果，其工艺见图4-13。水分为10%～11%的煤料由湿煤料仓送往2个室组成的流化床干燥机，从分布板进入的热风直接与煤料接触，对煤料进行加热干燥，使煤料水分降至6.6%。第三代CMC的干燥用热源是由抽风机抽吸的焦炉烟道废气，其温度为180～230℃。本装置还设有热风炉，当煤料水分过高或焦炉烟道废气量不足或烟道废气温度过低时，可将抽吸的烟道废气先送入热风炉，用焦炉煤气点火，使高炉煤气燃烧，提高烟道废气的温度。

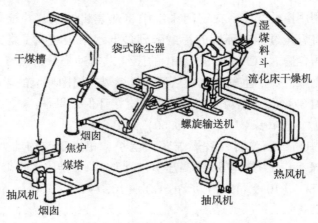

图4-13 流化床式煤调湿工艺流程

入炉煤料含水量设定为 6.0% 是为了防止调湿后煤料产生过多的粉尘。将 CMC 出口煤含水量设定略高于 6.0%，是因为从 CMC 出口到焦炉的运输过程中会蒸发一部分水分。

流化床干燥机内的分布板是特殊钢材制作的筛板，干燥机的其他部分均可用普通碳钢材制作。在 CMC 的几个部位上设置有氧监测仪，可自动报警，防止发生爆炸等不安全事故。整个装置保证了其生产操作平稳，防止流化床干燥机内的分布板发生沉渣积煤现象。

（2）技术效果

经过多年的生产实践，第三代 CMC 技术的效果是：

1）降低炼焦总能耗

入炉水分每降低 1%，炼焦耗热量就减少 62 MJ/t（干煤）。降低入炉煤水分，可以减少因水分从室温升至汽化温度所需的温升热及气化潜热，同时由于水分的降低，还可缩短节焦时间，从而减少产生单位焦炭的焦炉散热损失。

节能的社会效益是减少温室效应，平均每吨入炉煤可减少约 35.8 kg 的 CO_2 排放量。因煤料水分稳定在 6% 的水平上，使得煤料的堆密度和干馏速度稳定，这非常有益于改善高炉的操作状态，有利于高炉的降耗高产。

2）提高焦炭产量及改善焦炭质量

根据资料显示，入炉煤水分从 10% 下降至（6±0.5）% 时，焦炭产量约增加 7%~11%。由于入炉煤水分的降低，结焦时间相应缩短，相应的焦炭产量增加。根据国内外生产经验，采用煤调湿技术后，在相同的配煤条件下，其 DI 值可提高 1~1.5 个百分点，Sar 值提高 1~3 个百分点，焦炭反应后强度可以提高 1%~3%。

3）弱黏结性煤配入比例增加

由于采用煤调湿工艺，装炉煤堆密度增加，焦炭质量会提高。在保证焦炭质量不变的情况下，最多可增加弱黏结煤 8%~10%，从而降低炼焦生产成本，同时，可以保护我国有限的炼焦煤资源。

4）可以减少污染及节能降耗

采用煤调湿工艺后，煤料带入的水分可减少 8%~10%，减少企业的污水处理成本，是焦化企业降低废水排放的主要工艺技术。煤料水分的降低可减少 1/3 的剩余氨水量，相应减少剩余氨水蒸氨用蒸汽 1/3。同时也减轻了废水处理装置的生产负荷。

煤调湿技术作为炼焦工序中一种入炉煤预处理技术方法，具有工艺相

对简单、节能、减排、提高生产效率和焦炭质量的特点。

由于煤调湿技术显著的节能效果，近二十年来，日本先后开发了三代煤调湿技术，煤调湿技术在日本得到普遍的应用和推广。各厂煤调湿装置基本都是将装炉煤水分由 9% 降到 5%~6%，日本已有 6 个钢铁公司的 7 家大型焦化厂 17 座焦炉采用了煤调湿技术，调湿煤量达到 2321 t/h。

目前我国 CMC 技术主要有蒸汽管回转干燥煤调湿技术与流化床煤调湿技术，其中前者主要是采用干熄焦的余热发电产生的蒸汽作为主要热源，而流化床煤调湿技术的热源与焦炉尾气中废热有关。所以，从焦化行业清洁生产角度讲，认为流化床煤调湿技术是废弃资源循环再利用手段，相比较而言更加节能，有利于环境保护和资源利用。

4.3.2 焦化行业末端治理技术

焦化废水含有苯酚及其衍生物、多环芳烃（PAHs）、氨氮、氰化物和硫化物等，是一种世界公认难处理的工业废水。因其高毒性对生态环境的危害，国家制定了更为严格的排放标准，及《炼焦化学工业污染物排放标准 16171—2012》，该标准要求直接排放 COD_{Cr} ≤ 80 mg/L，氨氮 ≤ 10 mg/L，间接排放 COD_{Cr} ≤ 150 mg/L，氨氮 ≤ 25 mg/L。

为保护生态环境，焦化废水必须进行无害化处理，按常规方法焦化废水一般先进行预处理，其工艺包括氨水脱酚、蒸氨、脱氰、除油等，然后进行生物二级处理，以生物脱氮工艺为主，主要 A/O（缺氧-好氧）工艺、A/A/O（A^2/O）（厌氧-缺氧-好氧）工艺，O/A/O（好氧-缺氧-好氧）工艺、A/O/O（缺氧-好氧-好氧）工艺及其他变形工艺，最后根据需要采用三级处理及深度处理。国内焦化废水处理工艺如表 4-12 所示。

表 4-12　国内钢铁企业焦化废水处理工艺

钢铁企业	焦化废水处理工艺	技改工艺
宝钢	A/O	A/O/O
邯钢	A/A/O	—
邢钢	A/O/O	—
唐钢	SBR	SDN
沙钢	气浮 A/A/O 混凝沉淀+BAF	引进 SHB 和高级氧化技术多介质过滤器
莱钢	A/A/O	MBR
济钢	活性污泥	—

续表

钢铁企业	焦化废水处理工艺	技改工艺
马钢	A/O	—
首钢	A/O/O	—
包钢	A/A/O+气浮	—
太钢	A/A/O	—
安钢	A/O+混凝沉淀	—
酒钢	气浮+活性污泥	A/A/O 内循环生物脱氮
南钢	A/A/O+混凝	拟增加活性炭过滤系统
通钢	活性污泥法	—
福建三钢	二级活性污泥法	A/O 生物脱氮
天津天铁	活性污泥法	MBR
萍钢	两段式曝气池	A/A/O
鞍钢	A/A/O+混凝	—

4.3.2.1　焦化废水末端处理现状

（1）焦化废水预处理工艺现状

为保证后续生物脱氮工艺的运行稳定，减少处理负荷，提高废水的生化处理效率，焦化废水进入生化处理单元前必须先进行预处理。预处理主要有蒸氨法、气浮法、等离子体处理法、离子交换法、萃取法、吸附法等。

焦化废水预处理技术对难降解有机物和 COD 等物质的去除效率较低，其主要目的是为了挥发酚和氰化物，降低后续生物脱氮技术的处理负荷，提高废水的可生化性，单独使用很难使焦化废水达标排放，必须与其他方法相结合。

（2）焦化废水生化处理工艺现状

焦化废水有机组分主要为苯酚、甲酚、二甲酚等酚类化合物，及以喹啉、吲哚为代表的含氮杂环化合物，约占有机物总量的90%，苯酚类及苯类属于易降解有机物，吡咯、萘等属于可降解有机物，而属于缺 P 电子结构物质的吡啶为难降解有机物、吲哚、喹啉和咔唑等均属难降解有机物。吲哚、2-甲基喹啉、8-羟基喹啉、异喹啉、喹啉、吡啶在厌氧条件下的降解速率从低到高依次为吡啶、喹啉、异喹啉、8-羟基喹啉、2-甲基喹啉、吲哚，吡啶对喹啉有协同作用，吲哚和喹啉存在拮抗作用，而吡啶的加入有利于改善由喹啉和吲哚之间产生的拮抗作用。

以酚类、苯系物、多环芳烃为主的焦化废水经 O/A/O（好氧-缺氧-好

氧）工艺处理后，COD$_{Cr}$ 的总去除率可达 86%，苯系物及一些分子质量较大的直链、环烷烃类有机物残留下来，而经过 A/O/O（缺氧-好氧-好氧）和 A/O/H/O（厌氧-好氧-水解-好氧）工艺处理后苯系物去除率均在 86.5% 以上，支链的存在有利于苯系物的去除。生物滤池 A/O（厌氧-好氧）工艺 A 厌氧段对中低浓度易降解有机物去除效果显著，经过厌氧处理后，出水的紫外分光吸收值降低，有机物分子量减小，多数多环芳烃及少量杂环类化合物降解，难降解有机物在厌氧段能得到较好降解。研究发现，内电解预处理可降解杂环化合物、降低废水的毒性，有利于后续生化处理，UASB（上流式厌氧污泥床反应器）能有效将焦化废水中的多支链酚类转化为结构相对简单的酚类，对喹啉类化合物有较高的去除率，经过缺氧和接触氧化处理后，出水有机物种类大量减少。SBR（序批式活性污泥法）处理 34 种内分泌干扰物时，发现内分泌干扰物因污泥吸附和微生物降解作用其去除率均高于 98%；而 SBR 用于处理废水中的芳香性物质时，发现毒性物质主要吸附在胶体颗粒上，随后转移至污泥相，其去除率均在 90% 以上。有学者研究了焦化废水中 18 种多环芳烃在焦化废水处理过程中的归宿，结果表明水中 3~6 环为多环芳烃的主要构成，水相中多环芳烃总的去除率为 47%~92%。多环芳烃是焦化废水中典型的难降解有机物，因具有"三致作用"而备受关注。

焦化废水中的有机物主要在生物处理阶段被去除，好氧单元对易生物降解的酚类物质有较好的去除作用，对苯酚和单甲基取代酚类物质去除的贡献率大于 80%；厌氧单元和水解单元对难生物降解的多环芳烃类物质的去除或转化具有特殊作用，其贡献率大于 60%；好氧和厌氧单元对喹啉类物质的去除都发挥重要作用，而喹啉及其衍生物主要在厌氧单元被去除或转化，异喹啉及其衍生物主要在好氧单元被去除或转化。

以华北某焦化厂为例，废水处理工艺采用"气浮+A/O+混凝沉淀"技术，在焦化废水及其各工段出水中共检出 18 类、67 种有机物，随着处理的进行，可检出的物质种类逐渐减少，但在最终出水中依然能检测到酚类、多环芳烃以及吲哚类物质。缺氧段对萘酚类、喹啉类、吲哚类等物质去除效果较好，这些物质在缺氧出水中均未检出；好氧段则对大部分酚类化合物、部分多环芳烃以及吡啶类化合物具有良好的处理效果，这类物质在好氧段出水中均未检出（表 4-13）。

表 4-13　焦化废水处理主要工段出水有机物组成

类别	物质	调节池	气浮池	缺氧池	好氧池	二沉池	混凝沉淀池
酚类	苯酚	+	+	+	+	+	+
	2-甲基苯酚	+	+	+	-	-	-
	3-甲基苯酚	+	+	+	+	+	+
	4-甲基苯酚	+	+	+	+	+	+
	2,4-二甲基苯酚	+	+	+	-	-	-
	2,5-二甲基苯酚	+	+	+	-	-	-
	2,3-二甲基苯酚	+	+	+	-	-	-
	3,6-二甲基苯酚	+	+	+	-	-	-
	2,6-二甲基苯酚	+	+	+	-	-	-
	3,4-二甲基苯酚	+	+	+	-	-	-
	1-萘酚	+	+	-	-	-	-
	2-萘酚	+	+	-	-	-	-
	4-甲基-1-萘酚	+	+	+	-	-	-
	7-甲基-1-萘酚	+	+	+	-	-	-
多环芳烃	萘	+	+	-	-	-	-
	2-甲基萘	+	+	-	-	-	-
	2-乙烯基萘	+	+	-	-	-	-
	苊	+	+	+	+	-	-
	二氢苊	+	+	+	+	-	-
	芴	+	+	+	+	+	+
	菲	+	+	+	+	+	+
	蒽	+	+	+	+	+	+
	苯并[a]蒽	+	+	+	-	-	-
	荧蒽	+	+	+	+	+	+
	苯并[b]荧蒽	+	+	+	-	-	-
	苯并[k]荧蒽	+	+	+	-	-	-
	芘	+	+	+	+	+	+
	菌	+	+	+	-	-	-
	苉	+	+	+	+	+	+
	苯并[a]芘	+	+	+	+	+	+
	二苯并[a,h]蒽	+	+	+	-	-	-

续表

类别	物质	调节池	气浮池	缺氧池	好氧池	二沉池	混凝沉淀池
吡啶	3-甲基吡啶	+	+	+	−	−	−
	5H-茚(1,2-b)吡啶	+	+	+	−	−	−
	5H-1-吡啶	+	+	+	−	−	−
喹啉	异喹啉	+	+	+	−	−	−
	喹啉	+	+	+	−	−	−
	7-甲基喹啉	+	+	−	−	−	−
	5-甲基喹啉	+	+	−	−	−	−
	1-甲基异喹啉	+	+	−	−	−	−
	3-甲基喹啉	+	+	−	−	−	−
	1-苯基-异喹啉	+	+	−	−	−	−
	苯并[f]喹啉	+	+	−	−	−	−
	1,2,3,4-四氢喹啉	+	−	−	−	−	−
吲哚	吲哚	+	+	+	+	+	+
	3-甲基-1H吲哚	+	+	−	−	−	−
	1-甲基-1H吲哚	+	+	−	−	−	−
吲唑	1H-吲唑	+	−	−	−	−	−
吲嗪	5-甲基吲嗪	+	+	−	−	−	−
	7-甲基吲嗪	+	+	−	−	−	−
咔唑	咔唑	+	+	+	−	−	−
吖啶	吖啶	+	+	+	−	−	−
萘啶	1,5-萘啶	+	+	+	−	−	−
	2-甲基-1,8-萘啶	+	+	−	−	−	−
	4-胺基-1,5-萘啶	−	−	+	−	−	−
氮杂芴	2-氮杂芴	+	+	+	−	−	−
苯系物	1-异氰-3-甲基苯	+	−	−	−	−	−
醇类	2-甲基-8-喹啉醇	+	+	−	−	−	−
酮类	9(10H)-吖啶酮	+	+	−	−	−	−
	1-甲基-4-氮杂芴酮	+	+	−	−	−	−
	2-甲基-2-苯并呋喃酮	+	+	−	−	−	−
胺	苯胺	+	+	+	+	−	−
	2-甲基苯胺	+	−	−	−	−	−

续表

类别	物质	调节池	气浮池	缺氧池	好氧池	二沉池	混凝沉淀池
呋喃	苯并呋喃	+	−	−	−	−	−
	2−甲基苯并呋喃	−	−	+	−	−	−
硫单质	S8	+	+	+	−	−	−
硫醇	1,3−苯二硫醇	+	−	−	−	−	−

（3）焦化废水深度处理工艺现状

经预处理−生物脱氮工艺处理后的焦化废水，具有生物毒性和难降解性的特性，出水中仍残留了对环境、生态影响的不确定性组分，受到尾水回用和安全排放制约，很难达到国家自 2015 年 1 月 1 日起所有企业执行新的排放标准《炼焦化学工业污染物排放标准 16171—2012》，必须进行深度处理。深度处理技术主要有超临界水氧化法、Fenton 氧化法、光催化氧化法、臭氧氧化法、电化学氧化法，另外还有絮凝沉淀法、吸附法、膜组合工艺、膜蒸馏和电吸附等。深度处理可进一步对生化出水进行有效降解，降低出水生物毒性，满足达标排放或者污水回用的目的，减少出水对环境生态的影响。设备投资、维护费用和处理成本高，并且存在着二次污染问题，是制约焦化废水深度处理全面工业化的关键因素所在，随着上述问题的解决，深度处理工艺在焦化废水处理中将发挥越来越重要的作用。

4.3.2.2　物化−生物耦合技术

焦化废水中一般含有较高浓度的毒性难降解有机物和氨氮，传统的氧化沟和 SBR 工艺对难降解有机物去除效率低，造成出水 COD 偏高。此外，由于硝化菌和碳氧化菌特性差异，硝化菌耐毒性差，容易受到酚等冲击，使得系统抗冲击能力弱，需要大量水稀释以降低毒性，氨氮也难以稳定达标。针对氨、总氮和 COD 的深度脱除，项目在预处理解毒基础上，分别从两个方面开展深入研究：1）通过建立蒸氨、生物脱氮耦合形成全过程的脱氮数学模型，形成基于全局优化的短程精馏−生物耦合脱氮技术；2）进一步通过构建反硝化菌、碳氧化菌和硝化等高效菌群的反应器和工艺，通过生物脱碳最大限度消除抑制硝化细菌生长的有毒污染物，通过强化反硝化降解难降解有机物，从而实现氨氮和总氮的低成本高效脱除。

（1）基于全局优化的短程精馏−生物耦合脱氮模型优化技术

为了保证总氮达标，传统生物脱氮工艺处理含高浓氨氮废水通常需要采用两级生物脱氮工艺，造成投资大、运行成本高。一种可行的方法是通

过控制精馏蒸氨的效果，既保证后续生化系统不缺元素氮，又确保仅用一级生物脱氮就实现总氮达标，这个技术的核心是控制精馏蒸氨效果及操作成本，确保短程精馏-生物耦合脱氮的总成本最小化。为了减少实验量，指导工程设计，项目首先对氨氮去除过程进行建模和优化，该过程主要涉及精馏脱氮和生物脱氮，前者采用蒸氨塔，后者采用 A_1-A_2-O 工艺。流程如图 4-14 所示。

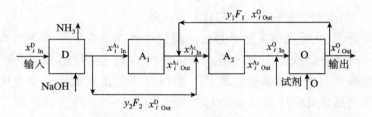

图 4-14　焦化废水精馏-生物耦合脱氮流程框图

基于已开发的 MINLP 模型，通过改变蒸氨塔的进口和出口浓度，得到相应的操作费用，并将其回归为进出口浓度的函数，得到蒸氨塔操作优化统计模型：

$$C^D = f_1\left(x_{IN}^D,\ x_{OUT}^D,\ p,\ F\cdots\right) = f_2\left(x_{IN}^D,\ x_{OUT}^D\right) \tag{4-1}$$

蒸氨塔操作费用与进出口的关系如图 4-15 所示，根据图形曲面特点，回归函数采用如下形式：

$$f_3\left(x_1,\ x_2\right) = P_A x_1\left(n\right)^2 + P_B x_1\left(n\right)\exp\left(x_2\left(n\right)\right) + P_C x_2\left(n\right)^2$$
$$+ P_D x_1\left(n\right) + P_E x_2\left(n\right) + P_F \tag{4-2}$$

其中 $x_1 = x_{IN}^D/1000$，$x_2 = \log\left(x_{OUT}^D\right)$。

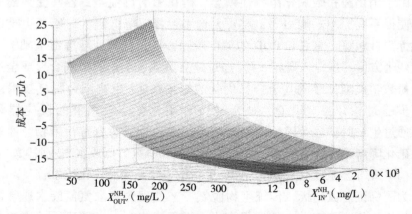

图 4-15　蒸氨塔操作费用与氨氮进出口浓度的关系

对于图 4-15 所示过程，项目的主要目标为降低全过程的操作费用，因此将其作为优化模型的目标方程。全过程操作费用为各部分费用之和，

$$C^{TOT} = F^D C^D + 1.084 C^{BIO} \tag{4-3}$$

将蒸氨塔模型和生物脱氮模型联合即可得到全过程的优化数学模型，即

$i \in I = \{species \mid NH_4^+-N, NO_2^--N, NO_3^--N, Na_2CO_3\}$

$u \in I = \{units \mid D, A_1, A_2, O\}$

$s \in I = \{status \mid IN, OUT\}$

$\min C^{Tot} = F^D C^D + 1.084 C^{BIO}$

s. t. $C^D = F^D f_3 (x_1, x_2)$

$C^{BIO} = C^{AG} + C^{CH} + C^{AE}$

$C^{AG} = F_i p_i, \quad i = Na_2CO_3$

$C^{CH} = e F^O x_{i\,OUT}^O, \quad i = NH_4^+-N$

$C^{AE} = p W$

$C_1 (\exp (C_2 t^u) - 1) + (x_{i\,IN}^u - x_{i\,OUT}^u) + K_s (\ln x_{i\,IN}^u - \ln x_{i\,OUT}^u) = 0, \quad i = NH_4^+-N, \quad u = O$

$\sum_i x_{i\,IN}^u = \sum_i x_{i\,OUT}^u, \quad u = O$

$x_{i\,OUT}^u = x_{i\,IN}^u (1 - t^u / (0.699 + 1.004 t^u)), \quad u = A_1, A_2$

$F_{OUT}^D = y^2 F_2 + F_{in}^{A1}$

$F_{out}^{A1} + y_1 F_1 + y_2 F_2 = F_{iny}^{A2}$

$F_{OUT}^D X_{i\,out}^D = y^2 F_2 X_{i\,out}^D + F_{in}^{A1} X_{i\,In}^{A1}$

$F_{out}^{A1} X_{i\,out}^{A1} + y_1 F_1 X_{i\,out}^{A1} + y_2 F_2 X_{i\,out}^{A1} = F_{in}^{A2} X_{i\,In}^{A2}$

$2 \leqslant y_1 \leqslant 4$

$0 \leqslant y_2 \leqslant 1$

$X_{out}^O \leqslant X_{OUT}^{CHG}$

成本与蒸氨塔氨氮出口浓度及与 O 反应器不同反应周期的关系如图 4-16 所示。

对于采用 A_1-A_2-O 工艺进行生物脱氮的过程，主要操作费用集中在 O 过程，全过程操作费用随 O 反应周期的延长先降低再升高，当 $t_1 = 60h$ 时，整体费用最低；随着蒸氨塔塔底出水氨氮浓度的增大，全过程操作费用先降低再升高，当 $x_{OUT}^D = 128$ mg/L 时取极小值；在蒸氨塔入口氨氮浓度 4000 mg/L 的条件下，整体费用最低的操作参数为：蒸氨塔出口氨氮浓度 $x_{OUT}^D = 128$ mg/L，硝化反应周期 $t_1 = 60$ h。

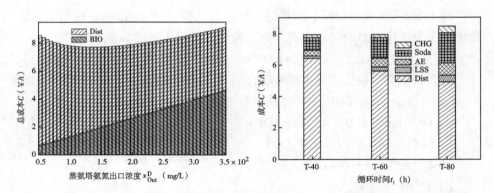

图 4-16　成本与（左）蒸氨塔氨氮出口浓度、（右）O 反应器不同反应周期的关系

（2）强化生物脱氮协同脱碳技术

在生化系统中，有机物、氨氮和硝态氮的稳定降解是关键，大量实验结果表明，降解氨氮和亚硝酸根的亚硝化细菌和硝化细菌受有机物毒性影响最为明显，甚至成为检验生化系统运行效果的指标。为了强化生物脱氮过程，从菌群、工艺和设备等方面开展了深入研究，主要结果如下：

1）生化系统优势功能菌分布

焦化废水原水中主要的有机组分为苯酚、吲哚、喹啉和吡啶，占总有机物的 85%，是进水 COD 的主要贡献者。通过厌氧/缺氧/好氧（$A_1/A_2/O$）生物降解，大部分苯酚、吲哚、喹啉和吡啶可被微生物降解，但不同的微生物在 $A_1/A_2/O$ 系统中发挥的作用和功能一般不同，有机组分的降解去除是依靠主要优势微生物和多样性的群落结构组成来完成，群落结构决定废水的处理效率。厌氧、缺氧和好氧群落结构生物多样性丰富，生物结构差异大，说明不同生物群落在各自的生物单元发挥不同的作用，不同生物单元的生物功能不同。微生物群落结构在门、纲、目、科和属水平上的组成和丰度，进一步揭示了三个生物单元生物群落结构的异同。利用高通量测序在 3 种焦化废水生化处理污泥样品生物群落结构中共检测到 56 个目，主要的目可归为 17 大类，结果如图 4-17 所示。参与苯酚、吲哚、喹啉和吡啶转化的核心属如表 4-14 所示。*Desulfoglaebasp sp.* 和 *Desulforegulasp sp.* 为硫酸盐还原菌，可对喹啉和吲哚进行降解；*Thiobacillussp sp.* 可降解硫氰化物，具有反硝化作用；*Thauerasp sp.* 可降解喹啉，具有硝化能力；*Pseudomonassp sp.* 是一株多功能菌株，可降解酚类物质、杂环类物质（吡啶、吲哚和喹啉等），具有硝化反硝化功能；*Diaphorobactersp sp.* 可降解苯酚、吡啶。

表 4-14　核心属的分布（%）

核心属	1	2	3
Desulfoglaeba	0.06	6.36	0
Thiobacillus	1.94	0.53	2.97
Thauera	1.36	6.22	8.49
Diaphorobacter	0.04	1.26	29.48
Desulforegula	0	5.76	0
Pseudomonas	33.4	0.41	1.39

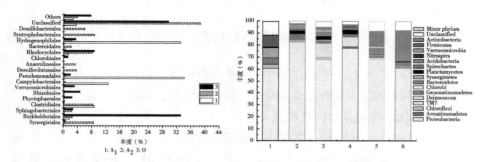

图 4-17　微生物群落结构门类组成（左：不同目的分布；右：不同焦化废水的比较）

利用聚类热图和典范对应分析结合群落结构和废水水质特性解析水质对生物群落结构的影响关系，揭示微生物群落结构的相似性和差异性，结果如图 4-18 所示。焦化废水处理系统的稳定性取决于优势微生物的活性与多样性群落结构间的内在联系，而水质特点是影响焦化废水的关键因素。

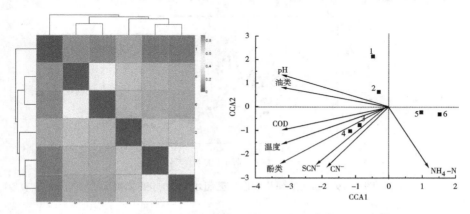

图 4-18　距离热图（左）和主成分分析（右）群落结构典范对应分析

项目研究了反硝化过程去除难降解有机物去除途径，通过调控进水氨

氮来调控 NO_3^--N/COD_{Cr} 值，进行强化缺氧反应器的反硝化作用，研究了硝酸盐作为电子受体强化去除焦化废水中有机污染物的情况，发现了通过强化反硝化不但有利用硝基氮作为电子受体有效脱除酚类有机物，而且异喹啉等等含氮杂环等难降解有机物也得到强化脱除，不但降低了好氧有机负荷，使得好氧出水 COD_{Cr} 从强化前 $200 \sim 300$ mg/L 降低到 180 mg/L 左右（图 4-19）。同时，通过建立反硝化动力学模型与计算（缺氧反应器降解 COD 动力学模型：$\dfrac{S_{e,\ COD}}{S_{0,\ COD}} = e^{-0.01439D/L^{1.1345}}$；缺氧反应器降解挥发酚动力学模型：$\dfrac{S_{e,\ phenols}}{S_{0,\ phenols}} = e^{-0.2132D/L^{0.8355}}$；缺氧反应器降解硝基氮动力学模型：$\dfrac{S_{e,\ NO_3^--N}}{S_{0,\ NO_3^--N}} = e^{-0.01929D/L^{1.0381}}$），优化确定反硝化停留时间，设计获取焦化废水处理的优化反硝化生物膜反应器。并结合动态回流比控制，实现反硝化工艺强化。

2）强化生物脱氮协同脱碳技术应用

将基于上述反应器和工艺技术研发形成的强化生物脱碳脱氮技术，应用于攀钢与鞍钢焦化废水处理工程（图 4-20～4-21）。结果表明，出水 COD_{Cr} 为 150 mg/L，低于传统技术的 $200 \sim 300$ mg/L，氨氮稳定低于 5 mg/L，处理成本降低 20% 以上，污泥浓度提高 20% 以上，抗冲击能力提高 20%。工程实施表明，新技术处理效果明显优于传统 A^2/O 生物脱氮工艺，如其在降低 50% 稀释水的情况下就能稳定去除水中大部分 COD 和几乎全部氨氮，而且处理成本可降低 20%，抗冲击能力提高 20%。

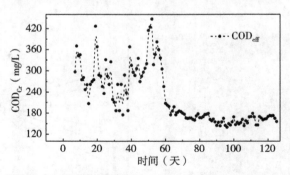

图 4-19　强化反硝化前后工艺出水 COD_{Cr} 变化情况

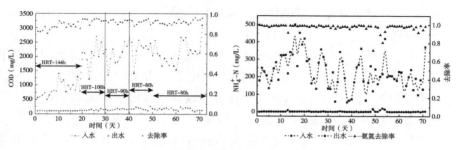

图 4-20　实际焦化废水处理工程典型处理效果（攀钢）

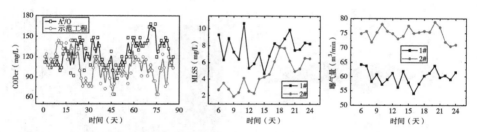

图 4-21　鞍钢示范工程与传统 A²/O 工艺出水水质（左）、污泥浓度（中）与
曝气量（右）比较（1#为项目生物强化处理技术，2#为 A²/O 处理系统）

经过工程验证，精馏-生物耦合强化脱氮脱碳的处理成本较传统生物脱氮工艺降低 20%，抗冲击能力提高 30%，出水水质大为改善，COD_{Cr} 降低 20~50 mg/L，并降低稀释水用量 50% 以上，保证生物出水氨氮和总氮达标。

4.3.2.3　强化深度处理技术

（1）混凝深度脱氰技术与药剂

焦化废水经过生化处理后，出水中绝大部分游离氰已被微生物降解，但仍有一定量氰化物以稳定的铁氰络合物 $Fe(CN)_6^{3-}$ 存在，浓度一般在 4~5 mg/L，远不能达到焦化行业排放标准（GB 16171—2012）限定的 0.2 mg/L。现有混凝药剂难以有效去除氰化物，同时臭氧氧化、Fenton 氧化、电化学氧化法以及膜分离等方法对于低浓度络合氰化物去除效率总体较低且处理成本高。本技术针对此难点，对药剂开发开展深入研究。

1）焦化废水专用深度脱氰剂研发与优化

基于絮凝剂不同 N 形态对氰化物絮凝作用机制的系统研究，揭示氰化物优先絮凝去除的形态匹配规律，并进一步基于低浓度总氰的形态匹配控制途径设计、优化焦化废水专用高效脱氰剂，采用中心组合设计（CCD）法，构建 RSM 响应值（COD 和 TCN 去除率）优化模型（Design－Expert

Software），评估各变量因素的作用，最终得到协同去除氰化物、有机物的最优条件参数。

图4-22表示高效脱氰剂PFSC5的响应面3D曲面图和2D等高图。在焦化废水处理过程中，COD_{Cr}去除率的最优化条件为投加量2000~2250 mg/L，pH 7.5~8.0，TCN去除率受pH影响不显著，投加量对其有影响且最优化条件为1800~2200 mg/L。此外，COD_{Cr}和TCN的最优化条件趋于一致，表明PFSC5可以协同高效去除难降解有机物和氰化物。在最优化条件下，COD_{Cr}和TCN的去除率分别为53.67%和95.29%。

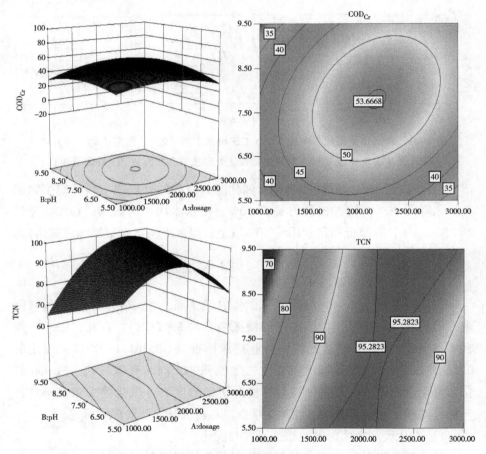

图4-22 PFSC5的COD_{Cr}和TCN去除模型的3D立体图和2D等高图

基于低浓度总氰的形态匹配控制途径，设计优化得到的焦化废水专用高效脱氰剂PFS-C，处理焦化废水COD_{Cr}去除率达到50%，总氰可降低到

0.2 mg/L 以下（图 4-23）。该研究成果受到国内院士专家的高度评价和认可："研发出具有高效脱氰作用的复合药剂，实现了总氰、COD 和色度的协同去除，总氰去除率达到 90% 以上，出水总氰低于 0.2 mg/L，解决了焦化废水总氰无法达标难题。高效脱氰技术与药剂达到国际领先水平。"

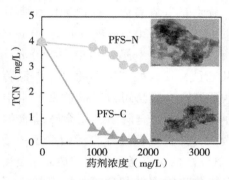

图 4-23　脱氰药剂混凝脱氰脱色效果（PFS-N 传统药剂，PFS-C 高效药剂）

2）脱氰药剂规模化应用

在解决脱氰药剂规模化合成系列技术难题基础上，本团队与合作企业建成生产线（图 4-24），并持续在鞍山钢铁集团焦化厂化工三期焦化废水处理系统、鞍山盛盟煤气化有限公司 110m³/h 焦化废水处理系统等工程中。稳定实现各个处理系统处理排水氰化物浓度低于 0.2 mg/L 的排放标准。有效解决焦化废水氰化物控制的国际性技术难题。

图 4-24　高效脱氰混凝药剂生产基地

（2）非均相催化臭氧氧化低浓度有机物

1）非均相臭氧催化剂研发原理

经过生物降解和混凝吸附后，废水的 COD_{Cr} 一般能达到 80～120 mg/L，仍然很难满足焦化行业和特殊流域的地方排放标准（如辽宁省标准）。目前主要采用三种方法进行深度处理，分别是臭氧氧化、芬顿氧化和膜分离，其中芬顿法投资少，可以将废水的 COD_{Cr} 由 120 mg/L 降低到 80 mg/L，满足行业排放标准，但是无法满足地方标准（通常 COD_{Cr} < 50 mg/L），而且该过程需要添加酸、碱和硫酸亚铁，导致处理后水的电导率显著增加，而且还产生含有机物的氢氧化铁危废；全膜法可以高品质回收水中 60%～70% 的水资源，但废水中有机污染物尚未完全降解，剩余浓盐水的 COD_{Cr} 往往超过 200 mg/L，处理难度很大，并且处理过程膜污染严重，直接影响稳定运行周期和处理成本；臭氧氧化法的优点是无须调节废水 pH 和温度，氧化产物 CO_2 无毒，但也存在有机物去除率低和臭氧利用率低（不足 40%）的问题。近年来，本领域发展趋势是开发高效非均相催化剂以强化臭氧对有机物的氧化效率。考虑到焦化废水中有机污染物种类多（上千种），为了开发适用性更广的催化臭氧氧化技术，本项目组分别从污染物官能团对可氧化性影响、催化剂活性点对污染物氧化的影响等方面开展深入氧化，并开发出专用催化剂。

本团队深入研究催化臭氧氧化两种不同反应机理，开发了基于污染物梯度降解的二段式臭氧氧化反应器，并设计出大幅提高臭氧催化分解产羟基自由基的新型催化剂，显著提高臭氧利用率（由不足 40% 提高到 90% 以上）和 COD_{Cr} 去除率（由 20%～30% 提高到 40%～60%），难降解有机物如苯并芘等排放满足地方最高排放标准，而且性能稳定，不产生二次污染（不调 pH 值和添加其他化学药剂）。

在理论研究基础上，开发出两种高效催化剂，选取有机物降解常见的草酸作为模拟污染物（不易被臭氧直接氧化），对比常规商业颗粒活性炭，在相同反应条件和时间内，污染物降解率从 60% 提高至 85%（图 4-25）。将该催化剂应用于造纸废水、钢铁综合废水和反渗透浓水，对 COD_{Cr} 去除效率高，且成本相对低廉。

2）两段式臭氧氧化反应器设计及应用效果

通过研究污染物结构对其去除效果影响，发现污染物降解存在直接氧化或间接氧化两种路径。为了提高臭氧利用效率，设计出两段式臭氧氧化反应器，针对不同结构特性的污染物进行分段降解。第一段首先利用较高浓度臭氧直接降解有机物或破坏其结构，第二段催化较低浓度臭氧分解成自由基，深度矿化难降解中间产物。通过梯级利用可充分利用臭氧，降低出口尾气中臭氧浓度，通过尾气破坏器后避免对大气二次污染。通过 CFD 模拟，对臭氧氧化反应器核心参数进行优化设计，并在中试过程中进行逐步放大，最终形成高效、可规模推广的工业化装置（图 4-26）。结合自主研发的非均相催化剂，得到焦化废水深度处理工艺包，并有望推广至其他重污染行业。

图 4-25　污染物催化降解效果（左上）、催化剂（右上）及处理出水对比（下）

图 4-26　实验室小试（左）及产业化臭氧氧化反应器（右）

应用于焦化废水深度处理的结果表明，臭氧利用率由不加催化剂的不

足 40% 提高到 90% 以上，COD_{Cr} 去除率也由不足 20%～40% 提高到 40%～60%，出水色度低于 10 倍，同时能高效去除焦化废水中的难降解有机污染物和苯并芘，出水满足国家最新焦化排放标准和地方标准，直接处理成本低于 1.3 元/t 水，吨水成本 1.5～2.5 元，与同类技术比较，运行成本节约 30%～40%。其中鞍钢化工三期为国内煤化工行业使用非均相臭氧氧化技术的首套产业化工程，已经稳定运行 10 多年。

（3）超滤-纳滤-频繁倒极电渗析的高产水率集成膜工艺

1）技术研发原理

由于缺乏纳污水体等原因，近年来越来越多企业被要求减少焦化废水外排，实现超低排放。如今比较理想的处理方法是利用膜分离技术脱盐，实现淡水回用。为了提高淡水产率，降低投资和运行成本，最好是进行多膜组合（图 4-27）。

焦化废水 ⟶ 高产率集成膜工艺 ⟶ 出水/回用

图 4-27　超滤-纳滤-频繁倒极电渗析的高产水率集成膜工艺流程图

针对焦化废水中盐含量较高且难以回用，传统超滤-反渗透双膜法产水率低、膜污染严重等问题，开发臭氧多相催化氧化技术实现有机物的深度脱除、降低后续有机物膜污染，结合提高错流流速和优选抗污染性提高反渗透膜抗污染能力，开发了抗污染反渗透脱盐技术；针对反渗透浓水含盐量高，开发出针对反渗透浓水的臭氧催化氧化技术和多级逆流频繁倒极电渗析技术，通过开发多级逆流工艺和膜低渗透改性技术提高浓缩倍率和产水率，开发出频繁倒极工艺和膜抗污染改性技术提高抗污染能力，突破了焦化废水反渗透浓水的电渗析脱盐技术；通过优化集成形成以高产水率集成膜技术，建立高盐焦化废水深度处理与脱盐回用处理新工艺。

2）技术应用

针对焦化废水生化出水煤化工高盐废水的性质，构建基于电渗析的集成膜集成系统来进行深度处理与脱盐回用，并集成电絮凝/高效混凝-化学沉淀-臭氧催化氧化等，用于处理纳滤、反渗透和电渗析的浓水，通过优化不同工艺耦合与协同作用，构建煤化工高盐废水深度处理与脱盐回用的整套技术方案，形成工艺包，满足煤化工等行业高盐废水对脱盐技术及成套装置的要求。由此构建煤化工高盐废水深度处理与脱盐回用的整套技术方案。

本团队研发的电驱动膜与压力驱动膜的优化集成膜脱盐技术与成套设备，以及配套自动控制系统等，可适用于焦化生化出水的深度处理与脱盐

回用（图4-28）。通过优化电渗析膜堆设计、选用抗污染性能良好的膜材料，可显著减小膜污染和提高膜系统运行稳定性。主要技术指标：显著提高淡水回收率（85%~90%），其淡水中 Cl^- 离子浓度低于 100 mg/L、COD_{Cr} 小于 15 mg/L，满足工业循环冷却水和锅炉水补水水质标准（表4-15）。可大幅度提高焦化废水浓缩倍数和浓水含盐量（TDS＞12%），显著降低浓水排放量和减小蒸发结晶能耗。目前，基于电渗析膜组合脱盐技术正与国内大型钢铁企业合作进行技术推广应用。集成膜过程用于焦化废水深度处理与回用中试过程，淡水产率达到85%以上，连续运行8个月无明显膜污染，膜通量维持不变，结合膜清洗工艺可实现集成膜过程的长期稳定运行，产水率80%以上，系统稳定。

表4-15　集成系统中不同膜单元的出水水质分析

分析指标废水来源	pH	电导率（ms/cm）	COD_{Cr}（mg/L）	Cl^-（mg/L）	硬度（mg/L）
原水	7.5~8.5	5~6	30~60	1000~2000	290.2
膜过滤出水	7.5~8.5	2.8~3.8	10~20	1000~2000	30.2
电渗析浓水	7.5~8.5	30~36	10~20	9000~10 000	100~300
电渗析淡水	7.5~8.5	0.4~0.7	10~20	50~200	10.6

图4-28　不同膜工艺处理出水照片对比

4.4　焦化行业水污染全过程控制集成优化

4.4.1　焦化行业废水处理全过程经济评价

4.4.1.1　模型数据基础

焦化废水处理关键单元技术典型污染物迁移转化规律研究及相关技术经济评估的基础上，建立关键水污染控制单元（酚油萃取协同解毒、精馏-生物耦合强化脱氮脱碳、高效絮凝脱氰、非均相催化臭氧氧化）水量平衡、典型污染物平衡、投资和操作成本模型。进一步建立焦化废水全过程

高效、低成本强化处理综合方案的工艺流程模型，进行过程模拟优化，分析主要操作参数对工艺过程操作成本的影响，进而获得关键操作参数的合理取值范围。

针对焦化废水深度处理后废水进一步回用的需要，以废水处理过程操作成本最小为目标，建立焦化废水全过程高效、低成本强化处理工艺流程操作与废水回用优化模型框架（图4-29），实现废水处理流程操作与废水合理回用的协同优化。本模型的核心是建立可涵盖所有焦化废水回用的可能用户、回用方式，以及现有焦化废水系统的管路可达性和可整改性，以焦化废水强化处理工艺流程为核心建立的废水回用超结构方案及其优化模型。基于该模型，获得最小废水处理成本条件下，焦化废水处理流程的优化操作参数和回用方案。

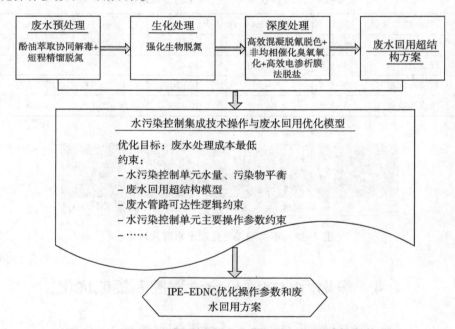

图4-29　焦化废水强化处理工艺流程操作与废水回用优化模型

通过以上研究，形成焦化废水全过程综合处理集成技术 IPE-EDNC，如图4-29 所示，主要包括酚油萃取协同解毒、精馏-生物耦合脱氮脱碳、高效混凝脱氰脱色、非均相催化臭氧氧化、多膜组合脱盐等关键技术。首先，通过酚油萃取协同解毒技术，一方面可从废水中回收高浓度酚类有机物，同时通过协同萃取杂环和多环类有机物，最大限度降低废水的生物毒性；如果废水浓度低，可以不用酚油萃取协同解毒技术，通过强化精馏蒸

氨技术，将废水中大部分氨回收成氨水或液氨，出水氨氮浓度控制到刚好满足微生物生长要求，而无需进行二次生物脱氮处理；通过反硝化生物反应，在脱总氮的同时协同降解部分难降解有机物；通过好氧生物脱碳，将废水 COD 尤其是对硝化类细菌毒性强的物质去除；通过好氧生物硝化，将废水中氨氮氧化，而且由于毒性物质已经得到预脱除，生物硝化细菌可以维持较高活性；针对生物无法降解的有机物和络合氰，通过使用新混凝药剂予以脱除；对于残存的 COD，采用非均相催化臭氧氧化技术予以深度脱除；由于有机物得到深度脱除，加之前面处理过程不添加钙镁离子，废水可以采用超滤和反渗透技术脱盐，为了提高淡水产率，浓盐水采用电渗析技术继续脱盐。该工艺按照全过程综合控污的思路设计工艺路线，不仅成本低，而且稳定、可靠。

如图 4-30 所示，根据经济评价模型，焦化废水处理过程分成了预处理、生化处理和深度处理过程。三种过程的进出水水质见表 4-16。

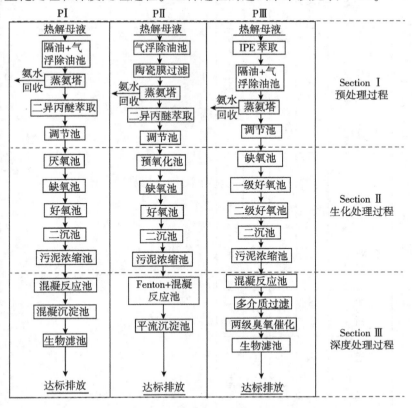

图 4-30　焦化废水处理工艺对比

表 4-16 过程 1-3 进出水水质（除 pH 无量纲，其他单位均为 mg/L）

		pH	悬浮物	化学需氧量 (COD_{Cr})	氨氮	五日化学需氧量 (BOD_5)	总氮	总磷	石油类	挥发酚	硫化物	苯	氰化物 (g/L)	多环芳烃	苯并(a)芘 (μg/L)
进水		7.5~9	50~300	4000~8000	1000~3500	800~2000	1200~4000	<1	100~500	100~400	10~100	<200	1~10	—	—
出水	P I	6~8	<50	120~250	<5	<30	30~70	<1	<2.5	<0.1	<0.5	<0.1	0.5~1	<0.05	<0.03
	P II	6~8	<50	<50	<5	<10	30~70	<1	<2.5	<0.1	<0.5	<0.1	0.5~1	<0.05	<0.03
	P III	6~8	<50	<50	<5	<5	30~50	<1	<2.5	<0.1	<0.5	<0.1	<0.2	<0.05	<0.03

过程Ⅰ（PⅠ）为较为传统的焦化废水处理工艺路线，在预处理阶段采用二异丙醚萃取，深度处理中仅适用混凝沉淀及生物滤池，进水 COD_{Cr} 为 4000~8000 mg/L，BOD 为 800~2000 mg/L，总氮 1200~4000 mg/L，出水 COD_{Cr} 一般为 120~250 mg/L，满足行业间接排放标准，但氰化物、多环芳烃及苯并芘等特征污染物无法达标。

过程Ⅱ（PⅡ）为改进后的焦化废水处理工艺路线，在预处理阶段采用陶瓷膜过滤及二异丙醚萃取，生化处理中进行预氧化，深度处理过程采用芬顿+混凝过程，提高了难降解污染物的去除效率，出水 COD_{Cr} 一般小于 50 mg/L，但氰化物无法达标。

过程Ⅲ（PⅢ）为采用全过程路线的处理工艺，采用酚油萃取协同解毒、梯级生物二级氧化耦合脱氮脱碳及高效混凝脱氰脱色、非均相催化臭氧氧化的组合工艺，可以稳定达标。

4.4.1.2　工业污染全过程控制评估结果与讨论

从焦化废水处理全过程的宏观成本看（表 4-17），焦化废水处理过程的主要成本可以分成原材料成本、操作成本、总成本、市场价格和利润五个方面。

表 4-17　PⅠ、PⅡ 和 PⅢ 三个生产过程的宏观成本对比

成本种类	PⅠ	PⅡ	PⅢ
原材料成本（元）	32.6	40.38	27.53
动力消耗成本（元）	21.19	21.84	22.74
附加成本（元）	8.66	7.66	10.63
操作成本（元）	62.45	69.88	60.9
产品利润（元）	-20.5	-20.5	-32.5
总成本（元）	41.95	49.38	28.4

原材料主要为废水处理过程中的药剂，成本一般会因为原料种类、原产地有较大波动。动力消耗主要为处理过程中的电耗、蒸汽消耗、煤气消耗、水耗等，附加成本主要为人工费用、设备折旧费用及排污费等，由 PⅠ 及 PⅡ 的出水不达标，需要更高的排污费用，PⅢ 由于生产高纯度的粗酚一般会有较高的市场价格，因此市场价格遵循 PⅢ＞PⅡ＝PⅠ。PⅡ 在技术改进上需要花费更多的试剂成本，总成本的大小顺序服从 PⅡ＞PⅠ＞PⅢ，与生产过程的复杂程度直接相关（图 4-31）。

通过比较不同类型的成本，材料成本在运营成本中所占比例最大。PⅠ、

PⅡ和PⅢ分别占52.2%、57.8%和45.2%。其中预处理阶段使用的萃取溶剂成本占比最大。最主要的原因是用于PⅠ和PⅡ的甲基异丁基酮（MIBK）等萃取剂价格较高。采用自行研制的萃取剂，成本降低23%。此外，燃料和动力成本在PⅠ、PⅡ和PⅢ中所占比例分别为33.9%、31.2%和37.3%，消费基本占30%以上。能源成本是世界各国在能源危机和碳减排需求下的首要成本。因此，通过对供热系统的优化，可以降低能耗成本。基于以上三个焦化废水处理过程宏观的经济评价，更高的原料回收效率、更高的产品纯度、更低的出水指标和更好的生产技术是工厂中最重要的经济因素。

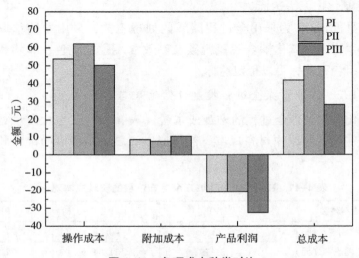

图4-31　各项成本种类对比

为了解在不同优化条件下的优化方案，三个生产部分（预处理部分、生化处理部分、深度处理部分）的成本对比是非常必须的（表4-18，图4-32）。

总体来看，生产过程总成本排序为PⅡ＞PⅠ＞PⅢ，对于各个工段来说，预处理部分占比最大，成本为12.65~28.75元/m³，占总成本的64%~86%。预处理的成本顺序符合PⅡ＞PⅠ＞PⅢ；与PⅠ、PⅡ相比，PⅢ的萃取过程不采用低压蒸汽而替代为中压蒸汽，节省了成本。对于生化处理部分，三个过程成本相当；对于深度处理部分的成本，由于PⅡ过程的芬顿工艺需要大量的H_2O_2及$FeSO_4$，因此成本稍高，PⅢ过程需要脱氰混凝剂及氧气，以及流程相对其他两个工艺较长，电耗等能耗稍大。

表 4-18　PⅠ、PⅡ、PⅢ三个生产过程中每个部分的成本对比

成本种类	PⅠ	PⅡ	PⅢ
预处理过程（元）	28.75	29.45	12.65
生化处理过程（元）	3.79	3.71	3.79
深度处理过程（元）	0.74	8.56	3.33
合计（元）	33.28	41.72	19.77

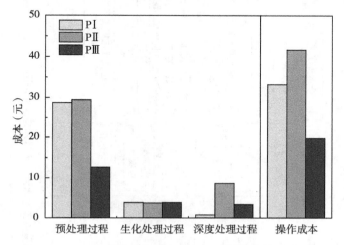

图 4-32　PⅠ、PⅡ和PⅢ中各个处理工艺部分的成本对比

4.4.2　焦化行业水污染全过程控制路线图

针对焦化行业典型工序废水处理难度大的技术问题，基于污染物的生命周期分析和无害化处理经济性分析，通过酚油萃取、强化梯级生物降解、混凝脱氰、非均相催化臭氧氧化等核心关键技术的优化集成，构建了焦化废水全过程综合强化处理与分质回用成套技术，率先实现了焦化废水的低成本、稳定处理。焦化行业重点工段水污染全过程控制路线图见图 4-33。

图 4-34 为焦化行业水污染全过程控制技术路线。在污染源解析与清洁生产审核的基础上，包括了三个层面：清洁生产工艺、废弃物资源化、污染物无害化与水回用。

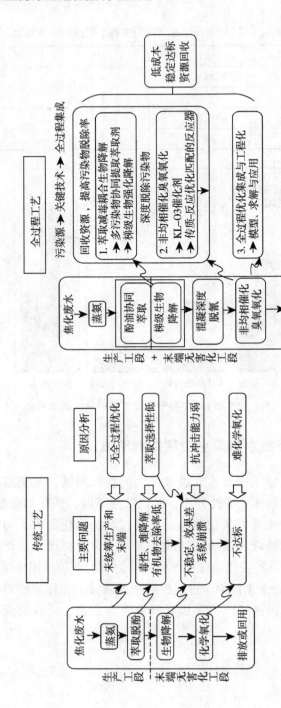

图4-33 焦化行业重点工段水污染全过程控制路线图

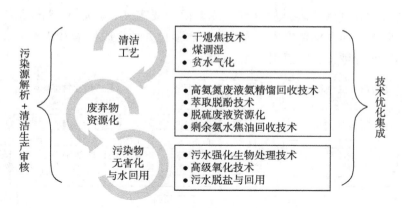

图 4-34　焦化行业水污染全过程控制技术

对焦化生产过程提出清洁生产工艺升级，包括干熄焦技术、煤调湿技术、贫水气化技术等；废弃物资源化技术包括：高氨氮废液氨精馏回收技术、萃取脱酚技术、脱硫废液资源化技术、剩余氨水焦油回收技术等；污染物无害化与水回用技术包括：污水强化生物处理技术、高级氧化技术与污水脱盐与回用技术。

4.5　焦化废水全过程强化处理工程应用

针对焦化废水现有处理技术通常存在的抗冲击能力差、成本高、处理水质差等问题，在对废水进行较详细污染物成分、物化性质、生物可降解性和生命周期分析基础上，定位于综合利用包括预处理-生物处理-深度处理的全过程系统处理，通过关键技术突破、集成优化和工程创新，实现焦化废水低成本稳定达标排放或回用，削减示范企业污染排放负荷。

本团队在多项理论研究科研成果基础上，提出基于全局优化的全程系统控污思路，其核心为：首先针对废水中存在对生化系统毒性抑制污染物，通过预处理，在回收资源的同时降低毒性污染物浓度，降低对后续生化系统中微生物的抑制；其次是针对传统二级厌氧好氧工艺（A/O）脱总氮存在的投资和运行成本高现状，通过耦合精馏蒸氨和强化生物脱氮，减少一次 A/O；另外是针对毒性物质对硝化类细菌抑制性更强的特点，采用分步脱碳脱氮，降低进入硝化系统的毒性污染物浓度；最后是针对单纯依靠生物处理无法实现 COD、总氰达标（最新标准）及水无法回用的现状，采用混凝吸附-高级氧化-多膜组合脱盐等深度处理工艺，确保废水稳

定达到行业或重点地区排放标准，或者回用要求。在核心关键技术取得突破的基础上，通过优化集成形成焦化废水强化处理集成技术 IPE-EDNC，并在实际废水处理工程中应用（图 4-35）。

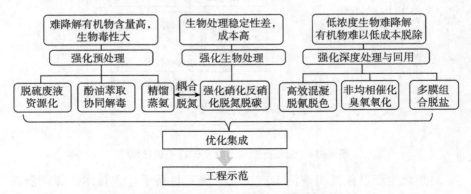

图 4-35 焦化废水全过程综合处理技术路线图

该工艺按照全过程综合控污的思路设计工艺路线。首先，通过酚油萃取协同解毒、精馏蒸氨等源头减排技术实现高浓度酚类有机物及氨氮的资源化；其次，通过微生物代谢，强化氨氮、总氮、氰和有机污染物的脱除，另外针对苯并芘、多环芳烃、总氰等高毒污染物通过生物污泥吸附、混凝吸附和非均相催化臭氧氧化等技术进行深度脱除；最终，通过超滤-反渗透-电渗析脱盐集成技术实现焦化废水超低排放。

研发的焦化废水处理 IPE-EDNC 技术及其中的核心关键技术已在 30 余座焦化/煤气化废水处理过程中工程化应用。如在鞍山钢铁股份有限公司化工三期建立规模 4800 m³/d 焦化废水处理工程项目，迄今已经稳定运行 12 年多，主要运行结果如图 4-36 所示。COD_{Cr} 从 250 mg/L 降低至 20~50 mg/L，氨氮从 10 mg/L 降低至 <5 mg/L，总氰从 1~3 mg/L 降低至 <0.2 mg/L，苯并芘从 20 μg/L 降低至 <0.03 μg/L，出水水质满足国家焦化行业新标准（GB 16171—2012）和辽宁省污水综合排放标准（DB 21/1627—2008），出水无色无味，满足冲渣等浊循环回用要求，吨水处理成本 11元，技术经济可行，实现了焦化废水达标排放。

此外，适用本项目技术的武钢集团武汉平煤武钢联合焦化公司焦化废水示范工程（11 520 m³/d）为国内规模最大的焦化废水处理工程；沈煤集团鞍山盛盟煤气化有限公司焦化废水处理示范工程（2400 m³/d）经过废水回用系统处理，实现近零排放。部分处理工程照片如图 4-37 所示。

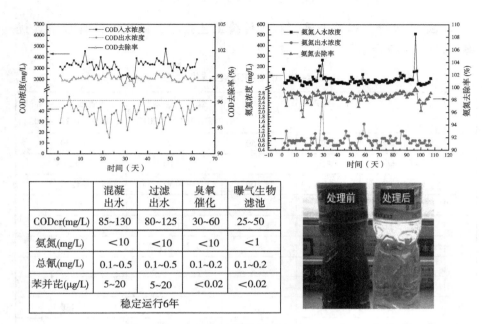

	混凝出水	过滤出水	臭氧催化	曝气生物滤池
CODcr(mg/L)	85~130	80~125	30~60	25~50
氨氮(mg/L)	<10	<10	<10	<1
总氰(mg/L)	0.1~0.5	0.1~0.5	0.1~0.2	0.1~0.2
苯并芘(μg/L)	5~20	5~20	<0.02	<0.02
稳定运行6年				

图4-36 鞍钢化工三期焦化废水示范工程（4800 m³/d）水质分析

图4-37 部分焦化废水处理与回用示范工程照片

总结已运行工程可发现，对比传统工艺技术，新技术具有较明显优势，如表4-19所示：

表4-19 IPE-EDNC 技术性能

序号	名称	IPE-EDNC 技术	传统技术	炼焦工业标准（GB 16171—2012）	辽宁省地方排放标准（DB 21/1627—2008）
1	COD_{Cr}, mg/L	≤50	≤150	≤80	≤50
2	氨氮, mg/L	≤5	≤25	≤10	≤8
3	SS, mg/L	≤10	≤100	≤50	≤20
4	石油类, mg/L	≤1	≤5	≤2.5	≤3.0
5	挥发酚, mg/L	≤0.1	≤0.5	≤0.25	≤0.3
6	总氰, mg/L	≤0.2	≤1	≤0.2（氰化物）	≤0.2
7	硫化物, mg/L	≤0.5	≤3	≤0.5	≤0.5
8	pH	6~9	6~9	6~9	6~9
9	色度, 倍数	≤10	≤250		≤30
10	苯并芘, μg/L	≤0.02	≤100	≤0.03	
11	处理成本	约11 元/t	约10 元/t		

IPE-EDNC 技术的主要经济指标如下：

● 适用于低温和高温焦化废水以及碎煤加压气化废水处理，生化系统稳定性提高100%，膜清洗周期延长200%，解决了焦化废水处理不稳定、不达标和淡水产率低的难题，吨水综合处理成本11~15 元；

● 深度处理出水可达到 COD_{Cr} 30~50 mg/L、氨氮 0~2 mg/L、总氰 0.1~0.2 mg/L，满足国家焦化行业新排放标准《炼焦化学工业污染物排放标准》（GB 16171—2012）和地方排放标准，如辽宁省污水综合排放标准（DB 21/1627—2008）；

● 脱盐处理最终淡水可达到 COD_{Cr} 低于5 mg/L 以下、氨氮低于1 mg/L 以下、总氰低于0.1 mg/L 以下、电导率低于100 μS 以下，淡水产率高于85%。

本团队研发的IPE-EDNC 技术对各项污染物去除可达到《炼焦化学工业污染物排放标准》（GB 16171—2012）和地方排放标准，适用于低温和高温焦化废水处理，运行结果表明废水可由 COD_{Cr} 4000~30 000 mg/L、氨氮 1000~8000 mg/L、总氰 10~60 mg/L，到非均相催化臭氧氧化出口 COD_{Cr} 30~50 mg/L、氨氮 0~2 mg/L、总氰 0.1~0.2 mg/L，到最终淡水 COD_{Cr} ＜5

mg/L、氨氮＜1 mg/L、总氰＜0.1 mg/L、电导率＜100 μS/cm，产率大于85%；生化系统稳定性提高100%，膜清洗周期延长200%，解决了焦化废水处理不稳定、不达标和淡水产率低的难题；吨水综合处理成本 10～15元，较传统技术降低10%以上，不仅成本低，而且稳定、可靠，其中鞍钢化工三期焦化废水示范工程（4800 m³/d），出水水质满足国家和地方标准，已稳定运行 10 多年。目前该技术已被应用于鞍钢、宝武、河钢邯钢、沈煤等钢铁、煤化工行业龙头企业的近 30 项废水处理工程，为降低我国重点流域点源废水排放强度，提高严重缺水地区水资源高效回用和废水零排放，改善流域水环境质量提供了重要的科技支撑。有效支撑了《炼焦化学工业污染防治可行技术指南》（HJ 2306—2018）和《钢铁企业综合废水深度处理技术规范》（YB/T 4699—2019）制订颁布。

参考文献

［1］龚玉印. 国内煤化工技术的现状和发展方向［J］. 化工管理，2021（02）：92-93.

［2］韦朝海. 煤化工中焦化废水的污染、控制原理与技术应用［J］. 环境化学，2012，31（10）：1465-1472.

［3］陈鹏. 中国煤炭性质、分类和利用［M］. 北京：化学工业出版社，2007.

［4］戴厚良，何祚云. 煤气化技术发展的现状和进展［J］. 石油炼制与化工，2014，45（4）：1-7.

［5］何锋. 煤化工废水的来源与特点及其相应的处理技术探究［J］. 科技视界，2012（23）：320-321.

［6］蒋芹，郑彭生，张显景，等. 煤气化废水处理技术现状及发展趋势［J］. 能源环境保护，2014，28（5）：9-12.

［7］吴莉娜，史枭，柳婷，等. 煤化工污水特性和处理技术研究［J］. 科学技术与工程，2015，15（9）：136-141+147.

［8］环境保护部. 关于印发《焦化行业现场环境监察指南（试行）》的通知：环办［2011］79 号［EB/OL］.（2011-06-20）［2021-11-29］. https：//www.mee.gov.cn/gkml/hbb/bgt/201106/t20110628_214151.htm.

［9］工业和信息化部，科学技术部，财政部. 三部门联合发布加强工业节能减排先进适用技术遴选、评估与推广工作的通知［EB/OL］.（2012-09-29）［2021-11-29］. https：//www.miit.gov.cn/zwgk/zcwj/wjfb/zh/art/2020/art_b2f9293413934c98b15463ca35659ee8.html.

［10］环境保护部环境工程评估中心. 炼焦化学工业污染防治可行技术指南：HJ 2306-2018［S］. 北京：中国环境出版社，2018.

［11］杨卫兰. 我国现代煤化工发展现状［J］. 中国石油和化工经济分析，2013

(10)：16-18.

[12] 高美莹.我国煤化工产业发展存在的突出问题探究 [J]. 化工管理，2017 (4)：105.

[13] 边蔚，田在锋，王月锋.钢铁工业节水及水污染控制技术研究进展 [J]. 绿色科技，2015 (09)：231-234+237.

[14] 谷力彬，姜成旭，郑朋.浅谈煤化工废水处理存在的问题及对策 [J]. 化工进展，2012，31 (S1)：258-260.

[15] 童莉，郭森，周学双.煤化工废水零排放的制约性问题 [J]. 化工环保，2010，30 (5)：371-375.

[16] 牛聪.浅谈干熄焦技术的发展及应用 [J]. 化工管理，2017 (21)：115.

[17] 王思薇.国内外干熄焦技术现状及发展趋势 [J]. 冶金管理，2006 (5)：46-49.

[18] 骆铁军.钢铁工业"十二五"发展规划对科技发展的新要求 [C]. //第八届 (2011) 中国钢铁年会论文集 (大会报告与分会场特邀报告). 2011：22-35.

[19] 翟耀文.干法熄焦技术及设备 [J]. 通用机械，2013 (02)：56-60.

[20] 白玮，李玉秀.HPF煤气脱硫工艺的特点、问题及解决方案 [J]. 燃料与化工，2009，40 (1)：56.

[21] 刘晨明，王波，曹宏斌，等.焦炉煤气HPF脱硫工艺废液处理新技术 [J]. 煤化工，2011，39 (1)：11-14.

[22] 李海波.焦化废水生化处理强化技术基础及应用研究 [D]. 北京：中国科学院大学，2010.

[23] 林琳，李玉平，曹宏斌，等.焦化废水厌氧氨氧化生物脱氮的研究 [J]. 中国环境科学，2010，30 (9)：1201-1206.

[24] Shen J, Zhao H, Cao H, et al. Removal of total cyanide in coking wastewater during a coagulation process：Significance of organic polymers [J]. Journal of Environmental Sciences, 2014, 26 (2)：231-239.

[25] 邢林林.基于活性炭的非均相催化臭氧化研究及其在焦化废水深度处理中的应用 [D]. 北京：中国科学院大学，2014.

[26] 曹宏斌，谢勇冰，赵赫.钢铁行业水污染全过程控制技术发展蓝皮书 [M]. 北京：冶金工业出版社，2021.

[27] 张懿，曹宏斌，李玉平，等.一种非均相催化臭氧氧化废水深度处理的方法和装置：201010191750.3 [P]. 2011-12-07.

[28] 赵赫，沈健，曹宏斌，等.一种脱氰剂的制备方法及其用途：201210107312.3 [P]. 2014-12-24.

[29] 宁朋歌，曹宏斌，张懿.处理焦化废水的萃取剂：201410029326.7 [P]. 2014-06-11.

［30］刘璐，熊梅，刘泽巨，等．焦化废水处理过程中溶解性有机物的特性研究［C］.∥《环境工程》2018 年全国学术年会论文集（上册）.2018：164-169.

［31］Zhang D，Zhao H，Gao W，et al. The significance of resource recycling for coking wastewater treatment：Based on environmental and economic life cycle assessment［J］. Green Chemical Engineering，2022. Doi：10. 1016/j. gce. 2022. 08. 005.

第5章 钨冶炼污染全过程控制技术与应用

5.1 钨冶炼行业基本概况与发展趋势

5.1.1 钨冶炼行业基本概况

钨以"高熔点、高硬度"著称，被人们称作"工业的牙齿"。钨作为一种重要的战略金属，广泛应用于国民经济、国防军工的各个领域。根据2020年世界钨矿储量分析报告，并对中国、俄罗斯、越南、西班牙、朝鲜和其他国家的储量根据公司或政府报告进行了数据统计（图5-1）。2020年全球钨储量 $3.4×10^6$t，我国储量 $1.9×10^6$t，占比为 55.9%；2020年我国钨矿产量占全球 82.4%，居于世界首位。中国不仅仅是钨矿储量位居世界首位，且钨资源的生产、消费和出口量也都居世界第一位，对世界钨市场有着不可替代的主导作用。

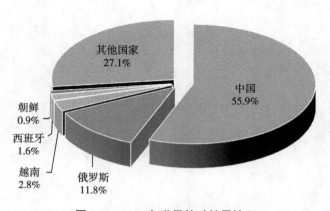

图5-1 2020年世界钨矿储量情况

中国生态环境统计年报（2020）报道，全国工业源废水中化学需氧量排

放量为 49.7 万 t，全国工业源二氧化硫（SO_2）排放量为 253.2 万 t，工业源氮氧化物（N_xO_y）排放量为 417.5 万 t，工业源废气中挥发性有机物（VOSs）排放量为 217.1 万 t；全国一般工业固体废物产生量为 36.8 亿 t。这些工业过程所产生的"三废"主要来自重化工业，其中很多来自初级金属生产。然而，由于材料或金属的供应短缺，促使关键材料/金属的概念被关注，其中大部分是具有战略重要性的稀有金属，包括钨、镁、铌、铟和稀土金属。虽然这些材料在矿物中的浓度通常非常低但其生产可能会产生大量的污染物。例如，中国供应全球市场 84.6% 的初级稀土元素和 83% 的钨材料（欧盟界定的关键材料中 80% 以上是由中国的工业提供的），这些也是造成我国目前存在的环境问题的部分原因。如果按传统方法改变相关工艺或采用传统污染治理措施，则会大大增加厂家的生产成本，因此，着力创新工业控污新技术，降低废物处理的成本是解决环境问题和确保中国工业可持续发展的关键。钨矿的初级生产是非常耗能的，并且伴随着大量的废水、废气和废固的排放。采用"工业污染全过程控制"的原理和方法，有效地解决了钨生产的污染控制问题，"三废"达标排放，并取得了良好的经济效益，因此，将钨作为本书示例研究的代表性金属。

5.1.2　钨冶炼行业在国内的发展趋势

　　我国主要钨矿矿石类型为白钨矿、黑钨矿、混合钨矿，分别占资源储量 45.12%、37.75%、17.13%，如图 5-2。截至 2015年，全国查明钨矿矿区 442 个，保有资源储量 958.8 万 t，基础储量 233 万 t，钨资源储量达 30 万 t 以上的有湖南、江西、安徽、甘肃、云南、广西 6 个省份。其中，以湖南、江西两省的钨资源储量相对较多。

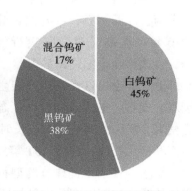

图 5-2　中国钨矿资源类型分布

　　然而，我国钨冶炼起步较晚，直到 20世纪 50 年代才建立本国的钨冶炼工厂，其冶炼设备简陋，只能通过简单的检测仪表来保障生产的顺利进行，生产过程全凭人工操作、监测仪表均通过目测观察，产量很低，而且生产出钨产品的质量很差。70 年代以来，钨冶炼控制技术从简单的单参数单闭环控制转变为重要工序过程的自动控制，由于这些生产过程自动控制的成功，使钨产品质量提高明显（图 5-3）。20 世纪 80 年代，伴随着计算机技术与检

测技术的发展，株洲硬质合金厂对萃取工艺采用计算机控制实现生产过程的自动化。近年来，我国钨冶炼企业已经开始重视先进的设备设施及自动控制技术，通过引进或自主开发来装备钨冶炼工厂，逐渐缩小与国外钨冶炼企业的差距。然而，随着经济发展，钨行业也出现了一些问题：

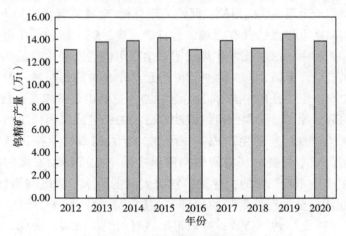

图 5-3　我国钨精矿产量情况

5.1.2.1　环保监管，钨精矿生产成本增加

环保督查，直接影响产出。从钨资源储量来看，中国钨资源主要分布在湖南、江西两省，两省储量分别为 32% 和 18%，合计占到全国的 50%。2016 年环保部门对两省实行督查，环保督查期间产量同比出现大幅下降，直接影响全国钨精矿产量，如图 5-3 所示。环保成本的刚性上涨，导致部分产能退出以及在产产能生产成本增加。矿山的环保费用主要发生在废水、废石、尾砂以及自然生态恢复等方面。生态恢复的过程是在矿产资源枯竭，矿山关闭后一个较长时间的资金投入过程。随着高纯钨品的研发、生产和应用扩展，国标 APT 零级品质量已难以满足下游高品质硬质合金的生产要求。在当今资源节约型社会建设与绿色生态的大背景下，企业发展需要寻求一种兼顾产品质量与环境效益的新途径。

5.1.2.2　钨作为战略资源，国家管控或趋紧

钨用途广泛，特别是在国防军工上具有非常重要的用途。钨同时也是我国具有明显优势资源的有色金属。因此国家对于钨采取严格的管控政策，以保护我国的资源。但实际上，由于严重的超采行为，国家每年的开采配额计划并不能得到落实。

5.1.2.3　技术和管理水平比较落后

经过 60 余年的发展，我国钨冶炼事业取得了很大进步，更是取得了突破性的成就，一些钨冶炼工艺技术已经达到世界领先水平，如：钨碱压煮离子交换法工艺，不仅使钨冶炼矿源不再局限于黑钨矿而且推进了我国高效开发和利用钨资源进程。尽管我国部分大中型企业，投入大量资金装备了先进的生产设备基本实现钨冶炼过程的自动化生产，但总的来说钨冶炼行业的整体自动化水平与国外钨冶炼企业相比仍有待提高。许多中小型民企仍以手动操作来完成钨冶炼生产过程，即便是在大型钨冶炼企业生产过程中也存在手动操作辅助自动化生产的现象，导致钨冶炼过程能耗大、产品质量不稳定等问题存在。

钨矿资源破坏严重及产业生产经营过程中的秩序混乱等问题日益突出。虽然在调整整个产业结构和政府采取的综合治理措施过程中会得到一定的缓解，但是，在目前我国现有的产业政策总体系下，钨矿产业中仍然存在的诸如过度开采，低价竞销以及无序竞争等一系列的问题。

5.1.2.4　环保问题依然存在

钨冶炼工艺中环保问题已逐渐引起重视，对生产中所排放的各种污染物进行处理的技术，也逐步有所提高。但"三废"处理问题依然存在，如废水中存在钨、铀、砷、磷、锰等；废气来源有氨气、氯化氢、钨精矿焙烧烟气，球磨加料废气，硫化、调酸除钼废气等；钨渣中还含有很多可回收利用的金属，如钨、钽、铌等，但大多数污染物对环境威胁较大，需通过进一步改进技术，实现资源的再回收利用。

5.2　钨冶炼行业污染源解析及产污规律

5.2.1　钨冶炼工艺流程

钨冶炼工艺繁多，流程较长，总的来说包括下列阶段：① 预处理阶段。即矿物分解，在高温下或在水溶液中利用酸、碱或其他化工原料与钨矿物作用，破坏其结构，使其中的钨与伴生元素初步分离。经分解后，钨一般转化为粗钨酸钠溶液或粗钨酸。② 提纯阶段。即将分解所得产物提纯，以得到化学成分及物理性状符合要求的纯化合物。③ 产品制备阶段。即纯钨化合物制备，通常是指制备仲钨酸铵（APT）及氧化钨（WO_3）的生产

过程。

5.2.1.1 钨矿物转化阶段

钨精矿的工业分解方法可分为碱法和酸法两大类。碱法包括苏打烧结—水浸法、苏打高压浸出法（亦称苏打溶液压煮法）、苛性钠溶液分解法；酸法包括盐酸分解法和硝酸分解法。

（1）苏打烧结—水浸法

该法是一种经典的方法。它既可以处理黑钨精矿，同时也能处理白钨精矿及黑钨、白钨混合的低品位矿物。在高温条件下，碳酸钠与钨化合反应，生成可溶于水的钨酸钠，故通过水浸出和过滤，就可以将钨与其他杂质分离。

（2）苏打高压浸出法

此法广泛用于处理白钨矿、低品位黑白钨混合矿及黑钨矿。浸出过程在 $180 \sim 230 \, ℃$ 的高温下进行，利用碳酸钠溶液与钨矿物原料进行反应，钨以 Na_2WO_4 形态进入溶液，而钙、铁、锰以碳酸盐形态进入渣，过滤，使钨与钙、铁、锰等主要杂质实现初步分离。

（3）苛性钠溶液分解法

这种方法在我国钨冶炼厂被广泛采用，主要用于分解黑钨精矿。如果适当改变工艺条件，加入某些添加剂，此法也能用于分解黑白钨混合矿甚至白钨精矿。

（4）酸分解法

盐酸、硝酸都能用来分解白钨精矿。盐酸法多用于处理杂质含量低的白钨精矿。如果将流程作适当的调整，对质量较差的白钨矿也可用酸分解法处理（沉砷不完全经常造成废水砷含量超标）。与盐酸分解工艺相比，硝酸分解过程对设备耐腐蚀要求相对较低。但是，考虑到目前国内的白钨原料品位较低、成分复杂，采用硝酸分解工艺会造成钨大量分散和损失。所以工业上一般采用的是盐酸分解法。

（5）其他分解方法

除了以上几种方法外，国内外学者已经提出了很多种分解钨的新方法，如氟化物高压浸出法、氯化法、苏打加硅酸钠高温熔融分解和等离子体高温挥发法等。

5.2.1.2 提纯阶段

目前，净化粗钨酸钠溶液和粗钨酸，工业上采用的生产方法主要有：

经典沉淀净化法（杂质有 12-杂多酸铵盐、氯化铵、WO₃）、溶剂萃取法（目前工业上常用的萃取剂主要有伯胺盐、仲胺盐、叔胺盐和季胺盐；杂质含磷、砷、硅）、离子交换法（在交换过程中，可以实现将钨酸钠溶液转型为钨酸铵溶液，阴离子交换树脂还可以有效地去除磷、砷、硅等杂质，但废弃碱液（含砷）量大，除钼效果差。含砷含氨氮废水主要来源于离子交换工序）和钨酸氨溶结晶法。

5.2.1.3 产品化阶段

钨酸铵通过结晶及二次结晶得到仲钨酸铵（APT）产品，APT 产品煅烧制备得到三氧化钨（WO₃）继而还原得到钨粉（图 5-4）。

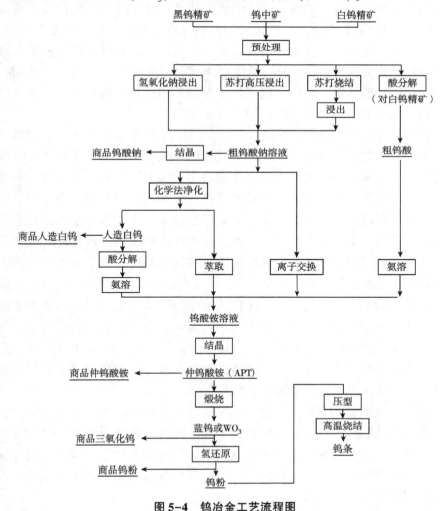

图 5-4 钨冶金工艺流程图

5.2.2 钨冶炼主要产污节点

钨冶炼诞生二百多年以来，主要分为碱分解法和酸分解法。APT 是生产金属钨粉及很多含钨化合物的重要中间产品，我国钨冶炼企业在实际生产 APT 过程中主要有萃取法生产 APT 和离子交换法生产 APT 两种。国内外先后采用经典工艺、萃取工艺和离子交换工艺生产仲钨酸铵（APT）。3 种工艺均为碱（酸）浸出-净化-铵盐转型工艺，即用高浓度 NaOH 或 Na_2CO_3（或浓 HCl）浸出矿物，先制得粗钨酸钠溶液（或粗钨酸），后经化学沉淀或萃取、离子交换工艺净化除杂，再用氨溶或铵盐反萃、解吸转型，制备出纯净的 $(NH_4)_2WO_4$ 溶液，最后经蒸发结晶制取 APT。以黑白钨矿碱浸出-离子交换工艺为例，工艺经历了钨酸钠体系→钨酸铵体系的转型过程。由于酸分解法环境污染严重，对设备腐蚀严重，且产品质量进一步提高难度大，已逐渐被淘汰。而碱分解法浸出率高，对原料适应性强，能够同时处理白钨矿和黑钨矿，操作环境好，成为钨矿物原料分解的主流工艺。钨冶炼现有主要生产流程与产污点如图 5-5 所示。

根据冶炼工艺不同，钨冶炼过程产生的三废种类也不尽相同。经典工艺产生的废水主要为人造白钨母液和酸分解母液，酸法工艺主要产生的废水为酸分解母液，离子交换工艺产生的废水主要为交后液、再生液，主要来源于离子吸附交换后排出的大量交后液、树脂再生过程的再生废水、结晶母液的处理过程中产生的废水。萃取工艺产生的废水为萃余液，主要来自结晶、洗涤、萃取剂空洗等过程产生高浓度氨氮废水。另外还有各生产工序的跑、冒、滴、漏以及车间的洗涤用水等也是废水的来源之一。钨生产过程中的废水主要成分为含砷、氨、氮废水。砷是以砷酸根（AsO_4^{3-}）或亚砷酸根（AsO_3^{3-}）的状态存在，具有很大的毒性，它们能与人体细胞酶系统中的巯基（—SH）结合，致使酶功能发生障碍，影响细胞的正常代谢，从而出现一系列的神经、心血管、肝、肾等方面的疾病。氨氮（NH_3-N）是植物和微生物的主要营养物质，水体中氨氮含量的增加会造成水体的富营养化，使水体发黑变臭，引起水质的恶化。

在 APT 生产过程利用煤气进行蒸发结晶，同样利用煤气进行 APT 的烘干，在这些过程都将产生大量的燃烧废气。废气主要来源于萃取过程中的氨气、球磨初期产生的粉尘和少量氯气、干燥过程中产生的煤气、酸分解过程中产生的氯化氢等，对环境造成了空气污染。而其中产生的氨气，可以回收利用变废为宝，减少环境污染。

第 5 章　钨冶炼污染全过程控制技术与应用

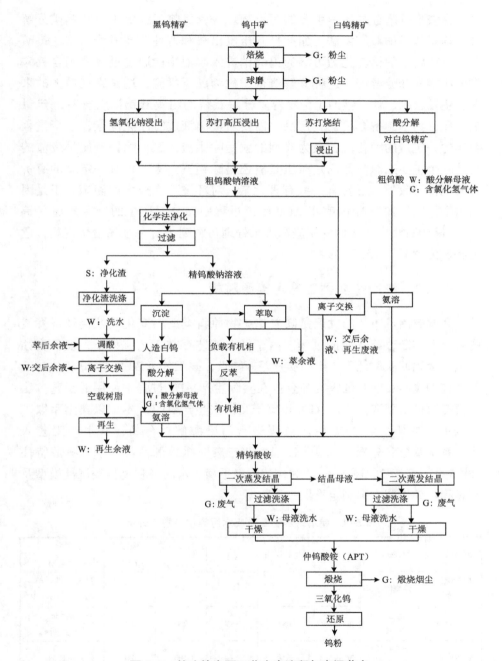

图 5-5　钨冶炼主要工艺生产流程与产污节点

废渣也是冶金过程中主要的污染物之一，目前工业上主流的钨矿分解方法均是基于钠碱压煮法，如苏打高压浸出法和苛性钠压煮浸出法，钨矿分解时矿物中的钨转化为可溶的钨酸钠进入溶液中，通过过滤得到含钨酸钠的粗溶液和分解渣，这种分解渣被通称为碱压煮渣，这是废渣最大的来源，主要含钙、铁、锰的化合物等。分解获得的粗钨酸钠溶液含有一定量的杂质，为了制备合格的钨产品，需要对浸出液进行净化除杂，这个过程会产生一定量的净化渣，最为典型的就是除钼渣，这种除钼渣便是废渣的另外一个主要来源。无论是碱压煮渣还是除钼渣，除了含有一定量的有价金属值得回收外，还含有一些有害元素，对环境存在极大的隐患。正是因为这个原因，2016 年国家将 APT 生产过程中碱分解产生的碱压煮渣（钨渣）、除钼过程中产生的除钼渣和废水处理污泥列为有色金属冶炼废物，危险特性为"T"，即有毒废物。

5.2.3　钨冶炼典型工艺污染源解析

我国钨冶炼工艺的发展是随着钨矿物原料类型的变化及社会经济发展的要求等不断改革升级的过程。由于经典工艺存在工艺流程长、设备腐蚀严重、金属回收率低下、产品质量差等缺点，该工艺于 20 世纪 90 年代初已基本被淘汰，目前我国钨冶炼企业在实际生产 APT 过程中使用的工艺方法主要有两种：萃取法生产 APT 和离子交换法生产 APT。本节以典型萃取工艺入手，对某企业 APT 生产过程进行污染源解析分析，从生产工艺入手，系统掌握和分析所有单元过程的"三废"排放的污染因子和排放特征（表 5-1、表 5-2，图 5-6），为构建物料平衡、水网络和过程经济性模型及全过程污染控制方案制定提供一手数据。

表 5-1　钨冶炼典型工艺废水污染物识别与分析

废水名称	所在工序	水量	排放周期	pH	COD$_{Cr}$ 浓度（mg/L）	氨氮浓度（mg/L）	特征污染物
废气碱洗废水	焙烧阶段	15m³/次	3 天	14	600	—	重金属 Pb、As；油、Na$_2$SO$_3$、P
交后余液	离子交换阶段	300 m³/d	每天	3~4	200	50	重金属：Sn、Cu；含少量油
再生余液	离子交换树脂再生阶段	50 m³/次	2 天	3~4	100	20	少量油
硫化废液	硫化阶段	30 m³/d	每天	< 1	较高（由 S^{2-} 引起）	—	含油、Na$_2$S

表 5-2　钨冶炼典型工艺废气污染物识别与分析

废气名称	所在工序	排放特性	温度	压力	水蒸气浓度（t/d）	特征污染物
连续蒸发结晶废气	连续蒸发结晶	连续	100℃	不带压	25	NH₃ 1.6t/d
APT 煅烧废气	煅烧	间歇	50℃	微负压	1.6	NH₃ 4.8t/d

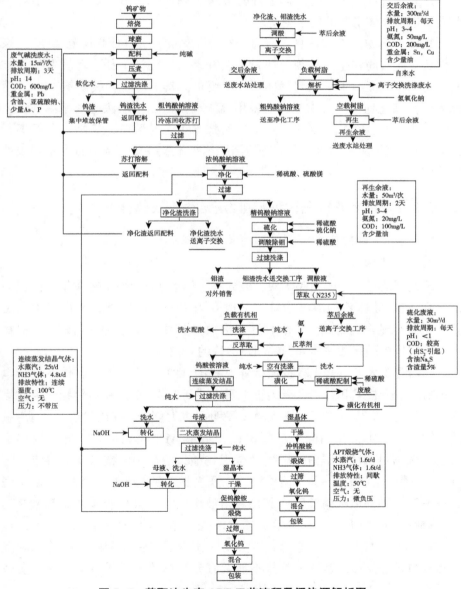

图 5-6　萃取法生产 APT 工艺流程及污染源解析图

5.3 钨冶炼行业污染控制关键技术

根据国家环境保护部 2008 年 3 月发布的新规，钨冶炼为一类元素排放废水，强制执行零排放要求。虽然我国钨冶炼技术世界领先，但现有技术难以达到零排放要求。随着国家环保政策日趋严厉，沿袭百年的钨冶炼工艺必须进行整体工艺的技术创新。

2016 年国家工业和信息化部第 1 号公告发布了《钨行业规范条件》，该文件从企业布局和生产规模、质量工艺和装备、能源消耗、环境保护等方面，对钨行业提出了一系列具体指标、要求，其中对于仲钨酸铵（以下简称 APT）新建项目的要求是：应采用离子交换法、萃取法等效率高、工艺先进、能耗低、资源综合利用效果好的技术工艺及装备，鼓励采用氟离子去除、氨-钨反应精馏绿色分离等清洁工艺技术及装备。本节将介绍代表性的关键技术。

5.3.1 钨冶炼行业过程减排/清洁生产关键技术

5.3.1.1 铵盐体系白钨绿色冶炼关键技术

（1）技术内容

改变延续近百年的白钨矿酸、碱分解-铵盐转型冶炼工艺体系，由钨酸钠体系-钨酸铵体系的转型冶炼工艺改变为单一钨酸铵体系的白钨冶炼工艺，才能实现全过程闭路循环和零排放。其中研发白钨矿铵盐分解技术，是实现单一钨酸铵体系白钨闭路冶炼的关键问题。

江西理工大学万林生教授团队针对我国 APT 冶炼工艺面临体系创新以及钨粉末冶金技术和装备升级的重大需求，历时 10 年，在白钨绿色高效冶炼工艺和装备方面取得了一系列重要发明和重大创新：首次发明了铵盐-氟盐分解白钨技术，在国际上首创出铵盐体系 APT 闭路冶炼工艺，获得了"铵盐-氟盐可彻底分解白钨矿"、"低温钨酸铵溶液中磷铵呈现难溶特征"、"钼渣与磷酸铵镁吸附-共沉淀作用"三项重要发现，取得了"铵盐-氟盐浸出白钨"、"结晶回收磷铵"、"钨酸铵溶液净化"、"高效吸收结晶氨尾气"、"钼铜渣循环利用"五项技术的重大突破。金属回收率提高 3.9%，达 99.1%，每吨 APT 加工成本降低 51.4%。实现了白钨无酸碱闭路冶炼和杂质元素的绿色分离，解决了铵盐不能彻底分解白钨的世界难题，率先实现了白钨无酸、碱绿色高效冶炼和废水零排放。

据授权专利所述，新工艺采用磷酸铵加液氨在高温高压下来分解白钨矿，磷酸铵用量为理论量的 1.8 倍以上，氨浓度≥30 g/L，液固比（2~3）：1，180~220 ℃的条件下保温 1.5~5 h，钨的分解率在 98% 以上，浸出得到的钨酸铵溶液经镁盐净化除杂质 P 和选择性沉淀法除 Mo 后，可结晶得到零级 APT，此工艺可做到废水近零排放，APT 生产过程中能耗和辅剂可比传统工艺降低 30%，水用量也降低 90%。

技术路线如下（图 5-7）：

① 铵盐浸出白钨矿。

② 过剩铵盐浸出剂的高效回收和返回利用。

③ 钨酸铵硫化体系除钼同时除磷。

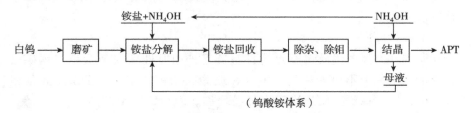

图 5-7　铵盐体系白钨冶炼技术路线图

（2）工业化应用（图 5-8）

该技术成果在章源钨业公司等 6 家骨干企业获得工业化应用。

"铵盐体系白钨绿色冶炼关键技术和装备集成创新及产业化"对我国钨工业的技术跨越以及提升国际竞争力具有重大作用，该成果获得 2016 年国家科技进步奖二等奖。

白钨铵盐分解工序生产现场　　除钼除磷工序生产现场　　磷铵结晶回收工序生产现场

图 5-8　铵盐体系白钨绿色冶炼工艺示范

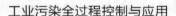

工业污染全过程控制与应用

5.3.1.2　高效选择性分离钨钼技术

针对钨提取冶金中钨/钼分离这一长期困扰国内外冶金工作者的难题，中南大学赵中伟教授团队针对占钨储量78%的高钼、高杂难处理白钨矿资源的利用和深加工的难题展开技术攻关，成功突破了共生钨钼分离及短流程深度除杂关键技术，揭示了钨、钼酸盐沉淀的调控规律，发明了分离宏量钨、钼的新技术，运用分子设计的方法，通过寻找特殊功能的先导化合物并进行类型衍化，合成了系列特效除钼试剂。钨/钼分离系数普遍为4000~20 000。实现了低钨损条件下高度选择性除钼。这一研究成果迅速转化为生产力在国内获得广泛推广应用。解决了高钨高钼共生复杂矿的高效利用难题，可使占我国钨资源40%以上的钨钼共生复杂矿得到有效利用。科研团队以"难冶钨资源深度开发应用关键技术"项目获得"2011年国家科技进步一等奖"。

（1）技术原理

众所周知，随着优质钨资源的日益贫乏，如何处理高杂低品位钨矿已成为钨冶金中一个不可回避的现实。在这些高杂钨矿中，除了杂质元素钼以外，砷、锡、锑等杂质的含量也日益增加。而在钨冶金产品中，砷、锡、锑亦是严格控制的杂质元素，如国标GB 10116—88中规定在0级APT中，上述杂质的含量分别要求小于10×10^{-6}、1×10^{-6}、8×10^{-6}，这就为传统的钨冶金工艺带来了很大的困难。

"选择性沉淀法除钼新工艺"是一种高效、简便的除杂新工艺，如果将其应用领域拓展到从钨酸盐溶液中除砷、锡、锑等杂质元素，则有可能实现钨与钼、砷、锡、锑等杂质元素的一次性分离。

借鉴浮选药剂的分子设计理论，设计出对MoS_4^{2-}具有极强亲和力的过渡金属硫化物沉淀剂，通过该沉淀剂能够选择性地从钨酸盐溶液中深度除钼。试验发现，CuS、NiS、CoS等金属硫化物的除钼率都可达98%以上，而钨的沉淀率小于0.01%，表现出极好的分离效果。在工业试验中，利用该除钼剂处理含Mo 0.56~1.75 g/L的工业（NH_4）$_2WO_4$解吸高峰液，除钼率可达97%~99%，深度除钼的同时还可以除去溶液中部分的As、Sn等杂质，除杂后得到的最终产品APT全部达到GB 10116—88 APT-0级标准。且利用选择性沉淀法从钨酸盐溶液中除钼时，可在pH为9左右进行，除钼环节可以很方便地与前后工序衔接。选择性沉淀法除钼的整个过程都在碱性条件下进行，比较适合当前钨矿碱性浸出工艺中的钨钼分离。该方法具有钨钼分离系数高、成本低、除钼率高（可达97.41%~99.64%）等优势，目前在中

国钨冶炼企业中得到广泛使用。

（2）工业化应用

在完成了大量工艺研究工作并解决了一系列的工程技术难题以后，最终使以 CuS 为钨钼分离试剂的 "选择性沉淀法除钼、砷、锡、锑新工艺" 推向了工业化，并迅速推广应用于国内 15 个工厂，推广面占全国钨生产能力的 69% 左右，这些工厂分布于全国主要的钨产区。可见，在工业规模下，对于含 Mo 0.04～3.7 g/L 的工业钨酸铵料液，除钼率可达 97.5%～99.7%。在结晶率为 95% 左右的情况下，将除钼后的 $(NH_4)_2WO_4$ 溶液进行蒸发结晶，所得 APT 中 Mo/WO_3 一般为 10×10^{-6} 左右，完全符合 GB 10116—88-APT0 级标准要求的 $Mo/WO_3<10\times10^{-6}$。

5.3.1.3　基于碱性萃取技术的钨湿法冶金清洁生产技术

目前工业上广泛采用的离子交换法能在转型的同时除去 P、As 和 Si 等杂质，具有流程短、钨收率高的优点，在我国获得了广泛的应用。但该工艺要求控制较低的吸附原液 WO_3 浓度，因而耗水量和废水排出量巨大，生产每吨 APT 约排放 $100\ m^3$ 废水，废水中 P、As（10～20 mg/L）和氨氮（200～500 mg/L）含量均超过国家废水排放标准。酸性萃取工艺废水排放量相对较少，但其萃余废水排放量仍达 $20\ m^3$/t APT 以上。萃取过程在酸性介质（pH＝2～3）中进行，需消耗无机酸中和钨矿碱浸出液中的游离碱并使之转化为萃余液中的无机盐，萃余液含有的氨氮（1000～4000 mg/L）、As（10～20 mg/L）等远超过国家废水排放标准。另外，酸性萃取工艺仅起转型作用而不能除去 P、As 和 Si 等阴离子杂质，流程中需要沉淀除杂工序，过程不仅伴随有钨的损失且产生的磷砷渣是危险固废。另外，国内均采用氢氧化钠分解钨矿，该方法处理黑钨矿效果良好，但处理白钨矿及黑白钨混合矿时需要高温高碱等苛刻条件，分解率不高，资源利用率偏低。

针对传统工艺存在的上述问题，中南大学稀有金属冶金研究所开发了基于碱性萃取技术的 "碱分解-碱性萃取" 钨湿法冶金清洁生产工艺，该工艺萃取过程实现了从钨矿苏打（或苛性碱）浸出液中直接萃钨制取钨酸铵溶液，能在转型的同时实现杂质 P、As、Si 的高效去除；开发了萃余液返回浸出技术和抑制杂质浸出技术，形成 "浸出-萃取" 工序中的水和碱的闭路循环。过程没有酸的消耗，碱的理论消耗为零，WO_3 损失显著降低，从源头上实现了废水大幅度减排。

该技术工业实施与运行结果表明：相对于处理白钨矿的 "苛性钠高压

浸出-离子交换（或酸性萃取）"的传统工艺，新工艺 WO_3 收率提高 1.0%～1.5%，碱耗下降 90% 以上，废水减排 90%～95%，加工成本下降 30% 以上。新技术不仅适用于处理白钨矿，还适用于黑钨矿、黑白钨混合矿以及钨的二次资源如含钨废催化剂，废旧硬质合金等。

该技术从生产源头解决了钨湿法冶金的世界性环保难题，获得了国内外钨冶金行业企业的广泛认可，解除了钨冶金可持续发展困扰，对推进我国绿色产业革命具有重要的引领和带动作用。

（1）技术内容

钨矿物资源或二次资源经 Na_2CO_3 或 NaOH 高压或常压浸出获得 Na_2CO_3 或 NaOH 体系的含有 P、As、Si 等杂质的钨酸钠溶液。采用季铵盐（如 N263）为萃取剂从碱性的钨酸钠溶液中直接优先萃取钨制取纯钨酸铵溶液。季铵盐萃取 WO_4^{2-} 的能力强于萃取 PO_4^{3-}、AsO_4^{3-} 和 SiO_3^{2-} 的能力，因而季铵盐优先萃取钨而将杂质 P、As 和 Si 留在萃余液中，从而实现 WO_4^{2-} 与 PO_4^{3-}、AsO_4^{3-} 和 SiO_3^{2-} 等杂质阴离子的分离。萃余液主要为含有少量杂质 P、As 和 Si 的 Na_2CO_3—$NaHCO_3$ 或 NaOH—Na_2CO_3 溶液，该溶液经过加石灰转化后变成相应的 Na_2CO_3 或 NaOH 溶液，然后返回到钨矿的碱浸出工序，同时在浸出过程中加少量特效试剂抑制 P、As 和 Si 的浸出，避免杂质在浸出液中的积累，实现浸出-萃取工序的闭路循环，从而从根本上实现废水的减排和碱的回收。

与传统的"苛性碱浸出-离子交换（酸性萃取）工艺"（工艺流程见图 5-9，图 5-10）相比，基于碱性萃取技术的钨湿法冶金清洁生产新工艺（工艺流程见图 5-11）在化学试剂消耗、WO_3 收率、废水排放等方面均实现了显著提升。

该工艺采用苏打高压浸出白钨矿，苛性碱高压浸出黑钨矿。苏打高压浸出白钨矿具有钨分解率高的优势，渣含 WO_3 小于 0.2%，较苛性碱高压分解白钨矿提高 WO_3 收率 0.5%～1.0% 以上。无论是白钨矿经苏打高压浸出得到的含 Na_2CO_3 的 Na_2WO_4 溶液，还是黑钨矿经苛性钠浸出后得到的含 NaOH 的 Na_2WO_4 溶液，均可通过碱性萃取工艺在转型的同时除杂，获得用于制取 APT 产品的纯钨酸铵溶液。萃取过程中 W、Mo 进入有机相，杂质 P、As、Si、Sn 等留在萃余液中实现与钨的分离。负载有机相经纯水洗涤后用 NH_4HCO_3+$NH_3 \cdot H_2O$ 混合溶液进行反萃，得到含钼的钨酸铵溶液，经净化除 Mo 工序后得到的纯钨酸铵溶液送蒸发结晶制取 APT 产品。蒸发结晶过程中产生的 NH_3 与 CO_2 经冷凝回收后补加 NH_4HCO_3 作为反萃剂。处理白钨

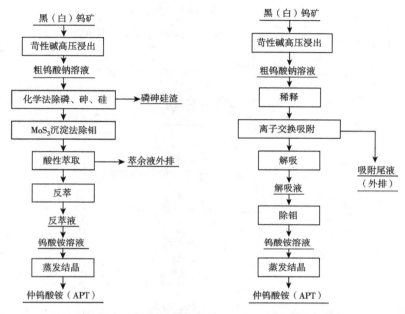

图 5-9　苛性钠高压浸出-酸性萃取工艺　图 5-10　苛性钠高压浸出-离子交换工艺

矿苏打浸出液得到的萃余液，可用石灰将其中的少量 $NaHCO_3$ 转化为 Na_2CO_3 后返回苏打压煮工序；处理黑钨矿苛性钠浸出液得到的萃余液，可用石灰将其中的 Na_2CO_3 转化为 NaOH 后返回苛性钠压煮工序。由于萃取过程的萃余液能返回浸出，萃取过程 WO_3 基本没有损失，该过程 WO_3 收率较酸性萃取或离子交换过程提高 1% 左右。

　　碱性萃取过程与苏打或苛性钠高压浸出联合使用，对矿源适应性好，WO_3 收率高，废水排放大幅度减小。新工艺以钨矿的苏打或苛性钠浸出液为原料制取钨酸铵溶液，在转型的同时能分离 P、As、Si、Sn 等杂质，萃余液经石灰转化处理后能返回浸出。新工艺在"苏打（苛性钠）高压浸出-萃取" 2 个工序中形成水相的闭路循环，水、Na_2CO_3（NaOH）均能循环使用，过程不消耗无机酸，过程的理论碱耗为零，消除了专门的沉淀除 P、As、Si 工序，流程短，WO_3 收率高，化学试剂消耗和废水排放量大幅度减小（甚至可以实现废水的零排放），加工成本大幅度下降，经济效益和环境效益明显。

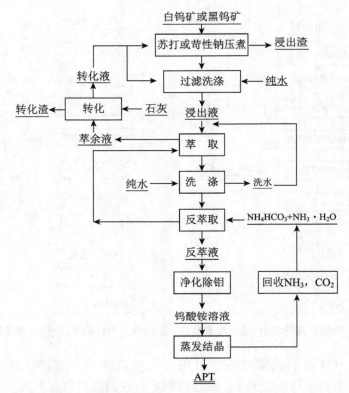

图 5-11　基于碱性萃取技术的钨湿法冶金清洁生产新工艺流程图

与传统钨湿法冶金提取工艺比较，此技术创新点及特色见表 5-3。

表 5-3　基于碱性萃取技术的钨湿法冶金清洁生产技术创新及特色

序号	技术创新点及特色
1	开发了季铵盐从钨矿苏打（或苛性碱）浸出液中直接萃取钨制取钨酸铵溶液新技术，实现了萃余液的转化及返回浸出，同时在浸出过程中加入特效试剂抑制 P、As 和 Si 等杂质的浸出，避免杂质在浸出液中的积累，形成"浸出-萃取"工序中的水和碱的闭路循环，建立了基于碱性萃取技术的钨湿法冶金清洁生产工艺成套技术。过程没有酸的消耗，碱的理论消耗为零，从源头上实现了废水大幅度减排。
2	萃取过程不仅实现了钨酸钠溶液向钨酸铵溶液的转型，而且实现了钨与杂质 P、As、Si、Sn 等的高效分离。流程短，钨的收率高。
3	新工艺对原料适应性强，新工艺不仅适用于处理白钨矿，还适用于黑钨矿、黑白钨混合矿以及钨的二次资源如含钨废催化剂，废旧硬质合金等。
4	新工艺与现行工艺相比，WO_3 收率高，化学试剂消耗量小，废水排放量小，成本大幅度降低，经济效益和环境效益明显，是一典型的低成本清洁生产工艺。

（2）工业应用实施效果

1）环境效益

以生产每吨 APT 产品计，该技术和现有传统工艺的关键指标对比见表 5-4。

表 5-4　该技术与现有传统工艺技术的关键指标对比

钨矿种类	技术指标	碱分解-酸性萃取	碱分解-离子交换	该技术
白钨矿	WO_3 回收率,%	96.0	96.0	97.5
	碱耗, kgNaOH	1000	1000	70.0
	酸耗, kgH$_2$SO$_4$（98%）	1300	—	—
	废水, m^3	25.0	100.0	2.5
	净化渣（危险固废）, kg	1000	—	—
	转化渣（CaCO$_3$）, kg			400
黑钨矿	WO_3 回收率,%	96.5	96.5	97.5
	碱耗, kgNaOH	520	520	70
	酸耗, kgH$_2$SO$_4$（98%）	550	—	—
	废水, m^3	25.0	100	2.5
	净化渣（危险固废）, kg	1000	—	—
	转化渣（CaCO$_3$）, kg	—	—	400

该技术已建成的 500t APT/年示范工程（白钨矿）实现了钨冶炼工艺废水近零排放，与传统酸性萃取工艺比较，年减排废水约 1 万 t；与离子交换工艺比较，年减排废水约 5 万 t。WO_3 收率高，实现了碱的循环利用，化学试剂大幅度下降，环境效益显著。

2）经济效益

该技术已建成的新工艺 500t APT/年示范工程（以白钨矿为原料），较原有的"苛性钠高压浸出-酸性萃取"工艺，新工艺 APT 生产成本下降了约 3000 元/t APT。

3）关键技术装备

该技术的关键装备包括：① 高压浸出反应系统；② 高效萃取系统。图 5-12、图 5-13 分别为高压浸出反应系统和高效萃取分离系统装置图。

图5-12　高压浸出反应系统装置　　　图5-13　高效萃取分离系统装置

4）水平评价

该技术为具有我国自主知识产权的重大原创技术，拥有2项中国发明专利授权和发明专利申请1项，成果达国际领先水平，受到国内外钨冶金同行的广泛关注和高度认可。

（3）行业推广

1）技术使用范围

该技术所属行业为钨湿法冶金行业，主要产品为仲钨酸铵。该技术对不同类型的钨资源适应性好，既适用于处理白钨矿，也适用于处理黑钨矿，还可处理黑白钨混合矿，另外还可以处理各种复杂的钨二次资源（废旧硬质合金，含钨废催化剂等）。生产工艺过程中使用的主要原辅料国内均能生产，所选用的全部设备国内均能制造；对厂房、设备、原辅料材料及公用设施等均没有特殊要求。

2）技术投资分析

按照建设一套年产5000 t仲钨酸铵的生产装置计，约需投入资金2.0亿元。装置建成后每年可生产国标0级APT 5000 t，实现年销售收入10亿元，纯利润4 500万元，投资利润率约22.5%。

3）技术行业推广情况分析

目前应用该技术的湖南郴州钻石钨制品有限责任公司，于2014年初建成投产年产500 t仲钨酸铵（APT）的示范性生产装置（以白钨矿为原

料），实现了连续稳定经济运行，运行效果良好，目前该公司拟采用该技术改造其原有年产 10 000 t 仲钨酸铵的"碱压煮－酸性萃取"生产线。另外，利用该技术在建的生产线包括江西龙事达钨业有限公司年产 6000 t APT 生产线（以黑钨矿为原料）和湖南懋天钨业有限公司年产 2000 t APT 生产线（以钨二次资源为原料）。

鉴于该技术对不同钨资源的良好适应性，该技术可以完全取代目前钨湿法冶金的"碱分解－离子交换（酸性萃取）"工艺，按目前仲钨酸铵国内生产情况分析，每年可替代仲钨酸铵产量至少 5 万 t，相当于国内总产量的 60%左右。该技术按此份额推广应用后，可产生良好的资源、环境和经济效益。

资源效益：以白钨矿为原料的年产 5000 t APT 生产线为例，与酸性萃取工艺比较，该技术每年减少白钨矿（50%WO_3）消耗 130 t，减少 NaOH 消耗 5000 t，硫酸消耗 6 500 t；与离子交换工艺比较，该技术每年减少白钨矿（50%WO_3）消耗 130 t，减少 NaOH 消耗 5000 t，硫酸消耗 2750 t。

环境效益：该技术可在将钨酸钠转型为钨酸铵的同时实现杂质 P、As、Si 的去除，过程无须专门的除杂工序，萃余液可返回浸出，从而实现碱和水的回用，大大降低碱耗和减少废水排放量。以白钨矿为原料的年产 5000 t APT 生产线为例，与酸性萃取工艺比较，该技术每年减少废水排放量 100 000 m^3，减少磷砷渣 5000 t；与离子交换工艺比较，该技术每年减少含氨氮和 As 的废水排放量 500 000 m^3。

5.3.1.4 仲钨酸铵热解络合汽提精馏技术

（1）技术原理

目前我国钨冶炼生产中主要采用的工艺技术各有其特点和待改进之处。其中，酸法工艺流程短、成本低、渣量少、高纯度产品的合格率高，但实收率低、副流程长、腐蚀性大、工作环境差、环境污染严重、矿源适应性差；碱压煮－萃取工艺实收率高、对矿源适应性较强，但成本相对较高、产渣量大、工作环境较差、环境污染较严重；碱压煮－离子交换流程最短、回收率高、除杂效果好、腐蚀性小、操作简便、易于机械自动化、投资和加工成本较少、工作环境好、环境污染小、对矿源适应性较强，但耗水量和排水量大、产渣量大。

本团队在冶金过程污染控制及相关废弃物资源化处理方面具有多年的研究及实践经验。高浓度氨氮废水资源化处理技术是由中国科学院过程工程研究所与北京赛科康仑环保科技有限公司联合研发成功的平台技术。针

对有色冶金、稀土、三元电池、煤化工、石化等重工业行业产生的高浓度氨氮废水，以汽提精馏工艺为基础，在将废水低成本达标处理的同时，回收氨等有价资源回用于生产中，实现资源的循环利用。

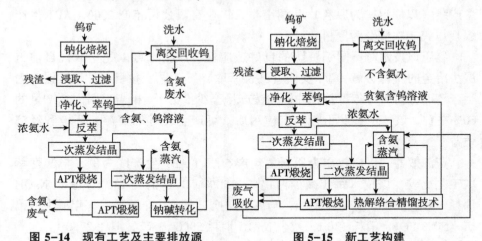

图 5-14　现有工艺及主要排放源　　　图 5-15　新工艺构建

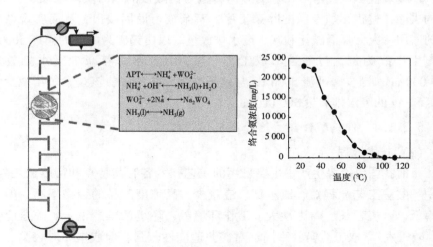

图 5-16　仲钨酸铵反应精馏原理

　　仲钨酸铵（APT）是生产金属钨和碳化钨的重要中间产物。针对目前现有工艺钠化转化工段反应效率低（1 t 溶液耗 1 t 蒸汽）的难题，且原料氨全部进入废水、废气，形成高浓度含氨废气、废水，需要高成本的无害化处理（图 5-14），本团队首次提出并研发了仲钨酸铵热解络合精馏技术，新工艺及原理如图 5-15、5-16，离子交换回收钨阶段不再产生含氨废水，二次蒸发结晶产生的含氨蒸汽以及 APT 煅烧阶段产生的废气进行吸

收，通过精馏技术形成浓氨水回流进反萃阶段形成新的原料，无须外加浓氨水。整个钨冶炼过程不产生污染，氨氮源头减排，过程污染转移且废物重新利用，形成资源化与无害化技术的集成优势。

首先针对萃取法生产 APT 和氧化钨的全过程进行了污染源解析，并结合生产工艺开发了深度脱氨–钨回收、氨循环、水循环三套关键技术。主要内容有：

1）含氨废水"深度脱氨–钨回收–氨循环"关键技术

以结晶母液及洗水为代表的含氨废水中的主要成分为氨和钨，存在形式有钨酸铵、仲钨酸铵、偏钨酸铵、钨杂多酸铵等等，本技术的处理思路主要是将钨转化为钨酸钠，氨转化为游离氨，然后采用汽提精馏法将氨从废水中分离出来形成氨水回用，剩余钨酸钠溶液进行钨的回收处理（图5–17）。

具体技术方案为：在含钨及氨的废水中加入氢氧化钠溶液调节 pH 值为碱性，使水中的仲钨酸盐、偏钨酸盐、钨杂多酸盐转化为正钨酸钠，氨转化为游离氨；将加氢氧化钠转化后的废水通入汽提精馏脱氨转化塔中，同时向塔中通入蒸汽作为热源对废水进行加热，通过多级相平衡进行氨氮的脱除，回收为浓度≥16%的高纯氨水；经过脱氨处理后的出水中氨氮的浓度降至 8 mg/L 以下，成为较为纯净的钨酸钠溶液；脱氨后的钨酸钠溶液经离子交换工艺回收钨产品。

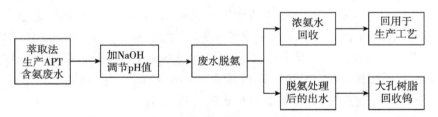

图 5–17　萃取法生产 APT 含氨废水资源化处理流程

2）含氨废气/汽"深度处理–氨循环–废气吸收水循环利用"技术

针对不同工段产生的含氨废气/汽进行分别处理（图 5–18）：对氨含量高的 APT 结晶废气首先采用二级冷凝，回收部分浓氨水，对冷凝后的尾气进行二级水喷淋吸收，获得稀氨水；对氨含量不高的其他含氨废气直接进行二级喷淋吸收，获得稀氨水。喷淋吸收获得的稀氨水与含氨不含钨废液合并，通过氨水提浓塔，将稀氨水浓度提高到 16% 以上，回用于生产，实现生产工艺的氨循环。氨水提浓塔所产生的底水（氨氮浓度低于 8 mg/L）

回用于含氨废气的二级喷淋吸收，可实现吸收液的水循环，减少新鲜水的消耗量。由于回收氨水浓度高，可与反萃取工序产生的空有洗水（氨和钨浓度均很低，治理成本高）混合配制成含氨 10% 左右的稀氨水，返回萃取工段作为反萃剂，可优化萃取系统的整体氨平衡和水平衡。

提浓塔底水氨浓度低于 8 mg/L，回收氨水浓度 ≥16%、最高可达 27% 以上，吨稀氨水蒸气单耗 76~96 kg。

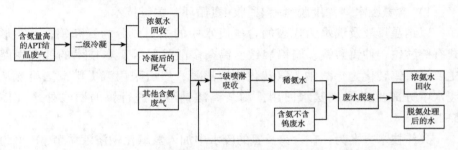

图 5-18 萃取法生产 APT 含氨废气资源化处理流程

该工程实施后，高浓度氨氮废水和含氨废气中氨氮污染物削减率、资源化利用率均大于 99%，回收的氨水符合生产工艺要求，废水废气中氨氮的排放浓度均优于国家一级排放标准，设施稳定、连续运行，具有较高的经济效益和环境效益。

3）废水重金属深度处理技术

萃取法生产高纯钨制品清洁生产工艺吨 APT 外排生产废水量为 17~20 m³，是国内主流工艺（离子交换工艺）生产 APT 外排水量的约 20%。相对于离子交换工艺，萃取法生产 APT 两道净化工序，让外排废水中重金属含量远低于国家排放标准，完全满足一类污染物车间排口达标要求。

① 除砷工艺。粗钨酸钠溶液加稀硫酸中和碱度至 0.8~1.4 g/L，加入一定量硫酸镁溶液，升温至沸腾并保温 1 h，溶液砷含量 <0.5 mg/L 后进行固液分离。净化后不合格的溶液须重新处理，即重新开蒸汽升温，加入适量液碱调整好碱度，加入适量的硫酸镁溶液，继续搅拌 5~6 min，待溶液冷却至 60℃ 以下采样分析，如果处理后溶液仍不合格，则需经过滤后返回净化槽按粗钨酸钠溶液重新处理。

② 硫化除重工艺。当钨酸钠溶液 pH 值等于 10，温度 60℃ 时，在喷淋塔内吸收硫化氢气体，此时溶液中的重金属与硫离子反应生成重金属硫化物，当溶液中硫离子浓度达到 1.3 g/L 时停止硫化喷淋，调整溶液 pH 至 3.0，溶液陈化 1 h 后进行固液分离。

车间排口重金属分析数据：

Hg 0.000 93 mg/L；As 0.0021 mg/L；Cr 0.0500 mg/L；Pb 0.0095 mg/L；Cu 0.0225 mg/L；Zn 0.1049 mg/L；Ni 0.001 56 mg/L；Cd、Mn 未检出。

本工艺具有如下特点和技术经济指标：

● 原料适用性广，产品纯度高

萃取法适用于黑钨精矿、白钨精矿以及黑白钨混杂矿等原料，对钨精矿品味和杂质没有特殊要求，尤其适应于高钼钨精矿的清洁生产。

萃取法适合生产高品质 APT 和氧化钨产品，氧化钨产品中杂质总量小于 60 mg/kg，优于国家零级品要求（≤175 mg/kg），其中：

Cu、Na、K、Mg、Mn≤1 mg/kg

Cr、Fe、Ni ≤2 mg/kg

Co、Ca、Sn ≤3 mg/kg

Al、As、P、Si、V、Mo ≤5 mg/kg

● 含氨废弃物资源化利用率高

氨是 APT 生产的必要原料，萃取法生产 APT 和氧化钨的过程中产生的废弃物多含有氨，按类别分，主要包括含氨废气、含氨不含钨废水和含氨含钨废水。含氨废弃物具有分散、水或气体中氨氮浓度差别大、回收治理难度大、成本高等特点。

本工艺基于对萃取法生产 APT 工艺过程的大量调研及实际考察，总结出工艺特点以及所产生含氨废气、废水的性质特征，以全过程思路为指导，研究开发了 APT 生产过程氨资源循环利用技术。技术充分体现了全过程以废治废以及水介质、氨资源、钨资源分级回收利用的处理思路。对于其产生的含氨废气需采用新鲜水进行吸收处理，增加了新鲜水的消耗量以及水成本。为充分实现水的循环利用，降低处理成本，提出氨吸收液循环利用的处理思路。

（2）工业化应用

目前已在江钨集团建成钨冶炼废水、废气综合处理工程，利用 APT 热解络合精馏技术，年节约生产成本超过 400 万元。

钨行业全过程控制示范工程的核心技术在于汽提精馏脱氨单元，能够实现废水中氨氮脱除率达到 99% 以上，只采用一步处理便降至 8 mg/L 以下；资源回收率高，对氨氮的回收率高于 99%，且回收后不用经过任何处理可直接回用于生产工艺；工艺集成性高，充分考虑了将不同来源废水、废气进行耦合处理，减少处理流程的复杂程度及设备数；能耗低，项目采

用汽提精馏塔的形式，对热能的利用效率达到最大化，相对传统蒸氨釜大大降低了能耗，将蒸汽消耗量降低 80% 以上；处理成本低，由于采用了集成处理及汽提精馏塔，并且增强了远程自动控制，大大减少了项目的投资及运行费用，同时回收高浓度氨水可直接回用于生产工艺中，节约大量排污费的同时也为企业节省了大量的生产成本。项目形成了具有自主知识产权的产业化技术与关键设备，形成的集成处理技术已在江钨世泰科钨品有限公司、赣州市海龙钨钼有限公司等获得应用，并取得良好的经济、社会和环境效益。

本技术在江钨世泰科钨品有限公司建立"萃取法生产 APT 氨资源循环利用技术"示范工程一套，并于 2014 年 7 月正式投入运行。项目地点位于江西赣州，工程规模为 63 t 废水/d，7 t 废气（氨气）/d。主要设备包括高浓度氨氮废水汽提精馏脱氨塔、含氨废气喷淋吸收塔（2 套）、稀氨水提浓塔等及相关配套设备。其中处理前废水中氨氮浓度为 10 000 mg/L，经处理后出水中氨氮浓度稳定低于 8 mg/L，优于《污水综合排放标准》（GB 8978—1996）中一级标准的氨氮排放限值；废气处理达标。

江钨世泰科钨品有限公司含氨废弃物资源化处理工程采用优化工艺条件连续运行（图 5-19），废水中氨氮的初始浓度约为 10 000 mg/L，按照每小时取样分析，对各项参数及运行结果的分析表明，工程能够实现连续稳定运行，各项参数能够满足设备运行需求并保持稳定，运行结果表明废水脱氨处理后氨氮含量稳定低于 10 mg/L，回收氨水浓度稳定为 15% ~ 18%，达到设计要求。

具有显著环境、经济效益：工程年处理废水量约为 2 万 t，年处理废气（氨气）量约为 2100 t，废水废气中氨氮去除率及资源化回收率均＞99%，实现年减排废水氨氮量 189 t，回收氨水 14 000 t；工程满负荷生产后，通过氨氮污染物减排、回收氨水产生经济效益可超过 730 万元/年。

图 5-19 江钨世泰科钨品有限公司含氨废弃物资源化处理工程现场

5.3.2 钨冶炼行业末端治理技术

5.3.2.1 钨冶炼行业废水处理方法

我国钨冶炼一直存在废水排放量大、处理成本高的问题。全国钨冶炼年排放废水 1600 万 t 以上，烧碱 2 万 t 以上，氨氮 1 万 t 以上，对生态环境的影响巨大。这些废水主要成分为氨氮（NH_3-N）、As、W、P、F、Cu、Pb、Mo 等。目前废水处理技术主要是除砷和脱氮。

国内外含砷废水的处理方法，主要有中和沉淀法、吸附法、絮凝沉淀法、铁氧体法、硫化物沉淀法以及微生物法等；根据钨冶炼废水的特点，我国钨冶炼企业大多采用石灰-亚铁盐工艺除砷。

国内外对氨氮废水的脱氮处理方法有吹脱法、镁盐法、碱转化法、蒸氨法、离子交换法、生化法、化学氧化法等，根据钨冶炼废水氨氮含量高（500~1500 mg/L）和废水量大的特点，我国钨冶炼企业大多采用镁盐法、碱转化法、吹脱法工艺。

本节介绍几种较为先进的废水处理工艺。

（1）石灰-亚铁盐除砷、湿式催化氧化吹脱除氮联合工艺

姚丽华等人，采用石灰-亚铁盐除砷、湿式催化氧化吹脱除氮联合处理工艺对钨冶炼废水进行处理，取得了不错的效果。

在钨冶炼离子交换后产生的废水中，砷是以砷酸根（AsO_4^{3-}）或亚砷酸

根（AsO_3^{3-}）的状态存在。为了使砷的除去率达到最佳，先将 As^{3+} 氧化成 As^{5+}，后加入石灰，生成难溶于水的钙盐沉淀。然后，再加入铁盐（如硫酸亚铁、氯化铁等），铁盐水解生成氢氧化铁，与 AsO_4^{3-} 或 AsO_3^{3-} 作用，生成难溶的砷酸铁或亚砷酸铁沉淀。另外，通过铁的氢氧化物对污染物的吸附、卷带、网捕及共沉淀等作用，达到深度除砷及除其他污染物的目的。

氨在水中的溶解度主要取决于液体的温度和氨在液面上的分压。废水中的氨氮，大多以铵离子（NH_4^+）和游离氨（NH_3）形式存在，并在水中保持平衡关系。本工艺采用的氨氮吹脱处理法，其原理是利用废水中所含氨氮等挥发性物质的实际浓度与平衡浓度之间存在的差异，在碱性条件下用空气吹脱，使废水中的氨氮等挥发性物质不断由液相转移到气相中，从而达到从废水中去除氨氮的目的。

其工艺流程如图 5-20 所示。

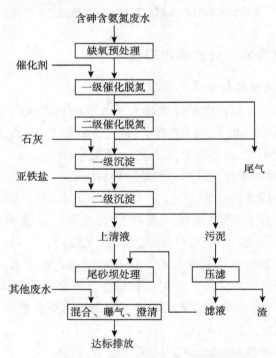

图 5-20　含氨含砷废水处理工艺流程图

废水首先进入厌氧池进行缺氧预处理，然后用泵从塔顶部泵入吹脱塔，与从塔底送入的空气接触，在催化剂作用下经二级脱氮后进入高效沉淀池，加入石灰、亚铁盐等药剂除去砷等污染物，最后进入尾砂坝与其他

废水混合、曝气和澄清。

经该工艺处理的废水，其 pH、COD、As、NH_3-N 指标均符合 GB 8978—1996《污水综合排放标准》一级标准的要求；其中 As 和 NH_3-N 的处理效率分别达到 99.5% 和 93.2%。

该工程项目为国内对钨冶炼含砷含氨氮废水实施系统处理的先例，在国内钨冶炼行业中具有良好的示范作用。但还存在氨氮吹脱系统产生的氨废气直接排入大气，从水相污染转移到了气相污染的问题，有待进一步研究改进。

（2）结晶母液镁盐法脱氨氮技术

当前我国广泛采用碱分解-离子交换-蒸发结晶工艺生产 APT。在 APT 结晶母液中，通常含有大量钨的磷、硅、砷杂多酸铵盐以及高浓度氨氮（$5\sim15$ g/L）。若将这部分结晶母液直接返回离子交换工序回收，则因其中磷、硅、砷杂多酸根分子团体积较大，交换过程难以吸附而影响钨的回收率，同时还将导致排放的交后液中氨氮浓度过高（$500\sim1500$ mg/L），导致氨氮排放的超标，对江河水体造成严重的环境污染。

万林生等采用 APT 结晶母液碱转化-镁盐深度脱氨氮的工艺，研究了结晶母液深度脱氨的工艺和技术条件。

1）碱性钨酸钠料液转化脱 NH_4^+ 原理

在 APT 结晶母液中加入含 NaOH 45 g/L 的浓钨酸钠料液高温煮沸，得到初步脱氨的转化液。该过程加热脱反应为：

$$NH_4Cl+NaOH \xmapsto{\triangle} NaCl+NH_3\uparrow+H_2O$$

2）镁盐沉淀深度脱 NH_4^+ 原理

在含碱浓钨酸钠溶液初步脱 NH_4^+ 的转化液中，再次加入 APT 结晶母液，控制终点 pH 为 $8\sim9$，然后加入浓度为 $18\%\sim20\%$ 的 $MgSO_4$ 溶液，生成溶度积很小的铵镁盐，从而实现深度脱氨（图 5-21）。该过程脱氨氮反应为：

$$Na_2HPO_4+MgSO_4+NH_3\cdot H_2O=MgNH_4PO_4\downarrow+Na_2SO_4+H_2O$$
$$Na_2HAsO_4+MgSO_4+NH_3\cdot H_2O=MgNH_4AsO_4\downarrow+Na_2SO_4+H_2O$$

本技术采用碱性浓钨酸钠料液作为转化试剂，可实现结晶母液的初步脱氨。结晶母液的氨氮除去率可达 76.3%。结晶母液经浓钨酸钠料液转化初步脱氨后的转化液，可采用镁盐沉淀法实现深度脱氨。氨氮的除去率可达 98.88%，溶液中的氨氮含量可除至 42 mg/L。采用浓钨酸钠碱液转化镁盐深度脱氨后所得到的钨酸钠溶液，稀释 10 倍后配制交前液进行离子交

工业污染全过程控制与应用

换，交后液氨氮浓度可小于 0.0005%，满足 0.0015% 国家排放标准。

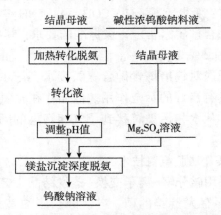

图 5-21 结晶母液镁盐沉淀法深度脱氨工艺流程图

（3）钨离子交换废水中氟离子去除技术（CN 104876270A）

我国钨冶炼普遍采用碱法工艺。在钨精矿的碱分解过程中，少量萤石（CaF_2）与 NaOH 反应生成 NaF 进入浓钨酸钠料液中，若不除去将在其后的钨离子交换过程随交后液排放，污染环境。离子交换处理后的废水中氟离子浓度高达 100~120 mg/L，超过国家排放标准（＜10 mg/L）10~12 倍。目前，化学沉淀法只能将其中的氟离子含量降低到 30~40 mg/L，混凝沉淀法去除氟离子的效果不稳定，吸附法难以适用于氟浓度高的工业废水。由于缺乏成本低廉、有效的除氟技术，我国钨冶炼企业尚未对生产过程中产生的氟化钠进行有效的净化处理。

万林生等发明了一种钨酸钠溶液除氟的方法，在钨酸钠溶液经稀释配料、离子交换吸附-解析得到钨酸铵溶液前，可以对钨酸钠溶液进行低成本、高效地除氟处理。具体方法为（图 5-22）：调节钨酸钠溶液的 pH 值至 9.0~9.5，并加热至沸腾；将所述调节 pH 值后的钨酸钠溶液冷却至 10~30℃；之后加入过量的碳酸钙，并随着搅拌使所述碳酸钙与氟反应，得到含有氟化钙的钨酸钠混合溶液；接着加入过量的硫酸亚铁和过量的氢氧化亚铁，并随着搅拌使所述氟化钙进行絮凝沉淀，并进行静置，可得到除氟后液；以及将所述除氟后液进行过滤，可获得净化后的钨酸钠溶液。

此技术可以低成本、高效地对钨酸钠溶液进行除氟，除氟率可以达到 93.0%~96.0%，即氟含量由除氟前的 1000~1200 mg/L 降至除氟后（以除氟前体积计）的 50~80 mg/L 以下。除氟后的钨酸钠溶液经稀释配料（稀释10 倍）、离子交换吸附后，离子交换废水的氟含量在 5~8 mg/L 范围，低于

国家工业一级废水排放标准（F＜10 mg/L），与钨冶炼离子交换废水（交后液）除氟方法相比，废水处理量减少90％，成本降低80％。

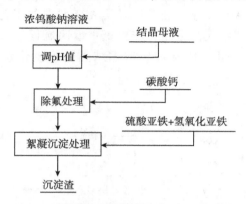

图 5-22　钨酸钠溶液氟离子去除技术路线图

5.3.2.2　钨冶炼行业废气处理方法

钨冶金过程中产生的废气主要为离子交换解吸的钨酸铵蒸发结晶的氨尾气和仲钨酸铵煅烧产生的含氨废气，尤其是蒸发结晶生产仲钨酸铵（APT）时产生的含氨废气。还有钨精矿焙烧烟气，球磨加料废气，硫化、调酸除钼废气等阶段。针对 APT 生产过程中产生的含氨废气，传统的处理方法通常是用酸吸收后直接排放，吸收后的盐另作处理后作为肥料进行出售。处理过程需要消耗大量酸，且吸收后的盐溶液并不能在生产过程中回用，而是需要做后续处理后另寻销售出路。

APT 蒸发结晶过程中，料液中的氨除部分进入 APT 外，大部分的氨都随蒸汽逸出，每生产一吨 APT 大约产生 110 kg 氨。氨对人体皮肤、黏膜有强烈刺激和腐蚀作用，对大气有较大的污染，因此必须进经过净化处理后才能排入大气。氨作为一种资源，在 APT 生产中消耗量很大，从蒸发废气中回收氨，不仅可以使氨循环利用，保护环境，同时也可以降低企业生产成本。

含氨废气的治理方法通常有以下几种：一是采用水吸收；二是在有大量蒸汽存在下通过冷凝的方法变为稀氨水；三是采用硫酸吸收为硫酸铵溶液可回收硫酸铵产品等。前两种方法是将氨从气中转移到水中的消极方法，引起水体中的氨氮超标；第三种方法可回收硫酸铵，但投资大，且要经受到市场经济的考验。利用氨既极易溶于水又极易从水中逸出、与酸化合成铵盐等特点，采用适当的工艺和设备可以对 APT 结晶尾气中氨进行回收利用。本

工业污染全过程控制与应用

节介绍几种先进的氨回收技术。

(1) APT 结晶尾气中回收氨技术

罗章清等根据 APT 液成分较简单以及 APT 结晶的工艺特点，采取一级气态氨分离回收尾气中大部分氨，产出氨水返回流程，二级中和对尾气中的残氨进一步深度净化，中和液经浓缩结晶回收氯化铵，工艺流程见图 5-23。

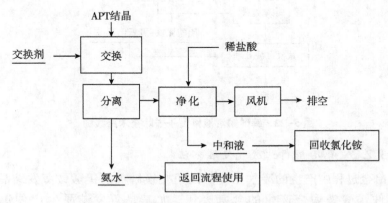

图 5-23　氨气二级脱除工艺流程图

用该工艺从 APT 结晶尾气中回收氨技术实施后，APT 生产的液氨消耗量降 56%，按年 APT 600 t 计算，每年可减少液氨用量 28t，价值 6 万元。

(2) 钨湿法冶金氨冷凝回收技术

何长仪等根据氨在水中溶解度，将含水蒸气和氨气的废气进行冷凝和加热处理，氨水蒸气分离，氨进行冷却吸收，回收的氨水全部回用于生产。

具体先将钨酸铵排放出来的含氨废蒸汽（＞96℃）冷却到 50～60℃，蒸汽 99% 以上冷凝为水，大量的氨被分离出来，有少量的氨被冷凝下来的水所溶解为 2~3 mol/ L 的稀氨水，将其转入再沸器，温度升到 90～95℃，水中 95% 以上的氨逸出。将分离出来的氨气作为吸收质，以氨反萃有机相洗水作吸收剂，在喷射泵中进行吸收，吸收是个放热过程，采用 15℃ 的冷冻水进行冷凝，可制成 12 mol/L 以上的氨水。整个吸收过程都在不锈钢或塑料的容器和管道中进行，所以最终从再沸器排放的水质经监测达到了离子交换水的标准，可作为钨反萃后有机相的洗水用（图 5-24）。

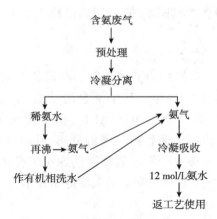

图 5-24　废气处理典型工艺流程图

　　氨的回用率达 94%~95%，回收的氨水再用于主流程，与主流程形成封闭系统，可实现无三废排放。每年可回用的氨水（拆成液氨计）超 600 t。每生产 1 t 仲钨酸铵的氨耗由原来的 0.46 t 降低到 0.25 t，有效地消除氨对环境的污染，并有很好的经济和社会效益，氨回用工艺简单可靠，不仅适用于钨湿法冶炼，而且适用排放氨废气的企业。

5.3.2.3　钨冶炼行业固废资源化与无害化

　　在钨冶炼过程中有大量的渣产生，渣的量约为投入矿量的 40%。渣的不合理堆放会给地下水造成严重的污染，同时，钨渣中含有很多可回收利用的金属，如钨、钽、铌等。所以在处理废渣的时候，要在保证环保的前提下，尽量地回收利用其中富含的有价金属，使矿物得以充分利用。我国钨二次资源回收技术发展迅速，推动了钨循环经济的快速发展。钨的二次资源利用包括废钨粉末、磨削料、含钨废催化剂和含钨废渣等。原采用的机械破碎法和锌熔法这些年来已基本不用，近年来重点发展起来的是选择性电解法和氧化熔炼法。

　　由于生产条件的变化，造成渣中含钨量发生波动，一般根据渣中的含钨量进行处理。介绍一些在钨二次资源回收过程得到工业应用的技术。

　　（1）氧化熔炼法废钨回收技术

　　厦门钨业经过多年探索试验开发了氧化熔炼法废钨回收技术。将废钨与添加剂混合后在 750 ℃下熔炼生成钨酸钠，再水浸得到钨酸钠溶液，此溶液按现行离子交换工艺生产高质量 APT，钴镍留在浸出渣中，再酸浸提取钴镍。该方法能处理各种含钨废料，处理温度比较低，熔炼设备寿命

长，熔炼气体经处理能达标排放，现在厦门已建立了年处理废钨量达 4000 t 的生产线。

（2）废钨渣及催化剂回收技术

而对于含钨磨削料和钨渣、废催化剂，一般是先对磨削料进行酸洗回收大部分钴镍，再将粉末料与碳酸钠混合进行烧结，水浸后得钨酸钠溶液，再将钨酸钠溶液离子交换生产 APT。由于原料的多样性和不确定性，这些回收的废料往往会遇到钨与铬的分离、钨与钒的分离、钨与钼的分离问题。中南大学又相继开发了硫化物还原沉淀分离铬的技术、硫代化离子交换除钒技术及氢氧化铁的吸附共沉淀除钒技术。

5.4 钨冶炼污染全过程控制集成优化

5.4.1 仲钨酸铵（APT）生产全过程经济评价

过程减排技术虽然在生产过程中实现高效分离、产品纯度提高、废水排放量降低等功效，但仍存在污染排放问题，本质上与污染处理过程脱节，无法评估整体过程的经济性，不能从根本上实现经济效益与环境效益的协同提升。本节采用"工业污染全过程控制"新策略，通过跟踪污染物的物质流动，将废物处理步骤作为 APT 生产的一个组合步骤。对整个过程（生产加废物/排放处理）进行全面跟踪。因此，整个过程的材料和成本效益可以得到改善。

5.4.1.1 工艺优化步骤

使用工业污染全过程控制策略的流程优化涉及以下过程：

① 作为优化的重要步骤，进行物质/能量流的调查。尤其是系统地了解潜在污染物的分布和理化特性，包括它们在整个过程中的转变途径、反应机理、毒性等。

② 综合考虑整个过程的材料和成本效益，对浸出和提取工艺进行了优化/设计。

"工业污染全过程控制"策略要求在工艺优化同时考虑 APT 生产技术和有效的废物/排放处理，而不是把重点放在产品的主要成分上，在这种情况下，含钨污染物被跟踪并作为过程的优化目标。整个过程可以表示为原料、化学品/添加剂浸出/熔炼，进一步分离或纯化以去除不需要的元素和产品制备并最终获得所需主要产品（或中间产品）。固体、液体和气体废物/排放被统一处理。工艺优化原则包括原子经济、绿色分离和处理、试剂循环和/或危险试剂替代等主要技术。然而，过程优化的应用或效益需要来自过程的主动反馈以及物质和能量流之间的关系。

通过工业污染全过程控制，采用了以下程序：

① 加压浸出优化焙烧步骤，同时修改实验条件以确保废物的可重用性。

② 离子交换取代溶剂萃取，同时修改实验条件以确保废物的可重用性。

③ 尽可能多地重复使用或再循环含污染物的废物/排放物。

5.4.1.2　主要污染物的识别

进行全过程优化，跟踪污染物的分布情况很重要。本节对传统工艺中矿物质、残渣和废水的成分进行了具体分析，具体情况见表 5-5、表 5-6、表 5-7。可以发现 Zn、Ni、As 和 Pb 可能是矿物中的重金属污染物，浸出后富集在残渣中。氨氮成为废水中的主要污染物，可能与重金属有关。

表 5-5　白钨矿组成

元素	WO$_3$	Ca	Fe	Mn	S	As/(10^{-6})	Ni/(10^{-6})
wt. %	53. 18	21. 79	0. 22	0. 07	0. 55	241	37
元素	Zn/(10^{-6})	Mo	Pb/(10^{-6})	Cd/(10^{-6})			
wt. %	302	0. 47	177	5			

表 5-6　杂质去除过程中浸出渣及残留物混合物组成

元素	WO$_3$	Ca	Fe	Mn	S	As/(10^{-6})	Ni/(10^{-6})
wt. %	3. 23	26. 11	0. 12	0. 03	0. 55	363	10
元素	Zn/(10^{-6})	Mo	Pb/(10^{-6})	Cd/(10^{-6})			
wt. %	202	0. 07	271	—			

表 5-7　污水处理前混合物组成

元素	WO$_3$	Mo	P	As	Ni	Cl$^-$	N（NH$_3$-N）
g/L	0. 48	0. 039	0. 77	0. 01	0. 01	0. 42	1. 65

5.4.1.3　工业污染全过程控制评估方法

为了评估过程优化的有效性，定义了两个参数：操作成本效益及潜在环境影响。因此，只考虑废弃物/排放物处理在内的 APT 生产的运营成本，而不考虑资产成本（包括土地、设施、维护和其他因素）。实施这些原则的困难主要包括找到合适的参数和相关性来提供定量评估。运营成本

（不包括资产投资和维护／人工成本）的评估通过以下等式进行：

$$C_W = \sum_i \omega_i C_i = \sum_i \omega_i \left(\sum_j (c_{ej} + c_{mj}) \right) \qquad (5-1)$$

其中 ω_i 是整个过程中单个步骤的相关因子，具体计算方法同 3.3.3 节，C_i 是特定步骤的成本或标准化成本，C_{ej} 是与能耗相关的成本，C_{mj} 是与特定步骤中材料消耗相关的成本。

初级金属生产过程通常为冶金／化学工艺过程，环境风险通常来自固体、液体和气体废物的排放，它不仅取决于危险组分的浓度，还取决于污染物的流量。为了使用不同的技术（即 P1，P2 和 P3）评估 APT 生产过程中潜在的环境影响，可以将环境影响指标定义如下：

$$PEI_W = \sum_i \omega_i PEI_i = \sum_i \omega_i \left(\sum_j x_j m_j \right) \qquad (5-2)$$

其中，PEI_i 是整个过程中单一步骤的环境影响指标，j 表示固体、液体或气体废物，x_j 和 m_j 分别是废物流中污染物的浓度和量，通过 PEI_w，可以了解工艺中有害元素的最终去向以及对环境的影响。废物或排放通常需要特定处理或由认证公司填埋。

在本研究中，考虑对三种类型的工艺进行评估，即 P1——优化前的传统工艺（焙烧和溶剂提取工艺），P2——使用清洁生产原理（压力浸出和离子交换工艺）进行优化，P3——采用全过程污染控制策略进行过程优化（压力浸出和物料再循环过程）。

5.4.1.4 工业污染全过程控制评估结果

图 5-25 描述了三种 APT 生产工艺。P2 根据清洁生产的原则进行了优化，与 P1 相比，新技术实施的重点在于提高 W 的产量，而忽略了危险废物的处理。然而，新技术的实施将不可避免地增加这一过程的投资并且有时会受新环境法规的激励。P3 根据工业污染全过程控制策略优化整个过程。这种优化不仅考虑到新环境法规的要求，而且考虑了包括废物处理在内的整个过程的成本降低。如表 5-6、表 5-7 所示，固体废物中主要危险元素为重金属，包括 As、Ni、Zn 等。Mo／W 元素应尽可能提取。废水中的主要污染物是重金属和氨氮。

（1）逐步优化 APT 生产

根据图 5-25，将 APT 生产分成四个步骤，即浸出／提取步骤、纯化步骤、产品准备步骤和废物处理步骤。APT 生产的加工成本来自中国江西三条相同的钨生产线。实施流程优化，并在新流程稳定运行至少 6 个月（本研究使用平均一个月的运营数据）后获得成本细节。

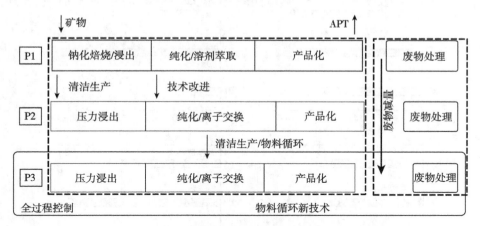

图 5-25 APT 生产不同工艺对比

如图 5-26 所示。每个提取步骤的成本遵循 P3≈ P2＞ P1 的顺序，而不考虑矿物质消耗的减少（5-26a），由于采用加压浸出技术，能耗和化学耗都会增加。在纯化步骤中，溶剂萃取已经是一项成熟的技术，并且自 20 世纪 40 年代以来一直用于中国的 APT 生产。溶剂萃取处理之前，溶液需要进行纯化，通过诸如 Si 和 As 的杂质来进行沉淀。溶剂萃取的主要优点是运行成本较低，操作成熟。然而，需要进一步处理剩余溶液来减少对环境的影响，是近年来的一个重大问题。因此开发了离子交换技术以提高钨回收率并尽可能减少废水排放。该原理涉及添加阴/阳离子交换树脂，从粗制 Na_2WO_4 溶液中分离钨，使得 Na^+ 或 WO_4^{2-} 被树脂吸附/交换。由于能源和化学消耗相对较高，离子交换步骤的成本大于 P1 中的传统溶剂萃取技术（图 5-26b）。对 P3 而言，尽管 P3 中纯化步骤的成本高于 P1，但是与 P2 相比，从废物处理阶段开始的化学再循环（依据全过程策略）的成本显著降低。关于产品步骤（图 5-26c），P1 的成本高于 P2 和 P3 的成本。值得注意的是，P1 需要额外的结晶和分离（图 5-27）。根据不包括垃圾处理在内的三个步骤的总成本（可称为运营成本），运营成本的排序为 P2＞ P1＞ P3（图 5-26d）。

结果表明，如果不将废弃物/排放处理纳入优化 APT 生产的全过程中，尽管 P2 中钨的萃取选择性显著提高，但其操作成本却是最高的。基于使用 P1 和 P2 的不同公司的现场调查，我们确定即使 P2 具有高钨回收选择性，但其运营成本的增加是 P1 未被完全取代的主要原因。

工业污染全过程控制与应用

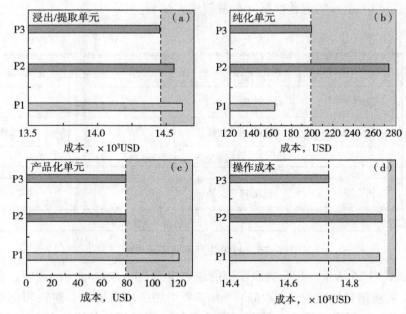

图 5-26　不同工艺中成本细节

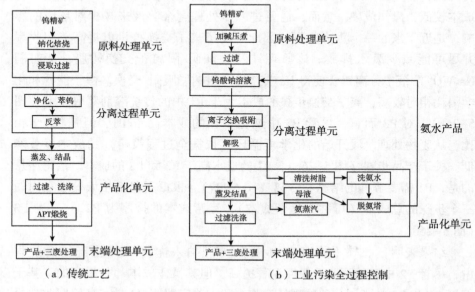

图 5-27　APT 生产的典型过程

（2）不同流程的成本效益

为了评估不同过程的成本效益，在第 3 章 3.4.2.3 节介绍的通用公式基础上计算 C_W。对于 P1，确定如下：

$$C_{WP1} = \omega_{L1}C_{L1} + \omega_{Pu1}C_{Pu1} + \omega_{Pr1}C_{Pr1} + \omega_{Wt1}C_{Wt1} \tag{5-3}$$

由于没有考虑材料再循环/再利用，浸出步骤的再循环比为零，而在溶剂再生和水再循环的纯化步骤中再循环比为 0.35。在这种情况下 $\eta_{L1} = 0$ 和 $\eta_{Pu1} = 0.35$。在这种情况下，可以计算每个步骤的相关因子和成本效益。

$$C_{WP2} = \omega_{L2}C_{L2} + \omega_{Pu2}C_{Pu2} + \omega_{Pr2}C_{Pr2} + \omega_{Wt2}C_{Wt2} \tag{5-4}$$

$$C_{WP3} = \omega_{L3}C_{L3} + \omega_{Pu3}C_{Pu3} + \omega_{Pr3}C_{Pr3} + \omega_{Wt3}C_{Wt3} \tag{5-5}$$

$\eta_{L2} = \eta_{L3} = 0.13$（浸出介质的再生）

由于根据具体成本计算不同材料的单个再循环比率较复杂并且实际中不适用，表 5-8 中给出的值是相应材料的平均再循环比率，为了简便起见，认为它们的成本是相同的。

表 5-8   不同 APT 生产过程的相关因子的实验结果

生产工艺	参数	浸出（L）	纯化（Pr）	产品化（Pu）	废物处理（Wt）
P1	η	0	0.35	0.3	0
	ω	1	0.74	0.77	1
P2	η	0.13	0.46	0.3	0
	ω	0.88	0.68	0.77	1
P3	η	0.13	0.46	0.3	0.4
	ω	0.88	0.68	0.77	0.71

图 5-28 比较了不同工艺的成本效益，特别是单个步骤的成本比例。对于 P2，成本效益仍然很高，因为压力浸出和离子交换都会增加能量和化学品消耗，却低于 P1。由于材料再循环在成本效益分析过程中得到了整合，因此它更适合反映过程的优势，而不是精确成本。这就是过去 P1 被广泛使用并且仍然存在的原因，特别是在环境法规没有特别严格实施的地方。APT 生产的主要环境影响包括废气（包括氨和 NO_x），废水（包括氨、Cl^-、NO_3^-、SO_4^{2-}、酸和重金属离子）和固体废物（包括 As_2O_5、MoS_3、$Ni(OH)_3$、P_2O_5 等化合物）。此外，如果将 P1 用于 APT 生产，则在溶剂萃取步骤中会产生大量高 COD 的废水。在 P3 中，根据全过程原则，废物处理步骤列入优化 APT 生产过程中，并且可以清楚地观察到重大改善，尤其是

在比较纯化步骤和废物处理步骤的成本时。废物处理成本的降低也表明，如果将工业污染全过程控制应用于工艺优化，环境影响可能会降低。

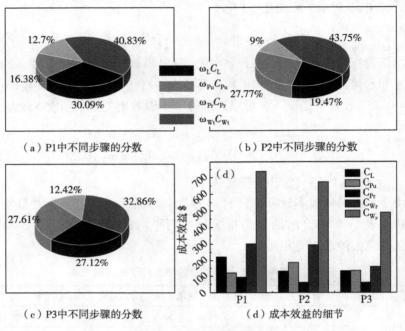

（a）P1中不同步骤的分数   （b）P2中不同步骤的分数

（c）P3中不同步骤的分数   （d）成本效益的细节

图 5-28　成本效益的比较

图 5-28d 显示了不同步骤的成本效益分解。显然，只引进清洁生产技术不能显著降低 C_{W_P}。通过整合工业污染全过程控制，系统地跟踪污染物的物质流动并增加流程内的流通性，整个过程成本可以显著降低。

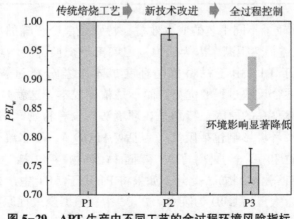

图 5-29　APT 生产中不同工艺的全过程环境风险指标

为了定量评估 APT 生产过程中不同工艺的全过程环境影响，计算了环境影响指标并与传统的盐焙烧–溶剂萃取工艺进行了比较。根据公式（3），使用以下比率评估不同工艺的环境影响：

$$PEI_{P1} = \frac{PEI_{Pi}}{PEI_{P1}} \qquad (5-6)$$

如图 5-29 所示，在 APT 生产中利用离子交换技术取代盐焙烧–溶剂萃取工艺，环境风险指标略有下降。然而，与 P2 和 P1 相比，尽管废气显著减少，但在树脂/膜再生过程中仍然产生大量废水。在 P3 的情况下，工业污染全过程控制原则被引入到工艺优化，环境风险指标大幅下降，表明在整个过程中物质和能量流的相互循环和优化是非常重要的。环境风险与废物处理的成本效益一致，重要的是要确定特定工艺过程中废物产生量。在工业污染全过程控制优化中，通过减少环境影响和降低运营成本综合考虑整个过程成本的降低是至关重要的。图 5-28 和图 5-29 表明，工业污染全过程控制是典型湿法冶金工艺过程优化的有效方法，本研究中开发的模型可用于评估工艺的有效性。

5.4.2　仲钨酸铵（APT）生产污染全过程控制路线图

图 5-30 为钨行业污染全过程控制技术路线图。

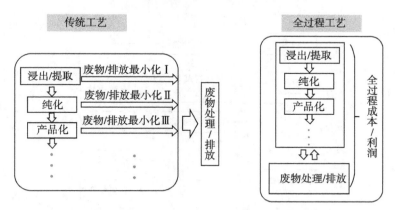

图 5-30　钨行业水工业污染全过程控制技术路线图

以资源高效清洁综合利用为导向，基于生产过程可能产生的特征污染物生命周期分析，从原料、生产全过程以及"三废"入手，以综合成本最小化为目标，将钨冶炼工艺过程与污染物处理过程进行优化集成，研发建立钨资源高效清洁综合利用新工艺与高纯钨产品生产技术，实现多种有价

资源高效清洁提取与短程绿色分离，建立有毒有害废弃物零排放与界内外循环利用的循环经济集成优化技术体系。

5.5 钨冶炼氨污染全过程控制案例分析

基于仲钨酸铵生产工业污染全过程的经济评估，已研制适合我国国情、具有自主知识产权、高效低耗的污染物源头减排-末端治理-工业污染全过程控制成套技术——高杂低品位钨精矿离子交换法生产高纯钨制品全过程工艺，并在代表性企业示范应用，为我国钨行业典型主要污染物减排提供技术支撑。

5.5.1 钨冶炼氨污染全过程控制示范工程工艺介绍

离子交换法生产 APT 的工艺流程及含氨废气、含氨废水的产生节点如图 5-31 所示。

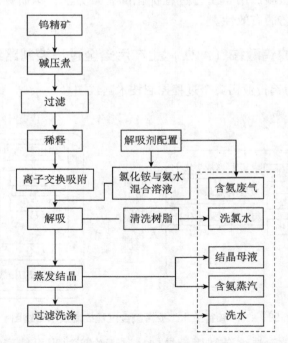

图 5-31 离子交换法生产 APT 工艺流程图及含氨废气、废水产生节点

碱压煮-离子交换工艺是我国首创的 APT 生产工艺。其原理是利用离子交换树脂对不同物质的选择吸附性对粗钨酸钠溶液净化除杂制取纯钨化合

物。主要工艺流程为：钨精矿碱压煮–过滤–稀释–离子交换–解吸–蒸发结晶–过滤洗涤。

采用离子交换法生产 APT 的过程中，解吸工段所采用的原料为氯化铵与氨水的混合溶液，除钼工段使用原料含有硫化铵，使得后续结晶、洗涤、树脂清洗等过程产生高浓度氨氮废水，结晶过程产生含氨废气等。

5.5.1.1　APT 生产（离子交换法）含氨废弃物循环利用技术（图 5–32）

首先使用汽水分离器将其中的水及小部分氨分离出来，得到稀氨水 1；汽水分离器出来的剩余气体使用水洗塔进行循环洗涤，吸收所用水为氨氮浓度较低的清洗树脂产生的洗氯水（氨氮浓度约为 1 g/L）的一部分，同时得到浓度为 10~15 g/L 的稀氨水 2。剩余的洗氯水氨氮含量相对于结晶母液等废水较低，直接进汽提精馏脱氨塔，会由于用水量大幅上升而提高运行成本，因此本项目采用成本较低的电渗析法先将这部分洗氯水进行浓缩处理，其中经电渗析出来的淡水直接回用于清洗离子交换柱、配制解吸剂等工艺中。与之前行业普遍采用的洗氯水直接回用方法相比，本项目将洗氯水中的杂质含量大大降低，避免了水介质循环回用过程导致杂质在工艺系统中积累、引起最终产品中杂质含量过高、产品不合格现象的发生。经电渗析出来的浓水中氨氮浓度由 1 g/L 提高到 10~20 g/L，再与其他高浓度氨氮废水混合后进入汽提精馏塔中进行脱氨及氨水回收，大大降低了废水处理成本，同时能够提高资源利用率，避免杂质的积累。

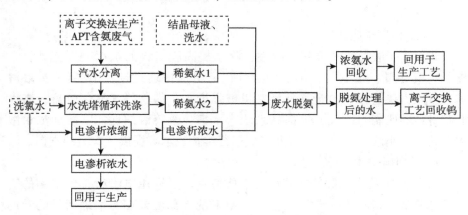

图 5–32　离子交换法生产 APT 含氨废气、废水资源化处理流程

将汽水分离器得到的稀氨水 1、水洗塔得到的稀氨水 2、电渗析浓水、离子交换法生产 APT 工艺过程产生的其他高浓度氨氮废水（包括结晶母液、

洗水）混合；混合后的含氨水加氢氧化钠调节 pH 值为碱性，使水中的氨氮全部以游离氨形式存在，然后含氨水进入汽提精馏脱氨塔，利用蒸汽作为热源对其进行加热，基于氨与水分子相对挥发度的差异，通过多次汽化、冷凝过程，使氨从水中分离，并回收为浓度不低于 16% 的氨水。经汽提精馏脱氨转化塔处理后的水含氨氮量降至 8 mg/L 以下，但是仍然含有相当浓度的钨，需要使用离子交换工艺回收钨产品。

5.5.1.2　含氨洗水电渗析浓缩技术

首先采用电渗析技术将洗氯水中的氨氮浓度由 1 g/L 浓缩至 10~20 g/L，然后将这部分电渗析浓水与其他高浓度氨氮废水混合后进入精馏汽提塔进行氨氮脱除及氨水回收，实现处理出水氨氮浓度小于 8 mg/L，回收氨水浓度不低于 16%，洗氯水的电渗析淡水回收率不低于 90%，洗氯水的处理成本降低 80% 以上。

本团队研发适用于 APT 含氨洗水浓缩的高效电渗析浓缩技术。由于 APT 生产中含有低浓度氨氮的废水种类较多，造成的膜污染性质存在较大差别，为了防治电渗析体系出现的膜污染问题，专门针对膜污染的形成机理、膜污染类型、组成和性质、离子膜抗污染性能、膜污染综合防治、电渗析控制系统、电膜单元结构优化设计等进行深入系统研究，在提高电渗析浓缩过程膜抗污染性能、改善系统运行稳定性、降低运行维护成本等获得重大突破，为电膜技术成功应用于 APT 洗水浓缩提供了保证。主要体现在如下方面：

1）新型离子膜研制与改性

新型离子膜材料的研制与改性，除了提高膜材料的抗污染性能外，在离子交换容量、膜电阻、化学稳定性、离子选择透过性、水/离子扩散渗透、膜压力渗透性、电迁移特性、机械强度等，都获得了显著改善。高性能膜材料的研制与改性，为提高系统产水率、改善浓缩性能、增加浓水浓缩倍数、减小浓水排放量，以及降低运行维护成本等提供了有力的支撑。

2）专用电渗析设备研发

根据 APT 洗水达标外排废水的水质特点以及采用电渗析技术浓缩的工艺条件要求，本团队所研发了适用于 APT 洗水深度处理与浓缩回用的专用电渗析成套设备。

在前期研究基础上，进一步研发适用于 APT 洗水电渗析处理的成套设备，并进行成套设备的大型化、系列化和标准化研发。目前已具备大规模生产适用于 APT 洗水电渗析处理工业应用的成套设备（图 5-33）。

图 5-33　适用于 APT 洗水电渗析浓缩的大型成套设备

3）基于实验室基础研究的工程化技术研发

基于实验室前期基础研究，开展 APT 洗水电渗析浓缩处理的逐级放大研究与现场中试（图 5-34），APT 洗水处理规模从 60 L/h、150 L/h、500 L/h、2 m³/h 等逐级增大，电渗析浓缩从一级一段、多级多段、多级逆流和自动频繁倒极等进行技术升级，处理规模和工艺逐步接近实际工程化应用。通过电渗析浓缩工艺优化、优选预处理技术、系统控制、膜污染综合防治，以及系统浓水进一步优化处理等，形成了 APT 洗水深度处理与脱盐回用的工艺包，并通过长期现场中试研究表明，所研发的成套技术及处理工艺适用于 APT 洗水的深度处理与脱盐回用，具有淡水回收率高（＞85%）、浓水浓缩倍数高（12% 以上）、浓水排放量小（＜15%）、膜抗污染性能好、系统能长期稳定运行、运行维护成本低等特点，具有较好的推广应用前景。

图 5-34　APT 洗水电渗析浓缩处理的逐级放大研究与现场中试

5.5.1.3 技术优势

① 优化水的循环，提高产品质量。项目使用电渗析方法将洗氯水中的氯化铵进行浓缩，同时得到盐含量很低的淡水，将这部分淡水循环使用，避免了直接回用造成的杂质积累问题，回用水中的杂质去除率达到90%以上，提高了产品 APT 的质量，能够实现高品质 APT 产品的生产（以三氧化钨计），产品中杂质总量小于60 mg/kg，优于国家零级品要求（22种杂质含量总和≤110 mg/kg），其中：

Cu、Na、K、Mg、Mn≤1 mg/kg

Cr、Fe、Ni ≤2 mg/kg

Co、Ca、Sn ≤3 mg/kg

Al、As、P、Si、V、Mo ≤5 mg/kg

氧化钨产品物理性能指标：

比表面积（BET）10~14 m^2/g

煅损（Loss on Ignition）−0.5%~2.0%

斯科特密度（Scott Density）43.0~48.0 g/in^3

霍尔流动性（Hall Flow, 0.1opening）<30.0 s/50 g

筛分（Screening Fractions, JEL method）见表5-9。

表5-9 离子交换法生产 APT 产品性质

粒径（μm）	含量（%）
>180	<1
150~180	<8
75~150	15~30
45~75	30~60
<45	20~50

② 优化氨资源循环利用，项目实现废水、废气中氨氮脱除效率及氨回收效率均高于99%；产生氨水纯度：浓度≥16%；Na 含量<1 mg/L，K 含量<1 mg/L，Ca 含量<1 mg/L，Mg 含量<1 mg/L；蒸发残渣含量<1 mg/L。高纯氨回用进一步保证了 APT 产品纯度。由废水回收氨水过程低压饱和蒸汽（0.4 MPa）消耗量小于100 kg/t 废水，最低可小于80 kg/t 废水，有效降低了成本。

5.5.2　钨冶炼氨污染全过程控制示范工程介绍

项目在赣州市海龙钨钼有限公司建立"离子交换法生产 APT 氨资源循环利用技术"示范工程一套，并于 2015 年 7 月正式投入运行。项目地点位于江西赣州，工程规模为 40 t 废水/d，2.1 t 废气（氨气）/d。主要设备包括气水分离器、循环水洗塔、电渗析浓缩设备、氨氮废水汽提精馏脱氨塔等及相关配套设备（图 5-35）。其中处理前，废水中氨氮浓度约为 15 000 mg/L，经处理后出水中氨氮浓度稳定低于 8 mg/L，优于《污水综合排放标准》（GB 8978—1996）中一级标准的氨氮排放限值；废气处理达标。

项目具有显著环境、经济效益：工程满产后，工程年处理废水量约为 1.2 万 t，年处理废气（氨气）量约为 630 t，废水废气中氨氮去除率及资源化回收率均＞99％，可实现年减排废水氨氮量 180 t，回收氨水 5300 t，通过氨氮污染物减排、回收氨水产生经济效益超过 290 万元/年。

图 5-35　赣州市海龙钨钼有限公司含氨废弃物资源化处理工程现场图

参考文献

［1］US Geological Survey. Tungsten［Internet］Reston：USGS.［R/OL］.［2021-12-31］. https：//minerals. usgs. gov/minerals/pubs/commodity/tungsten.

［2］中华人民共和国国土资源部. 中国矿产资源报告［R］. 北京：地质出版社，2015.

［3］邓巧娟. 从某钨尾矿中回收白钨矿的浮选试验研究［D］. 北京：北京有色金属研究总院，2018.

［4］姚丽华，陈树茂，杨红. 钨冶炼离子交换工艺废水的治理［J］. 湖南有色金属，2007，23（1）：42-44.

［5］崔佳娜. 我国钨冶炼工艺技术的发展及比较［J］. 稀有金属与硬质合金，2005，32（4）：51-55.

［6］袁捷，杨宁，周艳军. 吹脱法处理高浓度氨氮废水的研究［J］. 化学工业与工程技术，2009，30（4）：55-57.

［7］Quan X，Wang F，Zhao Q，et al. Air stripping of ammonia in a water-sparged aero-cyclone reactor［J］. Journal of hazardous materials，2009，170（2）：983-988.

［8］纪宏巍，钨钼冶金过程中氨氮废水的治理研究［D］. 长沙：中南大学，2012.

［9］霍广生，钨冶炼过程中钨钼分离新工艺及其理论研究［D］. 长沙：中南大学，2001.

［10］罗章青，廖小英，王文华，等. 从 APT 结晶尾气中回收氨的工业实践［J］. 稀有金属，2007，31（s1）：90-92.

［11］万林生，邓登飞，赵立夫，等. 钨绿色冶炼工艺研究方向和技术进展［J］. 有色金属科学与工程，2013，4（5）：15-18.

［12］万林生，王忠兵，付占辉，等. 提高仲钨酸铵结晶氨尾气冷凝氨水浓度的研究［J］. 稀有金属与硬质合金，2011，39（1）：13-16.

［13］何长义，刘志明，张浩军. 钨湿法冶炼氨的回用［J］. 湖南有色金属，1999，（5）：20-22.

［14］肖连生. 中国钨提取冶金技术的进步与展望.［J］. 有色金属科学与工程，2013，4（5）：6-10.

［15］赵中伟，陈星宇，刘旭恒，等. 新形势下钨提取冶金面临的挑战与发展［J］. 矿产保护与利用，2017，（1）：99-102.

［16］He G，He L，Zhao Z，et al. Thermodynamic study on phosphorus removal from tungstate solution via magnesium salt precipitation method. Trans［J］. Transactions of Nonferrous Metals Society of China，2013，23（11）：3440-3447.

［17］万林生. 钨冶金［M］. 北京：冶金出版社，2011.

［18］赵中伟. 钨冶炼的理论与应用［M］. 北京：清华大学出版社，2013.

［19］Sun Z, Cao H, Xiao Y, et al. Toward sustainability for recovery of critical metals from electronic waste：the hydrochemistry processes ［J］. ACS Sustainable Chemistry & Engineering, 2017, 5（1）：21-40.

［20］Ponthot J P, Kleinermann J P. A cascade optimization methodology for automatic parameter identification and shape/process optimization in metal forming simulation ［J］. Computer Methods in Applied Mechanics & Engineering, 2006, 195（41/43）：5472-5508.

［21］Ding, J L, Yang C, Chai T, et al. Recent progress on data-based optimization for mineral processing plants ［J］. Engineering, 2017, 3（2）：183-187.

［22］Chai T, Ding J, Yu G, et al. Integrated optimization for the automation systems of mineral processing ［J］. IEEE Transactions on Automation Science & Engineering, 2014, 11（4）：965-982.

［23］Koutsospyros A, Braida W, Christodoulatos C , et al. A review of tungsten：From environmental obscurity to scrutiny ［J］. Journal of Hazardous Materials, 2006, 136（1）：1-19.

［24］肖连生. 中国钨提取冶金技术的进步与展望 ［C］//稀有金属冶金学术委员会全体委员工作会议暨全国稀有金属学术交流会. 2013：6-10.

［25］Ma X, Qi C, Ye L, et al. Life cycle assessment of tungsten carbide powder production：A case study in China ［J］. Journal of Cleaner Production, 2017, 149：936-944.

［26］Schubert W D . Aspects of research and development in tungsten and tungsten alloys ［J］. International Journal of Refractory Metals & Hard Materials, 1992, 11（3）：151-157.

［27］Zhao Z, Li J, Wang S , et al. Extracting tungsten from scheelite concentrate with caustic soda by autoclaving process ［J］. Hydrometallurgy, 2011, 108（1-2）：152-156.

［28］M, Ejaz. The extraction of trace amounts of tungsten（vi）from different mineral acid solutions by amine oxides ［J］. Analytica Chimica Acta, 1974, 71（2）：383-391.

［29］Huo G, Peng C, Liao C. The separation of tungsten and molybdenum by ion exchange resins ［M］//. Rare Metal Technology 2014. New York：John Wiley & Sons, Inc. , 2014：47-52.

［30］Kekesi T, Torok T I, Isshiki M. Anion exchange of chromium, molybdenum and tungsten species of various oxidation states, providing the basis for separation and purification in HCl solutions, Hydrometallurgy, 2005, 77（1-2）：81-88.

［31］刘晨明，林晓，陶莉，等. 精馏法处理钼酸铵生产中的高浓度氨氮废水 ［J］. 有色金属（冶炼部分），2015（11）：69-74.

［32］Nguyen T H, Lee M S. A review on the separation of molybdenum, tungsten, and vanadium from leach liquors of diverse resources by solvent extraction ［J］. Geosystem Engineering, 2016, 19（5）：247-259.

［33］Cao H , Zhao H , Zhang D, et al. Whole-process pollution control for cost-effective

and cleaner chemical production—A case study of the tungsten industry in China [J]. Engineering, 2019, (5): 768-776.

[34] 张笛, 曹宏斌, 赵月红, 等. 工业含氨污染处理技术的经济价值分析 [J]. 中国环境科学, 2021, 41 (3): 1474~1479.

[35] 刘晨明, 林晓, 林琳, 等. 一种高浓度氨氮废水中重金属氨络合物的解络合方法: 201210458677.0 [P]. 2014-07-09.

[36] 林晓, 刘晨明, 曹宏斌. 一种含钨结晶母液和含氨蒸汽的资源化综合利用方法: 201310132919.1 [P]. 2015-07-01.

第6章 钒生产污染全过程控制技术与应用

6.1 钒生产行业基本概况

钒是一种重要金属元素，具有众多优异的物理性能和化学性能，因而钒的用途十分广泛，有金属"维生素"之称。主要应用于钢铁工业、有色金属合金和化学工业等部门，目前世界上生产的钒90%以上用于冶金工业。

在钢中加入0.5%的钒，就能使钢的弹性、强度大增，抗磨损和抗爆裂性极好，既耐高温又抗奇寒，在汽车、航空、铁路、电子技术、国防工业等部门，到处可见到钒的踪迹。

2020年全球钒矿金属的探明储量为2200万t（表6-1），中国储量占全球的43%，俄罗斯和南非占比分别为23%和16%。此外，新西兰、美国、澳大利亚、挪威等国家也有少量钒钛磁铁矿。2020年全球钒矿产量为8.6万t，中国钒矿产量达5.3万t，占全球62%，为钒产品产销第一大国。钒的全球贸易流量最大的钒输入国是捷克、韩国、日本和法国。世界钒资源的98%来自于钒钛磁铁矿，钒钛磁铁矿的储量很大，主要集中在少数几个国家或地区，可供开发利用的钒资源除钒钛磁铁矿外，其他含钒资源主要是存在于磷块岩矿床、砂岩和粉砂岩型铀矿床中，其中钒的含量不超过2%。钒也存在于某些铝土矿和石炭纪地层（如原油、煤、油页岩和沥青砂）中。由于钒通常是作为副产品回收，前述钒的资源量是一个不完全的估计，因此，世界钒的资源量要更大。如近年报道的北美和澳大利亚昆士兰州朱利亚克里克钒矿就是赋存在油页岩或沥青砂岩中，油页岩资源量42亿t，其V_2O_5含量0.45%；美国阿肯色州的铝黏土矿和科罗拉多州的铀矿中也可能成为钒的来源；加拿大从艾伯塔省的沥青砂中提取钒。

表6-1 世界探明钒矿金属储量

年份	2001—2009	2010	2011—2013	2014—2015	2016	2017—2018	2019—2020
储量/百万t	13	13.6	14	15	19	20	22

 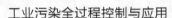

中国攀枝花地区的钒资源储量达 1862 万 t，钒矿金属储量约 598 万 t，占中国钒矿储量（表 6-2）的 63%。

表 6-2   中国探明钒矿金属储量

年份	1997—2001	2002—2009	2009—2015	2016—2017	2018—2020
储量/百万 t	2	5	5.1	9	9.5

受益于我国当地丰富的钒资源，钒制品行业集中度高，主要集中在攀钢集团和承钢集团，两者合计在国内市场占率高达 70% 以上。具体来看，攀钢集团钒产品（折合 V_2O_5）产能约为 4 万 t，位居全球第一，产量方面，钒产品在国内市场份额占比 50% 左右，位居第一，在国际市场占比 12%。河钢承钢是国内另一个重要的钒钛生产基地，钒相关产品总产能约 2 万 t，国内市占率 25% 左右。

V_2O_5 在冶金、化工、航空航天等领域有着广泛的应用，在国民经济和日常生活、生产中占有重要地位。全球约 90% 的钒用于钒铁的生产，随着技术的快速发展，V_2O_5 在其他行业的应用受到越来越多的重视。近年来，全钒氧化还原液流电池（VRFB）作为一种新型的储能电池备受关注。V_2O_5 是接触法制硫酸的催化剂，也可用作有机化合物氧化反应的萃取剂，例如蒽氧化为蒽醌，环己烯氧化等。此外，V_2O_5 在气敏传感器、钒基固溶体贮氢等方面都有所应用。

6.2   钒生产行业污染源解析及产污规律

6.2.1   钒生产工艺流程

全球 90% 的钒是从钒钛磁铁矿中得来的，常用方法是将钒钛磁铁矿在高炉中冶炼，通过选择性氧化，使钒进入炉渣，得到含钒量较高的钒渣作为提钒的原料。尽管各个工厂所产生的钒渣组成差异比较大，但是主要都是由尖晶石和橄榄石组成的。表 6-3 中列出了不同地区的钒渣成分。从图中可以看出，钒渣主要由 V_2O_3、SiO_2、TiO_2、Al_2O_3、FeO、MnO、MgO、Cr_2O_3 等组分组成。对于钒渣提钒工艺，主要分为转化过程、提纯过程和沉淀过程，现对这几种工艺分述如下。

表6-3 钒渣成分比较 （%）

钒渣来源 \ 成分	V$_2$O$_5$	SiO$_2$	CaO	P	MgO	MnO	FeO	∑Fe
海威尔德公司	25	16	3		3	4	9~12	26~32
新西兰钢铁公司	18~22	20~22	1.0~1.5	0.02~0.05			6~9	25~54
下塔吉公司	15~22	17~18	1.2~1.5	0.03~0.04		9~20	9~12	26~32
丘索夫冶金公司	14~17	18~20	0.7~1.5	0.04	6~10	5~9	26~32	
承钢钒渣	10~12	18~20	0.7~0.8	0.03~0.07	1.1	2.64	20~22	32~36
攀钢转炉渣	17~19	16~18	0.3~11	0.06~0.09	1~5	8~10	20~30	35~45

6.2.1.1 转化过程

转化过程主要指钒渣经过钠化焙烧、钙化焙烧或者亚熔盐过程转化为含钒溶液，具体描述如下：

（1）钠化焙烧提钒法

钠化焙烧提钒法是目前国内外提钒的主流工艺，其基本原理是以钠盐作为添加剂，钒渣中的钒经过氧化焙烧之后转变为水溶性的五价钒，之后水浸得到的焙烧产物，即可得到含钒的浸取液。为了得到较高纯度的钒，在浸取液中加入铵盐（酸性铵盐沉淀法）以得到多钒酸铵沉淀，再对沉淀进行焙烧即可得到纯度大于98%的V$_2$O$_5$。钠化焙烧提钒的工艺流程图如图6-1所示。

钠化焙烧法的优点是：通过焙烧，钒大部分转变成可溶性钠盐，在浸出时，钒进入溶液中，与大量的难溶性杂质分离，有利于进一步制得纯的钒化合物，工艺流程简短，操作简便。但该工艺尚存在以下缺点：

① 焙烧过程中钠盐分解产生有害的侵蚀性气体（氯化氢、氯气、二氧化硫、三氧化硫等），污染环境，腐蚀设备。

② 钠化焙烧工艺中铵沉过程排放大量含钒高氨氮废水，不但严重污染环境，且治理代价大。

③ 钒回收率低，单程钒回收率仅为70%~80%，造成资源浪费。

④ 钒渣中的铬无法有效回收，含六价铬的尾渣难处理，且堆放时造成严重的环境污染。

（2）钙化焙烧提钒法

为了提高氧化焙烧过程的钒收率，从源头消除钠盐高温焙烧过程中有害气体的排放，国内外钒企业研发了钙化焙烧提钒技术。该方法的基本原理是

以钙盐作为添加剂，钒经过焙烧之后转化为不溶于水的钙盐，如 $Ca(VO_3)_2$、$Ca_3(VO_4)_4$、$Ca_2V_2O_7$。为了得到 V_2O_5，酸浸所得含钒钙盐，通过控制所添加的酸量来控制溶液的 pH 值，使钒以 VO^{2+}、$V_{10}O_{12}^{8-}$ 等离子的形式存在，然后采用铵盐法沉钒，制得多钒酸铵沉淀，并将其煅烧以得纯度较高的 V_2O_5。此法中由于不使用含氯的钙盐，所以废气中不含氯化氢、氯气等有害气体，同时可避免钠化焙烧时所产生的炉料结块、粘料结圈等问题，由于采用的全是钙盐，所以焙烧后的浸出渣富含钙，可用于建材行业等，有利于实现渣的综合利用。但钙化焙烧提钒工艺也存在一定的缺陷，此法对焙烧物有一定的要求，且钙化焙烧钒的回收率一般不高于80%，并且由于焙烧温度低（小于850℃），无法实现钒渣中伴生铬组分的分解，难以实现铬的回收利用。

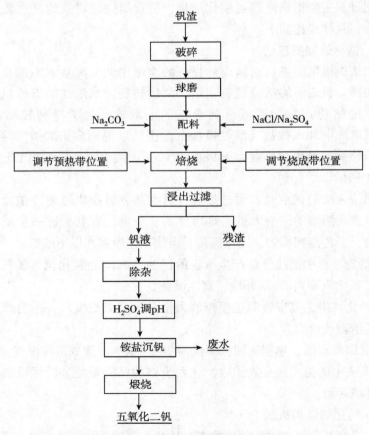

图 6-1　钠化焙烧提钒工艺流程图

第6章　钒生产污染全过程控制技术与应用

（3）亚熔盐提钒法

传统的钠化焙烧和钙化焙烧提钒技术中钒的回收率较低，一般不高于80%，产生的"三废"对环境造成了较大的污染，钒渣中的铬无法有效回收利用。因此，钒渣提钒的发展趋势在于建立一种新的从生产源头高效提取钒铬且消除污染的清洁生产技术，将资源高效综合利用与环境污染治理有效结合，从根本上解决制约钒产业发展瓶颈的世界难题，为我国钒渣资源高效清洁利用提供技术支撑，最终实现我国钒产业的绿色化升级。

中国科学院过程工程研究所张懿院士团队系统研究了高浓电解质溶液的性质，分析了常规电解质溶液以及溶盐介质之间在流体力学、热力学、化学动力学上的共同特征及差异，提出了亚溶盐非常规介质的概念，亚熔盐为原始创新的反应/分离介质，定义为提供高化学活性和高活度负氧离子的碱金属高浓度离子化介质，具有低蒸汽压、高沸点、流动性好等优良物化性质和高活度系数、高反应活性、分离功能可调等优良反应和分离特性。在亚熔盐介质中除了 H_2O 和 OH^-，还存在 HO_2^-、O_2^-、O^{2-}、O_2^{2-}、活性氧负离子等，亚熔盐是高反应活性 O^{2-} 给予体，可与氧化矿相晶格中 O^{2-} 发生交互取代作用，导致晶格畸变，增加反应活性，极大地强化矿物的分解。

针对现有钒渣焙烧工艺面临的难题，中国科学院过程工程研究所和河钢承钢开发了以钒渣亚熔盐介质强化氧化、钒铬清洁结晶分离、介质高效封闭循环、提钒尾渣全量化利用为特色的钒清洁提取与产品绿色制造集成技术。其生产工艺流程如图6-2所示（其中 Me 为钾或钠）。

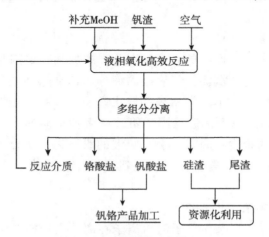

图6-2　亚熔盐反应流程

钒渣中以尖晶石相存在的低价氧化物在亚溶盐非常规介质中完成了氧

化反应，在介质中生成可溶性的钒酸也进入溶液，其中杂质元素进入终渣，实现有效分离。在亚溶盐反应介质中，利用亚熔盐介质中大量活性氧负离子的生成使焙烧过程中氧气/钒渣间的气固反应转化为氧负离子/钒渣间的液固反应，从热力学和动力学上对反应进行了强化，使钒渣与氧气之间的接触机会大大提高，钒的溶出效率也相应提高。

该技术的反应温度由传统工艺的 800℃ 下降到 150℃，生产能耗低；可实现钒铬同步高效提取，钒的回收由原来的 80% 提高到 90% 以上，铬的回收由 5% 提高到 80% 以上；利用钒铬溶解度规律实现钒铬产品的分步清洁分离，获得钒酸钠与铬酸钠两种重要化工产品；工艺过程液相质实现封闭循环利用，整个过程无废水废液排放，清洁环保；实现反应介质内循环，减少原材料消耗；湿法过程无含氯废气产生；产生的尾渣经过低成本脱钠处理后可返回钢铁冶炼流程，用作含钒烧结矿原料，实现工业固废资源化综合利用。

6.2.1.2　提纯过程

随着科技的进步，钒的应用领域也逐渐扩展，进入到航空航天、电子工业、电化学工业和核工业。随着国内外对高纯 V_2O_5 的市场需求量不断增加，对 V_2O_5 的纯度要求也越来越高，尤其是钒液流电池和钒铝合金的发展，对高纯钒中钒的纯度及杂质硅的含量提出了更高的要求。因此对传统提钒工艺进行改进，以生产高纯度 V_2O_5 满足现有各工业领域的要求十分紧迫。国内外对纯度大于 99% 的 V_2O_5 生产工艺技术进行了大量的研究工作：

（1）化学沉淀法

含钒溶液中常含有 Cr、Si、P、Fe 等杂质，直接沉钒溶液导致这些杂质和钒同时沉淀而影响钒产品的纯度。因此，添加某些试剂与溶液中的杂质发生反应，生成难溶的沉淀，然后经固液分离达到除杂的目的，最后通过 $CaCO_3$、铵盐、$Ba(OH)_2$、沉钒来制取钒产品。采用的化学试剂一般为铝盐、钙盐、镁盐和钠盐等。但是因为钒液中多种杂质的影响，深度除杂且稳定控制有一定的难度，同时会引起较大的钒损失，还会造成除杂剂中的杂质元素，比如 Si、Al 等，被引入到钒溶液中，造成钒产品的纯度难以提高。

（2）离子交换法（图6-3）

离子交换法是根据杂质离子与钒离子在离子交换树脂上的结合能力不同，从而达到分离提纯的目的。该方法经过进一步除杂后可以制得 99.90% 以上高纯度的 V_2O_5，其生产流程具有操作简易，试剂消耗量少、钒回收率高等优点。但是溶液中的杂质在离子交换过程中容易粘附在树脂表面,导致树脂交换容量下降,甚至会使树脂"中毒",而且由于离子交换容量有限,再生处理困难,在工业中尚未得到普及。

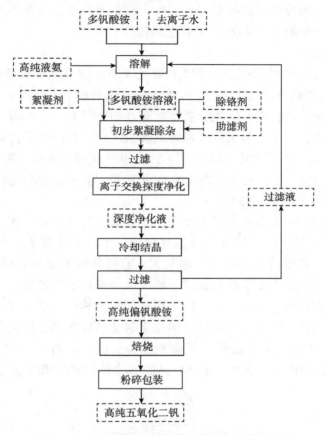

图 6-3　多钒酸铵离子交换方法提钒工艺流程

(3) 重溶净化除杂法

重溶净化除杂法一般以廉价易得的工业 V_2O_5 或其他钒酸盐为原料,加碱或氨水使其完全溶解,经过添加除杂剂除去杂质,最后调节 pH 进行沉钒而得到高纯的 V_2O_5。如朴昌林等以铬含量低的粗 V_2O_5 为原料,用熔融盐电解精炼法生产出铬、铁含量＜0.005%,钒品位＞99.9% 的高纯钒。全喆等[51] 以粗偏钒酸铵为原料,经过碱溶、除杂、多次过滤、沉钒、煅烧等流程制得高纯 V_2O_5。此工艺不仅对原料有所限制,而且操作重复繁杂,不利于推广应用。张春雨同样以粗偏钒酸铵为原料,经碱溶,加压通氨、超声

雾化、煅烧等操作得到 99.95% 的 V_2O_5，但是其对设备的要求比较高，前期投入较大。这些高纯钒的制备方法均以加工处理后的工业级产品为原料，来源有限且成本较高，对原料的要求较高。此外，由于原料杂质含量不稳定，除杂剂难以定量控制，且产生大量氨氮废水，这些不足均限制了重溶净化除杂法制备高纯度 V_2O_5 工艺的推广。

（4）氯化法

不同于提钒-净化等传统步骤制取高纯 V_2O_5，氯化法一般流程为：钒原料氯化-三氯氧钒分离纯化-高纯 V_2O_5 制备。钒的氯化物三氯氧钒与常见杂质铁、硅、镁、钙、铝、钠等的氯化物沸点相差很大，通过精馏可以得到高纯三氯氧钒，高纯三氯氧钒经水解或铵盐沉淀，再辅以煅烧即可制备高纯 V_2O_5。因此，采用氯化法制备高纯 V_2O_5 从净化除杂原理上具备较大的优势，能很好地满足新兴行业对高纯 V_2O_5 的需求，具有良好的发展前景。

（5）溶剂萃取法（图 6-4）

萃取法是一种工业中使用比较广泛的方法，它具有诸多优点：分离效果好，回收率高，萃取剂可回收重复利用，生产成本低廉，产品纯度高等，但是由于钒溶液中杂质的影响较大，容易导致萃取体系形成第三相。溶剂萃取法除杂的主要优势是通过萃取使低浓度钒液浓缩富集，当达到一定浓度后才进行钒产品的生产。由于钒铬的性质相似，用其他方法难以有效对其进行分离，因此，研究较多的是萃取法分离钒铬，胺类萃取分离钒的分配比＞200。已有报道钒的萃取剂主要包括：D2EHPA、TBP、Cyanex 272、PC88A、TR-83、Adongen 464、Aliquat 336、N263 和季铵盐等。

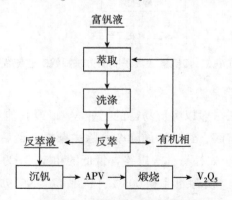

图 6-4　含钒浸出液萃取提钒工艺流程

6.2.1.3　沉淀过程

沉钒是对含钒溶液进行净化富集的方法之一，以实现钒与杂质元素的分离，沉钒方法主要有水解沉钒、铁盐沉钒、钙盐沉钒和铵盐沉钒。水解沉淀法早期在工业上应用较普遍，但其产品纯度较低，酸消耗量大；铁盐沉钒和钙盐沉钒一般作为富集钒的中间产品，或用作冶炼中钒铁的原料，应用受到限制。为制取高纯度的 V_2O_5，常采用铵盐沉淀法。将含钒浸液在一定条件下加入铵盐（硫酸铵、氯化铵或氨）可以使钒酸钠变成钒酸铵，由于溶液酸度不同，钒的聚合状态也不同，会以偏钒酸铵或多钒酸铵形式从溶液中析出。铵盐沉钒得到的偏钒酸铵或多钒酸铵在 450~550℃ 下煅烧，分解得到 V_2O_5。其中铵盐沉钒根据沉淀过程 pH 值不同分为弱碱性铵盐沉钒、弱酸性铵盐沉钒和酸性铵盐沉钒。

（1）多钒酸铵

在钒浓度一定时，从弱酸性和酸性溶液中结晶析出的是多聚钒酸盐。弱酸性铵盐沉钒的 pH 值一般为 4~6，该酸度下向溶液中加入铵盐时，钒以十钒酸盐形式沉淀。弱酸性铵盐沉淀法的酸耗量相对较小（与酸性铵盐沉钒相比），但反应时间过长（约 9 小时），严重影响产能。酸性铵盐沉淀法是在水解沉钒的基础之上发展起来的，其流程较短。沉钒的 pH 值一般为 2~3，溶液中的多钒酸盐和铵盐反应生成六聚钒酸铵沉淀。

酸性铵盐沉钒的过程就是铵离子取代钠离子与钒酸根离子结合的过程。酸性铵盐沉钒的原理基于 pH＝2~3 的溶液中多钒酸盐和铵盐主要如下反应：

$$3Na_4H_2V_{10}O_{28}+5（NH_4）_2SO_4+H_2SO_4=5（NH_4）_2V_6O_{16}\downarrow+6Na_2SO_4+4H_2O$$

$$（6-1）$$

生成多钒酸铵（APV）沉淀析出而实现钒的分离。

（2）偏钒酸铵

偏钒酸铵为白色或微带黄色的晶体粉末，微溶于水和氨水，而难溶于冷水。在空气中灼烧的最终产物为 V_2O_5。弱碱性铵盐沉淀法基于弱碱性偏钒酸盐溶液与铵盐作用生成偏钒酸铵的反应，也称为偏钒酸铵沉淀法。pH 等于 8~9 时，溶液中的钒主要以 $V_4O_{12}^{4-}$（VO^{3-}）形式存在。当向钒溶液中加入 NH_4Cl 时，将发生复分解反应，生成溶解度很小的 NH_4VO_3 白色或浅黄色结晶。pH 值大于 10 时，溶液中氮主要以 $NH_3 \cdot H_2O$ 形态存在，当溶液 pH 值小于 8.5 时，溶液中氮主要以 NH_4^+ 形态存在，且溶液中 NH_4^+ 浓度随着 pH 值的增大而降低。所以，最好控制溶液终点 pH 值在 9.5 以下，使尽量

工业污染全过程控制与应用

多的 NH_4^+ 存在，因为共离子效应，偏钒酸铵的溶解度会下降。在弱碱性钒溶液中，钒是以偏钒酸盐（$NaVO_3$）形式存在，弱碱性铵盐沉钒的反应方程式为：

$$NaVO_3 + NH_4Cl = NH_4VO_3\downarrow + NaCl \qquad (6-2)$$

6.2.2　钒生产主要产污节点

根据以上钒冶炼工艺流程，钒冶炼现有主要生产流程与产污节点如图6-5 所示，具体的废弃物成分和产生工段见表 6-4。

表 6-4　钒冶炼典型工艺污染物识别与分析

废弃物种类	所在工序	特征污染物
废气	破碎、磁选、球磨	粉尘
废气	钠化焙烧	CO_2、HCl、Cl、SO_2、SO_2
固废	水浸过滤、酸浸过滤	浸出渣
废水	溶剂萃取	COD、V、Cr 等
固废	化学沉淀过滤	浸出残渣
废水	离子交换后再生液	Cr 等杂质离子
废水	沉钒废水	氨氮、V、Cr、COD
废气	煅烧	NH_3

从钒渣当中提炼 V_2O_5 的钠化焙烧法、钙化焙烧法和亚熔盐法中，钠化焙烧主要特点在于提炼钒的工艺较为成熟，但是存在较为严重的污染，提炼成本也比较高。我国大多数的生产工艺都是这一种。钙化焙烧相对而言工艺较为简单，成本也比较低，焙烧过程更容易控制，可以消除氯气等污染气体。亚熔盐法技术的工艺过程液相质实现封闭循环利用。

以钠化焙烧法为例，在传统生产工艺当中，该种方法主要是将钒渣和钠盐混合，并在多塘炉、回转窑内通过氧气进行焙烧，并将钒转变为可以融入水中的钒酸钠，并应用水、酸、碱等对焙烧熟料浸出，之后采用铵盐沉钒法和水解的方式促使钒借助钒酸铵、多钒酸钠等形式进行沉淀，沉淀物主要通过煅烧之后融化成为工业所需的 V_2O_5，其流程详情见图6-6。钠化焙烧的沉钒废水主要是形成于沉钒的过程中，在上清废渣、过滤脱水的滤液当中。废水当中的主要污染因素较多，其中最典型的便是高酸性、铁、硫酸、五价钒等。

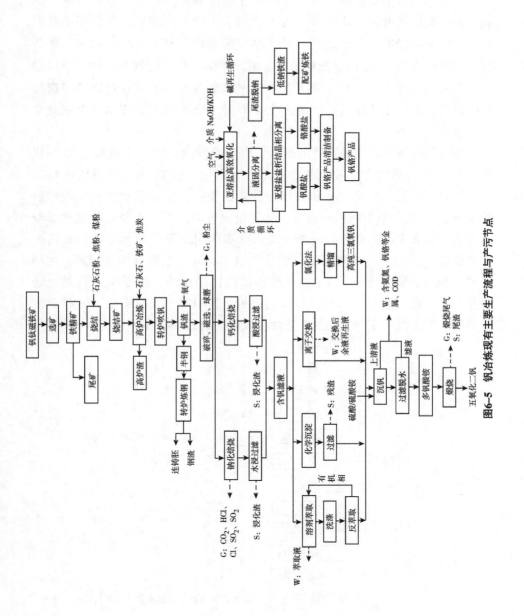

图6-5　钒冶炼现有主要生产流程与产污节点

钙化焙烧法主要是将钒渣、石灰石等进行混合，并在回转窑当中完成氧化钙化焙烧的过程，将钒转变为无法融入水中的钒酸钙，并应用稀释酸将焙烧的熟料浸出，并生成可以融入水中的钒化合物，之后应用水解沉钒法促使钒以水合 V_2O_5 的多聚物形式生成。在沉淀物通过煅烧之后，可以融化制作成为工业化的 V_2O_5。钙化焙烧法的沉钒废水主要是在过滤的洗涤过程中形成，并且在洗涤过程中的废水和酸浸残渣洗涤中的废水是沉钒废水的主要组成。

作为钒冶炼工艺中最重要的废水，沉钒废水成分特点主要有：① 沉钒废水呈现较强的酸性，pH 为 2～2.5。因为生产过程中均应用酸进行浸出，所以工艺需要沉钒过程在酸性条件之下完成，所以沉钒废水呈现较强的酸性；② 废水当中的第一类污染物含量比较高，五价钒与六价氯的含量比较高，其大多数都会远超过相关排放标准中对于第一类污染物的最高允许排放量；③ 废水当中硫酸根的浓度比较大，同时盐的含量比较高，两种方式用酸均会采用硫酸，这也是硫酸根浓度比较高的主要原因；④ 钠化焙烧在沉钒过程中会采用一定量的铵盐沉钒，铵根离子此时会全部转移到废水当中，所以沉钒废水中的氨氮浓度比较高，约为 5400 mg/L。

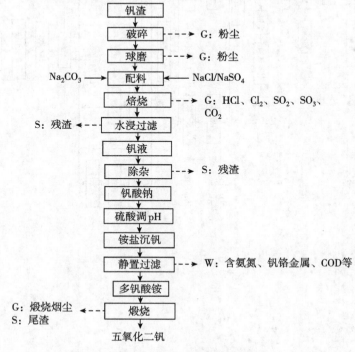

图 6-6　钠化焙烧生产流程和产污节点

6.3　钒生产行业产品生产和污染控制关键技术

6.3.1　钒生产行业过程减排/清洁生产关键技术

本节从 V_2O_5 生产过程的转化过程、提纯过程和沉淀过程三个生产部分入手，挑选目前行业内认可度较高的过程减排/清洁生产关键技术进行介绍。其中亚熔盐法钒铬高效分离提取技术属于转化过程，重结晶制备高纯钒和溶剂萃取提钒属于提纯过程，铵盐沉钒技术属于沉淀过程，具体技术细节如下。

6.3.1.1　钒渣亚熔盐法钒铬高效提取分离与污染控制技术

钒钛磁铁矿中的钒、铬在选冶过程中走向基本一致，高炉冶炼时钒、铬会一同进入铁水，在转炉提钒过程中形成钒渣（含铬），是国内外提钒的主要原料。全球 60% 以上的钒产品是通过钒渣高温钠化焙烧工艺获得的，但该工艺钒收率低（＜80%）、铬基本无法提取，钒铬资源浪费严重，且工艺过程产生大量含铬工业废渣（全国 60 万 t/年）、有害窑气（全国 5 亿 m^3/年）及高盐氨氮废水（全国 240 万 t/年），"三废"末端治理代价大，区域环境承载压力接近极限。钒渣中钒铬资源的高效清洁综合利用是世界难题，目前尚无经济性的解决方案，而现有工艺难以满足钒铬产业高效清洁生产的需求。基于以上原因，储量巨大的 36 亿 t 高铬型钒钛磁铁矿在过去很长一段时期内因缺乏钒铬高效提取分离技术支撑而未开发利用。近年来，受钢铁大发展及铁矿石紧缺的影响，攀西地区高铬型钒钛磁铁矿的开发逐年增加，目前已达近 1000 万 t/年，但只能利用其中的铁和少量的钒钛，亟须开发钒铬资源高效利用及污染源头控制技术，以支撑大宗特色高铬型钒钛磁铁矿的高效开发利用。

基于钒化工清洁生产及铬资源紧缺需求，中国科学院过程工程研究所张懿院士团队依托两届国家 973 计划支持，开发了原创性亚熔盐介质强化氧化、钒铬清洁结晶分离、介质高效封闭循环、钒铬高值化产品绿色制备、提钒尾渣全量化利用为特色的、拥有全部自主知识产权的钒的清洁提取与产品绿色制造集成技术，主要技术内容如下。

亚熔盐法钒渣钒铬共提技术的核心原理是：利用亚熔盐介质中大量活性氧负离子的生成强化钒渣中钒铬尖晶石的氧化分解，使氧气/钒渣间的气固反应转化为氧负离子/钒渣间的液相氧化过程，从热力学和动力学上对反应进行了强化，在较低温度下实现钒渣的高效分解，获得钒酸钠中间产品和铬酸钠产品。亚熔盐法中间产品钒酸钠采用"钙化分离—铵化转型—结晶沉钒"集成技术生产高纯氧化钒产品，钙化分离母液（NaOH溶液）返回用于亚熔盐体系分解钒渣，结晶沉钒母液返回用于铵化转型，通过介质的闭路循环利用，从源头避免铵沉废水的产生，并使碱介质可再生循环利用。通过铵化转型可低成本制备高纯钒产品，避免了传统萃取、离子交换生产高纯钒过程中存在的成本高、流程长、污染重的问题，副产碳酸钙返回烧结工序进行回收利用。该技术将根本解决现有钒渣提钒与高纯钒制备过程存在的资源环境难题，实现钒化工"三废"的源头控制，推动产业绿色化升级。

亚熔盐工艺主要包括钒铬高效提取、多组分清洁分离、钒产品转化、介质循环利用几个主要工序，工艺细节如下。

（1）钒铬高效提取

亚熔盐介质中，钒渣中以尖晶石结构存在的钒、铬三价氧化物通过液相氧化反应，与NaOH溶液及氧气共同作用生成水溶性的V^{5+}、Cr^{6+}进入溶液，而其他元素不参与反应，经过液固分离实现有价金属V和Cr与其他组分的分离。

主要反应方程式为：

$$FeO \cdot V_2O_3 + 6NaOH + 5/4O_2 = 1/2Fe_2O_3 + 3H_2O + 2Na_3VO_4 \tag{6-3}$$

$$FeO \cdot Cr_2O_3 + 4NaOH + 7/4O_2 = 1/2Fe_2O_3 + 2H_2O + 2Na_2CrO_4 \tag{6-4}$$

$$SiO_2 + 2NaOH = Na_2SiO_3 + H_2O \tag{6-5}$$

$$2Fe_2SiO_4 + 4NaOH + O_2 = 2Fe_2O_3 + 2Na_2SiO_3 + 2H_2O \tag{6-6}$$

（2）多组分清洁分离

钒渣在亚熔盐介质中溶出反应后所得溶液为浸出液，浸出液中除含NaOH、Na_3VO_4和Na_2CrO_4外，还含有15~20 g/L的Si杂质。

首先进行溶液的脱硅，在合适的碱浓度下，浸出液中的Si可以与Ca结合，以硅酸钙的形式从液相中分离出来，从而实现对浸出液的除杂，反应方程式如下：

$$1.5CaO + Na_2SiO_2 + H_2O = 1.5CaO \cdot SiO_2 + 2NaOH \tag{6-7}$$

在NaOH浓度200~350 g/L，温度80℃，石灰添加量为理论量的120%，脱硅时间2 h条件下，可将浸出液中的Si脱除到1 g/L以下，钒、铬无损失。

浸出液中的V和Cr分别以Na_3VO_4和Na_2CrO_4的形式存在。图6-7为40℃和80℃时$NaOH$-Na_3VO_4-Na_2CrO_4-H_2O四元体系溶解度，在整个碱浓

度区间内，Na₂CrO₄ 的溶解度随碱浓度增大显著降低，随温度变化不显著；而 Na₃VO₄ 的溶解度随碱浓度升高先降低后稍增，且随温度降低而降低。因此，结合浸出液实际浓度，利用两种组分在不同温度、不同碱浓度下的溶解度差异，可通过先冷却结晶钒酸钠，后蒸发结晶铬酸钠的方式实现 Na₃VO₄ 和 Na₂CrO₄ 的分步结晶分离，经过纯化分离得到铬产品 Na₂CrO₄ 及中间钒产品 Na₃VO₄。

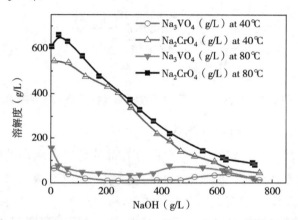

图 6-7　40℃和 80℃时 NaOH-Na₃VO₄-Na₂CrO₄-H₂O 四元体系溶解度

（3）钒产品转化

图 6-8 为钒酸钠多级阳离子置换法制备钒产品工艺原理图，中间钒产品 Na₃VO₄ 经过钙化沉淀可获得钒酸钙，钒酸钙可直接用于冶炼钒铁，也可通过铵盐转型得到偏钒酸铵溶液，偏钒酸铵溶液冷却结晶可获得偏钒酸铵晶体，晶体煅烧可获得高纯 V₂O₅ 产品。工艺简单，易于操作。钙沉母液进入介质循环利用工序，结晶母液循环用于铵盐转型，过程无任何废水生成。

（4）介质循环利用

钒酸钠、铬酸钠结晶母液，以及钙沉母液的主要成分为 NaOH 溶液，经过蒸发浓缩达到一定浓度后可返回反应阶段循环用于处理钒渣，蒸发产生的冷凝水可返回稀释、洗涤工序，整个工艺过程无废水排放。

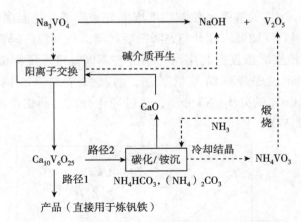

图6-8 钒酸钠多级阳离子置换制备钒产品工艺原理图

6.3.1.2 重结晶制备高纯钒

由于铵盐沉淀法得到的V_2O_5产品存在品质低、杂质高的问题，越来越不能满足时代发展和用户的需求，高纯度V_2O_5的市场需求量不断增大，因此攀枝花钢铁集团对原有的氨盐沉淀技术从生产流程、过程控制参数选取等方面分析了偏钒酸铵产品中杂质含量偏高的原因。研究了APV在不同温度条件下，过滤杂质含量的变化趋势，除杂系数的调整，碱性沉钒铵盐的选择以及沉淀加氨系数等重要参数对杂质含量控制的影响。通过先运用低铵盐沉钒制取多钒酸铵、再返溶除杂净化、最后碱沉的工艺流程，有效地将Cr、Si、Al等主要杂质含量由原来的0.05%以上降至目前的0.02%以下，该方式可以降低APV的聚合形态，减少因为包裹状态而无法去除的杂质含量，而Cr在酸性条件下以$Cr_2O_7{}^{2-}$的形式存在，重铬酸盐的溶解度相对较大，因此在沉淀过程中大部分Cr留在溶液中而被除去，使用酸沉，再返溶去除杂质，最后碱沉的工艺流程，可以将溶液中杂质含量在除杂质过程稀释出去，而低浓度碱性沉淀也能降低杂质进入偏钒酸铵中，从而达到有效降低杂质含量目的。此工艺对攀钢现有高纯钒生产技术的提高具有重要的指导意义，为攀钢新产品的开发奠定了基础。

类似的，河北钢铁股份有限公司也提出了一种制备高纯V_2O_5的方法。所述方法为：① 向钠化提钒液中加入硫酸铵，用硫酸调节溶液pH并搅拌，过滤得到钒酸钠；② 将钒酸钠置于温度为40~60℃的去离子水中使其溶解，然后向溶液中加入含氨和/或铵介质，调节pH至7~11，然后搅拌、过滤并冷却结晶得到偏钒酸铵；③ 将偏钒酸铵溶于温度为80~100℃的去离

子水中，然后进行过滤得到滤液；④ 向得到的滤液中加入含氨和/或铵介质，调节 pH 为 7~11，冷却结晶得到偏钒酸铵，将得到的偏钒酸铵进行脱氨焙烧制得 V_2O_5。整个反应过程反应条件温和，操作简便，且制得的 V_2O_5 纯度高，且钒的回收率也较高。

6.3.1.3　溶剂萃取提钒与钒铬分离

（1）钒铬高效分离商用萃取体系和中间层调控方法

对于钒铬废渣，国内外已形成通过回收钒、铬来资源化处理钒铬废渣的共识，但由于废渣物相结构复杂、难分解，传统化学转化一般要以 NaCl 为助剂在 850℃以上的高温下钠化氧化焙烧，废渣分解率不足 85%，二次污染特别严重；尤其是钒铬性质相近，常规技术无法实现二者深度分离，导致产品附加值低，处理成本高，企业只能被动处理。

本团队于 2011 年创新开发了钒铬高效分离商用新体系和中间层调控新方法，实现了钒铬快速、深度分离的关键技术突破。

1）基于主萃取剂伯胺 LK-N21 和改性剂 LK-N21X 的钒铬分离用新型萃取体系

萃取剂是分离钒铬的核心和关键，本技术分别从主萃取剂和改性剂入手开展了系统研究，如借助分子模拟揭示了 p 位烷基空间位阻伯胺对萃取钒铬容量及选择性影响规律，利用 OLI 软件（OLI Systems InC.）定量预测碳链长度与伯胺水溶性及钒、铬溶液形态化学与其被萃性能关系，结合大量实验测定，设计开发出一种用于钒铬分离的商用仲碳伯胺萃取剂 LK-N21，其钒铬萃取分离系数超过 80（表6-5），而且有效避免了其他伯胺（如 N1923）萃取钒后因缔合而出现黏度增加、流动性降低等现象；结合 LK-N21 具有 β 位空间位阻、活性 H 等特点，本技术开发出与之匹配的可定量调控油/水界面

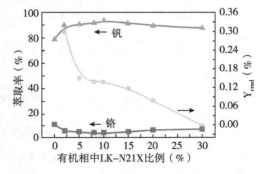

图 6-9　LK-N21X 浓度对萃取过程的影响

张力、有效改善搅拌过程气体对液液分相影响并增强氢键萃钒的功能型改性剂 LK-N21X，该萃取体系可有效预防界面乳化，如图 6-9。

表 6-5　新产品与国内外同类产品分离效果对比

萃取剂	萃取条件	钒铬分离因子	抗 Cr^{6+} 氧化	分相速度	是否应用
Aliquat 336/异癸醇	弱碱性	0.698	差	快	无
仲胺 7203	酸性	66	差	快	无
N1923/辛醇	近中性	89	中	很慢	无
美国 Primene JMT	近中性	76	较好	中	无
LK-N21/LK-N21X	近中性	85	好	快	本项目

2）中间层形成机制研究与调控方法，实现中间层有效调控

本技术将经典电解质溶液理论创新性引入中间层形成机制中，如运用 Pizter 理论量化研究界面污物所含水相中无机盐的结晶热力学，结合现代分析手段揭示了晶体形貌和萃取过程形成的氧化还原产物，这两类固体构成了由交联二氧化硅等诱发形成的固体膜主体，可阻止滴滴聚并；通过萃取澄清曲线、扩展 DLVO（胶体稳定性）理论计算势能垒等热、动力学稳定性研究，揭示了空间效应和电效应对该多相粗分散体的作用机理（图 6-10）。根据上述理论成果，项目组针对性提出了净化萃原液细微粒子、减少有机相中氧化还原物物质含量以调控萃取有机相成分等以有效防控中间层方法。

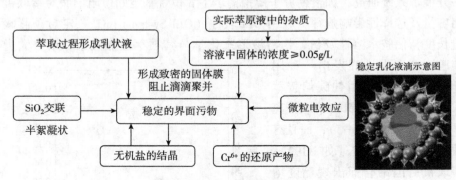

图 6-10　中间层形成机制

3）将开发的伯胺萃取分离钒铬技术成功应用于实际物料，实现长期稳定运行

本技术将研发的萃取体系应用到实际浸取液钒铬分离中，并进行了处理规模为 300 m^3/d 的连续性试验，结果如图 6-11。结果表明，新萃取体系钒铬分离效果好、化学性质稳定、分相彻底，完全满足工业应用要求。本技术被张国成院士、邱定番院士等鉴定专家评价为达到"国际领先水平"。

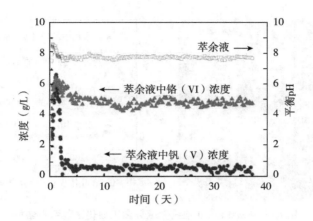

图 6-11　300 m³/d 萃取运行结果

（2）热敏、易乳化富钒有机相反萃技术与成套设备

富集钒有机相的反萃是回收高纯钒及实现萃取分离稳定运行的另一关键技术，但因伯胺具有热敏性（高温会被氧化）、易乳化等特点，传统反萃技术无法实现该体系的稳定循环。本技术以 NaOH 为反萃剂，研究揭示了钒含量、铬含量、温度、pH 值、盐度和搅拌强度等对油滴粒径分布、油滴形貌、油水界面张力、有机相化学结构等的影响规律，在此基础上提出了半连续快速反萃技自动控制技术和核心设备（图 6-12），完全避免了萃取体系变性和乳化，过程系统长期稳定运行（图 6-13）。

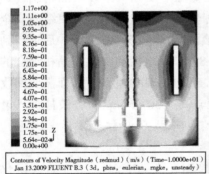

图 6-12　反萃搅拌桨量化设计与现场试验

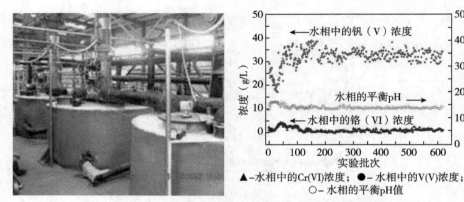

▲-水相中的Cr(VI)浓度； ●-水相中的V(V)浓度；
○-水相的平衡pH值

图 6-13   300 m³/d 钒铬萃取分离工业化试验运行结果

6.3.1.4   铵盐沉钒技术

为制取高品位的 V_2O_5，需采用铵盐沉淀法。将浸出后得到的钒酸钠溶液用酸调节到不同浓度，加入铵盐可得到不同聚合状态的钒酸盐沉淀。

十二钒酸钠的 Na^+ 可被铵盐中 NH_4^+ 置换，得到十二钒酸铵，方法如下。

（1）偏钒酸铵沉淀法

在经过净化的钒酸钠溶液红加入氯化铵或硫酸铵，可结晶出白色偏钒酸铵（NH_4VO_3）沉淀。沉淀 pH 值在 8 左右，微碱性。铵盐必须过量，偏钒酸铵溶解度随温度升高而增大，因此在低温下使偏钒酸铵结晶析出，一般在 20~30 ℃。采用搅拌或加入晶种可加快偏钒酸铵结晶。为使结晶安全需静置较长时间，过滤后用1%铵盐水溶液洗涤，经 35~40 ℃ 干燥后可得到化工用偏钒酸铵产品。采用较高温度下（80 ℃）沉淀和常温结晶相结合的操作可提高沉淀率。一般废液中含钒 1~2.5 g/L，耗氨量多，因而需要回收氨。这种方法的特点是要求钒液含钒浓度较高（30~50 g/L），铵盐加入量大，结晶速度慢，沉淀周期长。

（2）多钒酸铵沉淀法

十钒酸铵沉淀法是将含钒溶液 pH 控制在 4~6，20~30℃ 加入氯化铵，沉淀出十钒酸铵钠（此产品可作为烟气脱硫的催化剂使用）。为进一步提纯，将十钒酸铵钠沉淀溶剂于热水中，溶液的 V_2O_5 浓度可提高到 70~100 g/L，在 90~100 ℃ 下用盐酸或硫酸调节 pH 值为 2~5.5，经 0.3~2 h 后，沉淀出十钒酸铵。钒的沉淀率为 95%~99.9%。废液中的钒浓度为 0.05~0.5 g/L。这种方法沉淀工艺复杂、周期长，目前已经淘汰。

酸性铵盐沉淀法是净化后的碱性溶液（含钒 15~25 g/L）在搅拌下加入硫酸中和，当钒酸钠溶液 pH 值在 5 左右时，加入铵盐，再用硫酸调节 pH 值到 2~2.5，在加热、搅拌条件下可结晶出橘黄色多钒酸铵（APV）沉淀。多钒酸铵经煅烧后就可得到 V_2O_5。其特点是操作简单、沉淀结晶速度快（20~40 min）、铵盐消耗量少、产品纯度高。

6.3.2　钒生产行业末端治理技术

本节从钒冶炼行业末端治理产生的废水、固废和废气三类废弃物入手，介绍了三类废弃物处理的典型末端处理方式。

6.3.2.1　钒冶炼行业废水处理方法

在沉淀工序，国内大多数 V_2O_5 生产企业都采用铵盐作沉淀剂，进行多钒酸铵沉淀。由于铵盐的大量加入，其沉淀母液中除含有钒、铬等金属元素外，还含有较高浓度的 $NH_3\text{-}N$，因而沉钒外排废水除钒、铬必须达标外，$NH_3\text{-}N$ 也必须达到国家标准（直接排放不大于 10 mg/L，间接排放不大于 40 mg/L）。工业沉钒废水 $NH_3\text{-}N$ 处理属高投入的世界性难题。由于沉钒废水处理在原有重金属处理基础上增加了除氨工序，造成了 V_2O_5 生产成本急剧增高。据统计，以采用气提法除氨工艺为例，V_2O_5 工业废水仅处理 $NH_3\text{-}N$ 费用就高达 4000 元/t V_2O_5。高昂的废水处理成本使许多不具备资源优势的钒系产品生产厂家纷纷停产。在沉钒废水处理设备及工艺一定的条件下，每立方米废水处理成本根据其重金属及 $NH_3\text{-}N$ 含量，已无多少下降空间。因此，如何降低 V_2O_5 吨产品废水产生量，是降低 V_2O_5 单位产品废水处理成本的有效途径。

目前，国内外对沉钒废水常用的处理方法主要有：还原中和法、铁钡盐法、离子交换法、电解法、溶剂萃取法、生物法等。

本节介绍几种较为先进的废水处理工艺：

（1）还原-中和-蒸发浓缩工艺处理沉钒废水工艺

张奎采等人用还原-中和-蒸发浓缩工艺处理沉钒废水，处理规模为 70 m^3/h，流程如图 6-14 所示。废水呈酸性，主要含有钒、铬、硫酸铵、硫酸钠等污染物，具有酸性强、成分复杂、水质变化大、毒性大、可生化性差等特点，在进水 SS 400~500 mg/L、COD_{Cr} 120~150 mg/L、V^{5+} 100~130 mg/L、Cr^{6+} 100~250 mg/L、$(NH_4)_2SO_4$ 8000~13 000 mg/L、Na_2SO_4 40 000~60 000 mg/L、pH 值 2.0~2.5、温度 70~80℃ 时，对应其出水达到 SS 40~

70 mg/L、COD_{Cr} 50~100 mg/L、V^{5+} 0.01~0.1 mg/L、Cr^{6+} 0.01~0.1 mg/L、NH_3-N 100~200 mg/L、pH 值 6~9 的回用指标要求，为氧化钒生产提供了有力保障。该工艺流程简单，设备自动化程度高，初沉、还原、中和、沉淀、过滤等是该处理工艺的核心，保证了回用水水质，具有良好的经济效益及环境效益。

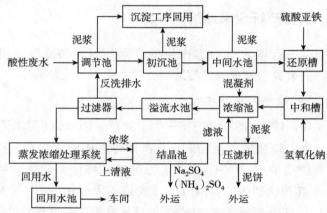

图 6-14　还原-中和-蒸发浓缩工艺处理沉钒废水

（2）离子交换树脂处理钒铬废水技术

钒、铬废水是钒渣经钠化焙烧—浸出过滤—酸性铵盐沉钒等工艺生产钒氧化物过程中产生的工业废水，其五价钒含量 $50×10^{-6}$~$100×10^{-6}$，六价铬含量更是高达 $500×10^{-6}$~$1000×10^{-6}$，远远超过国家排放标准。高价钒、铬化合物作为重度污染物，如外排或泄漏，会对水体、土壤环境造成极大污染，严重危及人体健康，同时造成金属资源的浪费。常规离子交换法，即使用离子交换树脂回收提钒废水中的阴离子组分，回收提钒废水中的钒、铬。

河北钢铁集团承钢公司提出了一种离子交换树脂处理钒铬废水的方法（图 6-15）：① 吸附：采用吸附介质对含钒、铬废水的中的钒、铬离子进行吸附，得到含有钒、铬离子的吸附介质。② 解析：对步骤① 得到的含有钒、铬离子的吸附介质加入解析剂进行解析，得到解析液，解析后吸附介质可以重复利用。③ 沉钒：向解析液中加入碱性物质搅拌均匀后过滤，得到钒酸钙产品及沉钒上清液。④ 铬结晶：将步骤③ 得到的沉钒上清液进行蒸发浓缩和冷却结晶得到铬酸钠粗品与结晶母液。⑤ 重结晶：对步骤④ 得到的铬酸钠粗品进行加热溶解，冷却结晶得到铬酸钠产品和冷却结晶母液。⑥ 结晶母液返回：对步骤④、⑤ 得到的结晶母液返回步骤② 作为解析液配料重复利用。

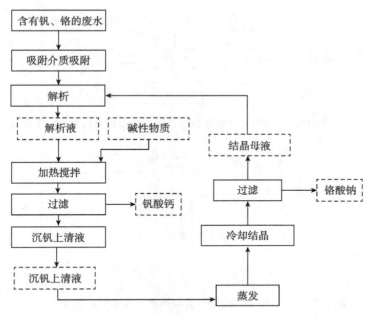

图 6-15　钒铬废水处理工艺技术路线

（3）含钒氨氮废水处理技术

氨是钒行业采用的重要原料，用于提纯或制备产品，最后与重金属一起以废水形式排放。受原料和工艺影响，不同工艺排放的废水中氨氮浓度差别很大，从每升百毫克到几十克不等，除氨氮外还有重金属盐，甚至 COD 等污染物。钒、铬等重金属离子（铜、镍、锌、钴）与氨/铵之间的络合作用是导致常规精馏和化学沉淀技术无法有效深度脱除废水中氨氮和重金属的主要原因。中国科学院过程工程研究所在国内外率先建立了可准确预测重金属离子氨/铵络合平衡的热力学模型 IPEHN，研制出调控化学平衡的化学药剂商品，结合大量模型参数实验测定，并嵌入到 AIPUCHEN 和 AspenPLUS 中，形成了商用药剂强化热解络合-精馏模拟计算平台（见图 6-16、图 6-17），该平台可准确预测水中氨氮和重金属存在形态及它们浓度、操作温度、络合药剂浓度等对重金属-氨氮-水平衡的影响，并直接预测塔内操作参数，可同时实现塔釜氨氮和重金属离子分别低于 15 mg/L 和 5 mg/L（达到排放标准）和塔顶回收浓氨水浓度在 16% 以上。工业实测与模拟计算的主要结果相对误差全部小于 10%。该计算平台已被一家环保公司采购并成功用于工程设计。

工业污染全过程控制与应用

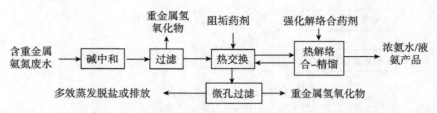

图 6-16   药剂强化热解络合-精馏技术处理含重金属氨氮废水的工艺流程

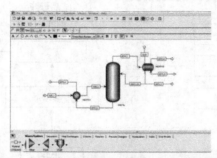

图 6-17   重金属-氨络合物热方中络合精馏深度分离模拟平台

（4）重金属有机物废水的处理技术

有关重金属有机废水的传统处理工艺一般分两步进行：首先去除重金属离子，主要方法有：化学药剂沉淀法、气浮法、物理吸附法（吸附介质主要有壳聚糖、接枝淀粉、沸石和硅藻土）、电解法等；随后，采用生物方法降解废水中的有机物质，如活性污泥法、生物膜法等。除此之外，科研技术人员对采用一套装置处理重金属有机废水进行了研究。其中占主导地位的是单一的生物膜法或电解法。

1）生物膜法

技术实质上是微生物固定化技术，具有致密、紧凑和更强的耐毒性。生物膜的好坏直接关系到生物处理装置的处理效果，是污水处理的关键因素。生物膜法处理废水是使废水与生物膜接触，进行固、液相间的物质交换，利用膜内微生物将废水中有机物氧化，使废水获得净化。同时，为了使生物膜内微生物不断生长与繁殖，除了提供营养物外，还应创造一个良好的微生物存活条件。

2）电解法

电化学法不仅用于废水中重金属的去除与回收，近年来电化学法用于去除废水中有机物的研究不断增多。原因在于生物处理技术虽是目前清除水中有机物的较好方法，但它只能有效地处理生物相容的有机物，对非生

物相容的有机物质却不太适用。有机物电化学处理的基本原理是使这些物质在电极上发生氧化还原反应。

　　废水处理往往涉及稀溶液，不仅毒物含量小，有时可作为支持电解质的溶质浓度也很低，为此工程上必须研究强化处理能力的措施。废水的电导率太小，一般可由加入支持电解质或减小阴、阳极间距来解决；而为使低浓度去极化物质有效地发生电解，必须改变电解器的结构。近年来出现了不同类型的反应物质强制对流电解器结构，尤其是具有各种三维电极如多孔电极、填充床电极、流化床电极和移动床电极等电解反应器，能够满足水处理要求。

6.3.2.2　钒冶炼行业固废处理方法

　　提钒尾渣是钒渣经过钠化焙烧、浸出、洗涤过滤后产生的固体废弃物，在全国范围内每年产量近百万吨，含有少量可溶性钒以及约 10% 的水分，目前国内对于提钒尾渣的处理方式除了送尾矿坝堆存外，应用于生产以及尚处于研究的还有以下几种处理方式：① 再次进行提钒；② 作为建筑材料；③ 还原提铁。

　　(1)　再次提钒

　　尾渣中主要成分为氧化铁、二氧化硅、氧化钛、氧化钠、氧化铬以及少量残留的氧化钒等。从回收有价元素的角度出发，研究和实际应用较多的是再次提钒。再次提钒的方法有钠化焙烧法，该方法属于传统的提钒方法，常用来处理 V_2O_5 品位超过 1% 的提钒尾渣。其他处理方法有直接酸浸提钒，直接酸浸提钒法有常压和加压浸出两种方法。常压酸浸时一般采用硫酸作为浸出剂，加入少量的氧化剂以及催化剂，该方法硫酸浓度较高，对设备有一定的腐蚀，同时催化剂一般采用氟化氢，也会对浸出环境造成恶劣影响。加压浸出是采用硫酸为浸出剂，双氧水为氧化剂，在加压的条件下对提钒尾渣进行浸出，该方法与常压酸浸法相比，可以减少硫酸用量以及催化剂用量，但是对于设备的要求高，处理量较小。

　　(2)　回收利用铁

　　提钒尾渣中的铁已经充分氧化，以 Fe_2O_3 形式存在，其含量一般在 40%~45%，具有较高的回收价值。目前采用的回收利用铁的方法主要有磁化焙烧、螺旋溜槽、磁选、浮选提铁、配料炼铁等。可以直接用部分钒渣和 V_2O_5 配比，利用还原剂直接冶炼其中钒铁，该方法可以有效利用钒渣资源中的铁和钒，减少钒渣产量和缩短钒铁的生产流程，缺点是该方法只能消解很少部分尾渣。浮选提铁是通过药剂的作用强化铁矿物的分离，但由

于铁矿物在尾渣中大部分以固溶体的形式存在，即使将尾渣粒度磨细到 10 μm 左右，单体解离的铁矿物依然很少，因此尚未进入实际应用。采用尾渣配料炼铁，受尾渣中碱金属含量高的影响，会造成高炉结瘤、恶化高炉料柱透气性、侵蚀炉衬，进而会影响高炉顺行。在还原焙烧方面，采用提钒尾渣与碳源（无烟煤、焦炭粉）混合焙烧的方法：提钒尾渣经过 950~1100 ℃焙烧 4~15 h，产生磁性相和非磁性相，经过磨矿、磁选，得到含铁、锰、铬等元素的磁性粉末，以及含钒、钛等元素的非磁性粉末。

（3）提钒尾渣生产建材

戴文灿等研究了利用提钒尾渣以等量法取代水泥制备混凝土。尾渣的加入能改善混凝土的流动性、可泵性，增加混凝土的坍落度、扩展度。超细石煤废渣能与水泥形成二级微观填充体系，提高混凝土的密实度，并能明显增强混凝土的耐久性和耐腐蚀性。

施正伦等根据提钒废渣的物化特性，设计出一套配料方案，研究了提钒废渣的掺量对水泥性能的影响。结果表明，提钒尾渣为活性混合材料，在掺量为 25%~40%时可单独用作水泥混合材料，不论单掺还是和水泥厂石煤渣对掺，水泥各项指标均符合 GB 175—2007《通用硅酸盐水泥》中复合硅酸盐水泥的要求，其强度均满足 32.5 强度等级水泥要求。生产墙体砖是工业废渣的利用方向之一，也是消纳提钒尾渣的一个方向。

（4）提钒尾渣用作其他材料

提钒尾渣远红外发射率为 0.83~0.90，是优良的远红外辐射材料。经过热处理和改性的提钒尾渣作为基料，替代钴系列黑色颜料和其他黑色金属氧化物，制备出合格的远红外涂料，经国家权威部门检测，其红外发射率大于 0.84。提钒尾渣远红外涂料制作成本低廉，综合性能优异，可以推广应用到工业窑炉上。

普通陶瓷原料经常规处理方法制成泥料，采用多孔模具由真空螺旋挤制机连续挤出成型，制成中空陶瓷板素坯。再将提钒尾渣和普通陶瓷原料磨制成泥浆，将泥浆覆盖在中空陶瓷板素坯表面，经干燥、烧制成为黑瓷复合陶瓷太阳板，即钒钛功能陶瓷板。该产品可以用于陶瓷太阳能房顶、陶瓷太阳能墙面、陶瓷太阳能热水器，还可用于陶瓷太阳能风道发电系统、陶瓷太阳能集热场热水发电系统。

6.3.2.3　钒冶炼行业废气处理方法

钒渣提钒一般采用碳酸钠焙烧法，为了促进氧化分解，提高浸出率，在回转窑焙烧时一般添加少量的氯化钠。碳酸钠焙烧过程中产生的烟

气中主要是二氧化碳,添加氯化钠后烟气中产生氯气和氯化氢气体。石煤提钒在焙烧时,往往采用复盐焙烧,在添加少量氯化钠的同时,也加入少量的硫酸钠。焙烧时,石煤中的碳氧化生成二氧化碳,而添加的复盐会造成烟气中含有氯化氢、氯气,还有部分二氧化硫。随着氯化钠添加量的增加,烟气中的氯化氢浓度增加,废气中氯化氢与氯气的比例约为 5∶1。

（1）提钒尾气的处理

为了减轻废气对环境的污染,科技工作者们研究了多种方法来消除废气中的有毒有害气体,比较常用的有:碱液三段喷淋净化工艺、水和氢氧化钠二级吸收工艺、石灰乳吸收工艺以及水、氯化亚铁三级淋洗工艺。

1）碱液三段喷淋净化工艺

碱液三段喷淋净化工艺就是利用碱液（NaOH 溶液）能与尾气中的氯化氢、氯气以及二氧化硫发生反应而达到去除废气的目的,同时还能去除尾气中的烟尘。一般采用高位池喷淋,尾气由底部自下而上,与喷淋碱液接触发生反应吸收。为了使反应中一些烟尘颗粒在自身重力的条件下加上喷淋液的包裹作用而降沉,达到去除目的,回流液由底部自流到回流池,由泵再抽到高位置,继续此过程。反应的产物是氯化钠,当氯化钠在喷淋液中的浓度较高时,还能再送到钠化焙烧过程中实现废物利用,不会产生二次污染。为了能较好地处理废气中的氯化氢气体,为了能使尾气与吸收液充分接触、吸收,一般要在喷淋设备中配置增压泵。该工艺的主要化学反应为:

$NaOH + HCl = NaCl + H_2O$,碱液三段喷淋工艺对烟尘的去除率约为 70%,对 SO_2 的去除率约为 60%,对 HCl 的去除率约为 95%。

2）水和氢氧化钠二段吸收工艺

由钠化焙烧工艺可知,其主要的尾气污染就是 HCl 和粉尘,还有少量的氯气和二氧化硫,但是这些污染物都能很容易被水吸收。考虑到氢氧化钠的价格昂贵,为了节约成本,所以就先用水作为吸收液对尾气进行吸收处理,净化后的气体再经过氢氧化钠溶液反应吸收,从而达到彻底的处理净化尾气。提钒尾气先经过吸收塔与水进行充分接触,未吸收完全的含氯化氢溶液经耐腐蚀陶瓷泵循环抽提至二级、三级水喷射泵,与被抽吸的尾气再次气液混合吸收达到相平衡,充分吸收达到其饱和浓度。

3）石灰乳吸收工艺

石灰乳吸收工艺是将提钒尾气通入石灰乳吸收塔内进行吸收,吸收塔可以串联,烟气逆流进入净化塔中,吸收液从塔顶向下喷射淋洗,为了能

使吸收液与烟气增大接触面积及时间，塔内多铺加填充物，如鹅卵石、玻璃碴等。氯气及氯化氢与石灰乳的反应速率很快，吸收效果很明显。随着吸收液碱性的下降，吸收液吸收废气的功能下降，去除效率降低，当 pH 值低于 10.5 时去除效率降低较快。所以为了使吸收效果保持在较高的水准，在吸收淋洗的过程中要不断地添加生石灰，保持吸收液的碱性。

4）水、氯化亚铁三级淋洗工艺

水洗可以很好地去除氯化氢气体，但是对于提钒尾气中的氯气去除效果并不是很理想。采用水、氯化亚铁三级淋洗工艺就是在水洗后加上一个氯化亚铁三级淋洗的方法来去除氯气，二者串联达到同时去除氯化氢和氯气的目的。反应的副产品盐酸和氯化铁能为公司创收。

上述这些措施只是在产生污染后进行治理，从工艺环保的角度出发，要从源头减少有害气体的排放或者不排放，采用氧化钙或碳酸钙代替碳酸钠作为钒渣焙烧的辅料，避免了添加氯化钠所产生的有害尾气，同时也消除原料中可能存在的硫产生二氧化硫的现象。但是与现有钠法提取钒的工艺相比较，钙法焙烧存在焙烧温度高，钒的浸出需要在酸性条件下进行，提钒的收率较低等缺点。

（2）提钒无尾气技术

中科院过程工程研究所和承德钢铁集团提出了在钾系与钠系碱性介质中处理含钒钢渣。其提钒机理是通过分解和破坏钢渣中的硅酸二钙、硅酸三钙、铁酸钙等钒的固溶相，使钒以可溶性钒酸盐的形式转浸溶出，与传统工艺相比，亚熔盐体系反应温度由 850℃ 降低至 20～240 ℃，反应时间由 4～6 h 减少到 1～2h，在显著降低能耗、提高效率的同时，钒的一次转化率钠系可达 85%，钾系可达 97%；且钾系在氧化性气氛中可实现钒、铬共提。该工艺没有废气排放，基本实现了含钒钢渣中钒的高效、清洁提取，为含钒钢渣提钒及资源利用开辟了新的技术途径。

6.4 钒生产行业污染全过程控制集成优化

6.4.1 V$_2$O$_5$ 生产全过程经济评价

本节利用"工业污染全过程控制"策略对氧化钒生产过程进行全面经济评价。以钠化焙烧、钙化焙烧和亚熔盐法生产 V$_2$O$_5$ 产品的三个生产过程为基础，在计算材料成本、水成本、能量成本、废物处理成本和附加成本

的基础上，计算 V_2O_5 生产过程的一系列变量。基于不同生产阶段和成本种类，对三个 V_2O_5 生产过程进行了深入的探索。

6.4.1.1　经济评价模型数据基础

如图 6-18 所示，在 V_2O_5 生产过程中，钒一般先从钒渣中浸出到浸出液中。根据经济评价模型，V_2O_5 生产过程分成了预处理、提纯和产品的生产过程。在钠化提钒的 V_2O_5 生产过程中，纯度为 98 wt. %（PⅠ，图 6-18a）的低纯 V_2O_5 已经在工业中广泛生产。在预处理过程中，钒渣经过破碎、磁选和球磨完成了初步处理。然后，在提纯过程中，在钠盐作为添加剂的情况下，钒渣中的钒经过氧化焙烧之后转变为水溶性的五价钒，之后水浸得到的焙烧产物，即可得到含钒的浸取液。在产品生产过程，在浸出液中加入铵盐进行沉淀，沉淀得到的偏钒酸铵经过煅烧过程生成 V_2O_5 产品。

过程Ⅱ（PⅡ，图 6-18 b）是钙化提钒的一个典型生产纯度为 98 wt. % V_2O_5 的生产工艺。PⅠ 和 PⅡ 整体的生产工艺类似，但是 PⅡ 在 PⅠ 的基础上充分考虑清洁生产，采用清洁能源、降低废弃物产生量。在预处理过程中，钒渣经过破碎、磁选、球磨和风选完成初步处理。在提纯过程，以钙盐为添加剂，钒经过焙烧之后转化为不溶于水的钙盐，如 Ca（VO_3）$_2$、Ca_3（VO_4）$_2$、$Ca_2V_2O_7$。最后，采用铵盐法沉钒，制得多钒酸铵沉淀，并将其煅烧以得到 V_2O_5。

过程Ⅲ（PⅢ，图 6-18c）是亚熔盐生产纯度为 99 wt. % 的 V_2O_5 的生产工艺。不同于前两种工艺，PⅢ 的生产过程全面考虑全过程污染控制策略，在简化生产过程的基础上，将生产过程和末端治理过程相结合，将产生的废弃物完全转化为副产品从而降低生产总成本。在预处理过程中，钒渣经过破碎和球磨完成初步处理。经过浸出过程，实现钒渣亚熔盐介质强化氧化过程。最终，通过钒结晶和铬结晶清洁分离，经产品转化得到 V_2O_5。

在基于全过程而不是仅限于产品生产过程相关的观点下，金属产品的生产过程中的材料和成本效率将大幅提升。利用工业污染全过程控制的方法，过程Ⅲ（PⅢ，图 6-18c）利用亚熔盐技术代替传统钠化和钙化提钒技术，生产出纯度高于 99 wt. % 的 V_2O_5。PⅢ 实现了介质高效封闭循环、提钒尾渣全量化利用，使高纯的 V_2O_5 生产可成本低和生产流程短。同时，为了得到纯度为 99 wt. % 的 V_2O_5，PⅠ 和 PⅡ 必须增加新的提纯过程才会有相同的产品，无形之中提升了二者的成本。

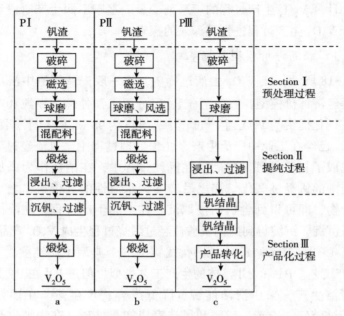

a. 钠化焙烧法　b. 钙化焙烧法　c. 亚熔盐法

图 6-18　V_2O_5 生产过程

　　为了实现这种评价方法的应用，三个 V_2O_5 的生产过程利用该方法进行了分析。PⅠ、PⅡ和PⅢ的原始数据来自我国三个具有代表性的生产 V_2O_5 的公司。详细的数据是工厂稳定运转 6 个月以上进行采集的数据。

　　一个产品的功能单元为所有进料和出料提供了一个定量的参考。在本研究中，功能单元为 1 t V_2O_5。所有产品的产量和成本、能量和附加物的消耗量基于这个功能单元。

6.4.1.2　工业污染全过程控制评估结果与讨论

　　（1）三个生产过程的宏观成本对比

　　从金属生产全过程的宏观成本看（图 6-19 和表 6-6），生产过程的主要成本可以分成原材料成本、操作成本、总成本、市场价格和利润五个方面。

表 6-6　PⅠ、PⅡ和PⅢ三个生产过程的宏观成本对比

成本种类	PⅠ	PⅡ	PⅢ
原材料成本（元）	44 089.00	42 060.00	35 040.00
总成本（元）	64 616.91	56 129.33	49 439.77

续表

成本种类	PⅠ	PⅡ	PⅢ
操作成本（元）	21 176.40	13 837.09	19 668.27
市场价格（元）	240 000.00	240 000.00	260 000.00
利润（元）	175 383.09	183 870.67	210 560.23

如图 6-19 所示，原材料的成本一般占总成本的 2/3 以上，原材料的成本一般会因为原料种类、原产地和关键金属的成分有较大波动。为了简化并且统一生产过程，三个 V_2O_5 生产过程的原材料统一为钒渣。但因原料含钒量不同，不同生产过程 V_2O_5 的钒回收率会不同，原材料的成本遵循 PⅠ＞PⅡ＞PⅢ。虽然 PⅢ 的产品纯度高于 PⅠ 和 PⅡ，PⅢ 比其他两个工艺的原材料成本低些，主要是因为生产过程 PⅢ 中钒的回收率（90%）稍高于其他两个工艺（80%）。

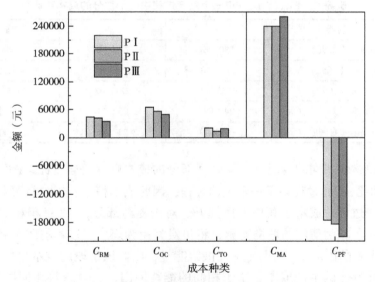

图 6-19　PⅠ、PⅡ、PⅢ 三个生产过程的宏观经济成本对比

（其中，C_{RM} 是原料成本，C_{TO} 是生产过程的总成本，C_{OC} 是操作成本，

C_{MA} 是产品市场价格，C_{PF} 是产品利润）

总成本的大小顺序服从 PⅠ＞PⅡ＞PⅢ，与生产过程的复杂程度直接相关。在我国大部分生产企业，都利用 PⅠ 生产低纯度（98 wt.%）的 V_2O_5，杂质主要来自于沉淀过程中夹带的杂质离子。基于较短的生产过程，PⅢ 过程总生产成本最低。相对于总成本的计算，操作成本主要是原材

料成本和废物处理成本，大小顺序服从 PI＞PⅢ＞PⅢ。高纯度的 V_2O_5 一般会有较高的市场价格，因此市场价格遵循 PⅢ＞PⅡ＝PI。

利润是一个生产过程的最后标准。高额利润会为相应的产业带来经济效益。基于高的产品纯度和更低的生产总成本，对于 V_2O_5 生产而言，PⅢ是最好的生产工艺。

基于以上三个 V_2O_5 生产过程宏观的经济评价，更高的原料回收效率、更高的产品纯度、更短的生产流程和更好的生产技术是工厂中最重要的经济因素。

（2）三个生产过程中各个生产部分的经济对比

为了解在不同优化条件下的产品优化方案，三个生产部分（预处理部分、提纯部分、产品部分和废物处理部分）的成本对比是非常必须的（图6-20，表6-7）。

表6-7 PI、PⅡ、PⅢ三个生产过程中每个部分的成本对比

成本种类	PI	PⅡ	PⅢ
Section Ⅰ（元）	530.76	670.76	684
Section Ⅱ（元）	4503.60	2185.95	5491.32
Section Ⅲ（元）	6532.47	2247.62	7835.54
废物处理成本—无回收（元）	244.88	232.24	0.00
废物处理成本—有回收（元）	−648.49	232.24	0.00

在原材料相同的情况下，预处理部分的成本顺序符合 PⅢ＞PⅡ＞PI；与 PI 相比，PⅡ 过程多了一个风选过程，因此成本稍高；PⅢ 过程因产品纯度较高，过程的成本也相应有所提升。对于提纯部分，PⅡ 过程相对 PI 过程因采用了较为清洁的煅烧能源，将焦炭替换为煤气，成本有了大幅降低；PⅢ 过程因采用了大量蒸汽为系统供给能量，因此该工段的成本也较高。对于产品化部分的生产成本，基于相同的能耗原因，三者趋势相同同提纯过程相同。

不同于以上三个生产过程，废物处理过程有着不同的成本对比结果。作为没有废气、废水和固废产生的生产过程，PⅢ 并未在废物处理工段产生任何成本，相反，产生的附加产品带来的利润直接降低了生产过程的成本（在下一节讨论）。因 PI 生产过程在能耗上并未采用较为清洁的能源，在废物处理上，其对废水和固废进行了一定程度的回收处理，带来了些许利润，降低了 PI 过程的生产成本。而 PⅡ 过程则尽量降低废气物的产生，并

未对废弃物进行高效处理。

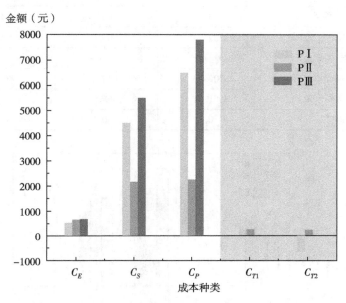

图 6-20　PⅠ、PⅡ和PⅢ中各个生产部分的成本对比

（3）不同成本类型的对比

在 V_2O_5 的生产过程中，图 6-21 和表 6-8 将能耗成本、水成本、材料成本、附加成本和其他产品收入进行了对比。

材料是指除了原材料外加入反应过程的化学物质，因生产工艺不同，辅助材料的成本和种类在三个生产过程中也有较大差别。水耗成本因较低，且水量差别不明显，此处不再进行对比。在能源危机和世界经济快速发展的背景下，能耗成本是最重要的成本，这种现象在发展中国家尤为明显。在工厂中，能耗能够通过优化换热系统和设备效率来改善。在 V_2O_5 生产过程中，能耗成本因采用的能源种类不同导致三个生产过程存在较大差别，在 PⅠ中主要能源为焦煤，PⅡ中主要为煤气，PⅢ中主要使用蒸汽。附加成本服从 PⅠ＞PⅡ＞PⅢ，生产过程越复杂，相应的设备成本、劳动成本和设备折旧成本也会产生相应的变化。对于其他产品收入，因PⅢ过程的副产品产生，极大地降低了总的生产成本，因此 PⅢ生产过程的总成本最低。

表 6-8 能耗成本、水耗成本、材料成本、附加成本和其他产品收入对比

成本种类	PⅠ	PⅡ	PⅢ
材料成本（元）	3259.94	1806.67	5346.56
水耗成本（元）	52.77	23.40	7.67
燃料/能耗成本（元）	8902.62	3042.02	8656.62
附加成本（元）	8961.07	8965	5657.42
其他产品收入（元）	0	0	5268.5

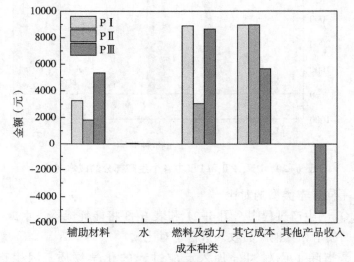

图 6-21 各项成本种类对比

　　综上所述，通过对比三个生产过程的各个生产部分的成本，PⅠ是最为传统的工艺，采用传统的焦煤作为燃料，在一定程度上提升了生产成本，但是高效的废物回收工艺对成本的降低也有一定的作用。PⅡ过程在考虑清洁生产的基础上，尽量降低 PⅠ 过程的各个生产成本，以降低产品消耗和采用清洁能源为目标，实现了总成本在一定程度上的降低。PⅢ过程在考虑工业全过程污染控制的基础上，充分简化生产过程，将清洁生产与末端治理两个过程进行充分结合，使过程中无废物的产生，副产品的生产大幅降低了生产成本，且高纯的 V_2O_5 产品能使产品利润有大幅的提升。

6.4.2 V_2O_5 生产污染全过程控制路线图

　　考虑到清洁生产和末端治理的弊端，本章节以全过程污染控制为原则，将 V_2O_5 的生产过程中污染物处理与生产过程有机结合。以亚熔盐法生

产 V_2O_5 过程为基础，提出钒行业污染全过程控制技术路线图。钒渣亚熔盐法钒铬高效提取分离与污染控制工艺流程图如图 6-22 所示。

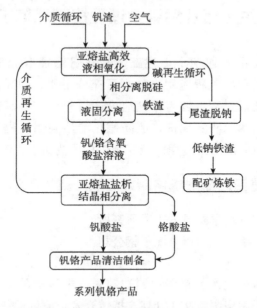

图 6-22　钒渣亚熔盐法钒铬高效提取分离与污染控制工艺流程图

该技术优势和创新特点为：

① 过程清洁：采用全湿法工艺提取钒铬，源头避免有害窑气产生；介质高效封闭循环，工艺过程中产生的尾渣洗水、硅渣洗水，铬酸钠结晶后液等都可以循环利用，整个流程无废水废液产生；尾渣全量化配矿炼铁，无固废排放。

② 高效：钒的回收可由现有的 80% 提高到 90% 以上，铬的回收由小于5% 提高到 80% 以上，实现了钒铬的高效同步提取。

③ 能耗低：在国内外首次建立了资源高效-清洁-循环利用的亚熔盐液相氧化-分离新工艺，提钒反应温度由传统工艺的 800℃ 下降到 150～200℃以下，单位钒产品生产能耗由 3.76 t 标煤/ t V_2O_5 降至 3.56 t 标煤/t V_2O_5，节约 0.2 t 标煤/t V_2O_5。

④ 生产成本低：同时获得钒、铬两种重要产品，提钒成本比现有工艺低 10% 以上。

钒渣亚熔盐法钒铬共提技术经过实验室开发-公斤级扩试-千吨级产业化中试，充分验证了工艺的先进性、可靠性和经济性，千吨级中试运行结

工业污染全过程控制与应用

果钒的转化率稳定在90%以上,铬的转化率稳定在80%以上。

6.5　钒生产行业污染全过程控制示范工程应用

本部分工程示范既包括了上述亚熔盐法钒铬提取分离与污染控制技术,对钙化提钒过程的工程应用也进行了充分说明。同时,对于工业中的提纯过程和废渣处理过程,较为详细地描述目前存在的两种较为先进的工程示范。其中利用萃取法实现钒铬渣高值化清洁利用工程示范属于提纯优化典型工艺,含钒铬渣的全过程污染控制工程示范属于废渣处理典型工艺。

6.5.1　钒渣亚熔盐法钒铬高效提取分离与污染控制工程

技术来源:中国科学院过程工程研究所

技术示范承担单位:河钢集团承钢公司

技术描述

基于钒化工清洁生产钒铬资源紧缺需求,中国科学院过程工程研究所张懿院士团队依托两届国家973计划支持,开发了原创性亚熔盐介质强化氧化、钒铬清洁结晶分离、介质高效封闭循环、钒铬高值化产品绿色制备、提钒尾渣全量化利用为特色的拥有全部自主知识产权的钒的清洁提取与产品绿色制造集成技术,形成了24项专利(其中授权20项)。与河钢集团承钢公司合作,于2009—2015年完成技术的扩试、千吨级中试,形成了完整的产业化工艺方案;于2017年6月建成世界首条5万t亚熔盐法钒渣高效提钒生产线,于2018年5月实现连续稳定运行,在国际上首次实现了150℃以下钒铬的高效清洁提取,比传统的钒渣焙烧温度降低700℃以上,钒资源利用率由80%提高至90%以上,铬资源利用率由完全不能回收提高至80%以上,年源头削减废气2500万 m³、高盐氨氮废水20万 t、重金属渣5万 t,无"三废"排放。本技术依托河钢集团承钢公司,作为河钢集团重大专项,于2017年6月建成投产年处理5万 t钒渣的示范生产线,所建生产线如图6-23所示。

该产线目前已实现连续稳定运行,尾渣平均含钒0.51%,含铬0.56%,钒和铬的转化率分别达到91%和83%,均达到设计指标;通过钒酸钠钙化—铵化转型工艺所生产的高纯 V_2O_5 产品全部满足99.5%高纯粉剂的指标要求。新工艺避免了有害窑气、高盐氨氮废水的产生,尾渣易于配矿

· 248 ·

炼铁，彻底解决了钒化工行业"三废"污染难题。

图 6-23　5 万 t/a 亚熔盐法钒铬高效提取分离与污染控制示范生产线

5 万 t/a 钒渣亚熔盐工程与传统工艺的关键指标对比见表 6-9，由表 6-9 可以看出，与传统工艺相比，亚熔盐无废水、废液排放，无有害窑气排放，尾渣可循环利用，从源头避免了"三废"污染。

表 6-9　亚熔盐技术与传统技术的关键指标对比

现有提钒工艺	钠化焙烧	钙化焙烧	亚熔盐法
反应温度	800~850℃	850~900℃	150~200℃
钒转化浸出率	＜85%	＜80%	＞90%
铬转化浸出率	＜5%	＜5%	＞80%
钒分离条件	水浸-酸性铵沉	酸浸-铵沉	冷却盐析结晶分离
主要污染物	有害窑气 5000 m³/t 钒 高盐氨氮废水 40 t/t 钒 高钠含铬尾渣 10 t/t 钒	高硫含铬尾渣 10 t/t 钒	无
生产成本	＞58 000 元	＞55 000 元	＜55 000 元
技术成熟度	世界提钒主流技术	图拉/攀钢实现产业化	正在进行产业化实施
占世界钒产能	60%	20%	—

该技术经中国工程院京津冀协同发展专家咨询委员会论证，形成意见为：钒渣亚熔盐法高效提钒清洁生产技术具有绿色高效的特点，有利于减少承德地区的污染总量，有助于钢铁企业的转型升级，利用绿色流程替代传统流程是发展方向。

5 万 t/a 钒渣亚熔盐工程的成功运营不仅标志着中国科学院又一重大科技成果在实际生产中得到应用，更代表着中国在钒钛磁铁矿高效清洁利用

领域掌握了领先世界的核心技术。新技术不仅为解决京津冀生态圈环境综合治理提供了技术引擎，而且为破解我国 36 亿 t 攀西高铬型钒钛磁铁矿的开发难题提供了核心关键解决方案。

6.5.2　钙法提钒污染全过程控制工程示范

技术来源：攀钢集团研究院有限公司
技术示范承担单位：攀钢集团西昌钢钒有限公司
技术描述

攀钢采用传统的钠化焙烧—水浸—铵盐沉钒工艺生产氧化钒（简称钠盐提钒工艺），由于废水无法达到国家排放标准，被迫采用蒸发浓缩—回收利用冷凝水的方法处理，存在能耗大、成本高、设备维护困难和处理能力周期性迅速下降的难题。还存在提钒残渣难利用、副产物硫酸钠利用难、钒回收率低、原辅材料消耗大、生产成本高等技术难题，氧化钒生产无法实现清洁高效生产。而世界各国钒生产厂家和研究工作者进行了大量研究和生产实践，都没有实现氧化钒的清洁、高效生产，钒生产过程中的环境保护及资源利用与经济效益的矛盾日益突出，已经成为影响攀钢乃至整个钒产业可持续发展的瓶颈问题。

攀钢自 2006 年成立"氧化钒清洁高效生产关键技术及装备研究"课题组，经过 6 年的实验室研究、10 t V_2O_5/a 规模半工业试验和 0.5 kt V_2O_5/a 中试线工业试验研究，解决了氧化钒清洁、高效生产的关键技术和工程化装备难题。在中试线 2 年多的试验和生产过程中，废水和废渣实现全部循环利用，无有害废弃物排放，氧化钒产品质量达到行业标准，钒回收率大幅度提高，生产成本明显降低，形成了攀钢独有的、领先于世界的氧化钒清洁高效生产成套技术，多项核心技术为攀钢首创。

该技术形成了多项原创性关键新技术，包括：在世界上首次发现了"无碱有铵提钒—带铵循环"、解决废水低成本循环利用的技术原理，电解法处理沉钒废水使其资源化利用技术，摇床重选分离残渣中的石膏技术，低硫提钒残渣生产炼钢造渣球用于炼钢的技术等系列技术，在国内外均属首创，具有独创性和世界先进性。

课题组 2006 年完成了实验室探索试验；2007—2008 年完成了半工业试验，并在 2007 年 9 月实现了新工艺的核心技术突破；2008—2011 年建成了"500 t V_2O_5/a 氧化钒清洁生产中试线"，完成工业试验，并达到了预期目标。

　　该技术针对自主研发并建成的、世界单线规模最大的攀钢西昌钒制品厂存在的行业共性技术难题,从物理化学、设备特征等多个角度进行了深入研究,揭示了钒渣高温焙烧产生液相的机理,构建了新的焙烧理论体系,结合设备的个性和共性特征,开发出混合焙烧控制体系温度的通用技术,解决了钒行业普遍存在的设备粘结难题,建立了钙化焙烧熟料硫酸浸出动力学模型,解决了已转化的可溶钒不能有效浸取的难题。

　　该技术于 2012 年在攀钢西昌钢钒有限公司成功应用并建成了 20kt V_2O_5/a 钒制品生产线。自此,该技术已在现场成功应用了多年,破解了万吨级生产线回转窑结圈和浸出效果差等工程化难题,实现了连续稳定生产,氧化钒总收率提高到 81% 以上,产能超过了设计水平 42%,技术经济指标优势显著。目前已获得 7 项中国发明专利授权,并在世界主要产钒国——南非、新西兰和俄罗斯取得了 11 项发明专利授权,形成了具有自主知识产权、世界领先的氧化钒清洁生产成套技术,显著提高了攀钢乃至中国钒产业的技术创新力和竞争力。

　　技术工艺路线如图 6-24 所示。

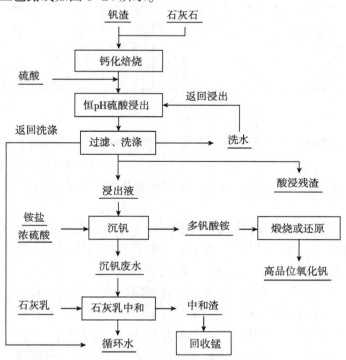

图 6-24　钙法提钒技术工艺路线

6.5.2.1 技术内容

① 原料的准备：包括钒渣及添加剂的破碎、磁选，混匀，获得合格混合料。

② 钙化焙烧：将混合料采用大型回转窑设备进行氧化焙烧，获得合格熟料。

③ 酸浸、过滤：焙烧熟料加水制成浆料，搅拌并缓慢地加入硫酸溶液溶浸，溶浸结束后滤去残渣得浸出液。

④ 沉钒：含钒的合格液中加入铵盐，用硫酸调节溶液 pH 值，加热沉钒，过滤，沉淀水洗、干燥后得多钒酸铵；滤液和水洗液合并为沉钒废水。

⑤ 煅烧脱氨或还原：多钒酸铵经过煅烧脱氨得到 V_2O_5（表 6-10），或经过还原后得到 V_2O_3。

⑥ 废水处理：沉钒废水除去 P、Mn、Mg 等杂质后得到循环水，循环水返回浸出工序利用。

表 6-10　制备的氧化钒产品成分　　　　　　（%）

V_2O_5	Mn	Mg	Ca	TFe	P	S	Si	Na_2O+K_2O
98.85	0.06	<0.01	0.03	0.05	<0.01	0.01	<0.01	0.16
99.35	0.12	0.02	0.09	0.10	0.01	0.03	0.02	0.29
99.12	0.09	0.01	0.05	0.08	0.01	0.01	0.01	0.20

6.5.2.2 工艺优势及实施效果

在氧化钒的生产工艺方面，除 Evraz 集团的图拉厂采用钙盐焙烧—水解沉钒工艺以外，其他生产厂都采用传统的钠盐焙烧—水浸工艺，钠盐焙烧工艺存在沉钒废水难处理的问题。美国和德国的钒厂都采用石油渣和催化剂提钒。

攀钢西昌钢钒与国内外氧化钒生产企业相比，工艺竞争力处于明显的优势。攀钢西昌钢钒采用的是攀钢自主研发的氧化钒清洁生产新工艺，该工艺与其他传统工艺相比具有如下优势：

① 废水循环利用率达 100%，同时可回收废水中的锰资源。目前世界上除图拉钒厂以外的提钒厂的废水都是采用蒸发浓缩技术处理，在此过程中要消耗大量能源，每吨 V_2O_5 增加成本 3000 元以上，产生大量的硫酸钠；图拉厂是采用石灰中和法处理废水，产生大量中和石膏渣；而西昌钢钒的新工艺应用电解法处理提钒废水，通过电能转换脱除并回收金属

锰，使废水得到再生返回工艺循环利用。由于电解处理后的废水中硫酸根浓度提高，循环利用后显著提高了钒的回收率，回收锰过程成本较低、并因金属锰的高附加值抵消了电解过程的能耗，废水处理产生可观的经济效益。

② 不产生废硫酸钠。现钠盐提钒工艺废水蒸发浓缩过程中会产生大量的废硫酸钠，由于杂质含量高，硫酸钠含量仅为 70%~80%，利用困难，极易成为新的污染源，而新工艺不产生废硫酸钠。

③ 主要废弃物种类减少为提钒残渣一种，且全部经济性利用。现工艺的提钒残渣中含有 5% 左右的 Na_2O，不能返回烧结—高炉系统循环，也没有其他合理的利用途径，对环境有较大威胁。而新工艺的酸浸提钒残渣不含钾钠等碱金属，经过摇床重选分离石膏得到低硫残渣，生产炼钢造渣球，效果优于现有复合造渣球，分离出的石膏富集物减少为残渣总量的 15%~20%，外销给水泥厂配料，从而使全部残渣得到利用，消除了残渣堆存缓慢释放 V^{5+} 和 Cr^{6+} 对环境的危害，而且残渣的利用产生了一定的经济效益，真正实现了清洁生产。

④ 解决了图拉石灰法不能兼顾生产高质量氧化钒和废水循环的技术难题。图拉提钒工艺虽然也使用石灰石作为焙烧添加剂，但其产品质量低，产品中 V_2O_5 含量只有 94.2%，无法满足市场竞争的需要，废水中和产生大量石膏渣，且没回收锰资源，没有残渣分选石膏技术及固废利用技术，只能付费堆存，图拉厂的实际钒浸出率为 83%~85%，总回收率为 79%~81%。西昌钢钒采用的新工艺可以生产品位达 99.5% 以上的高质量氧化钒，而且满足废水循环的要求，残渣分选石膏技术突破后可以全部得到经济性利用，因此新工艺与图拉石灰法工艺有着本质的区别。

⑤ 钒的回收率大幅度提高。新工艺比传统钠盐提钒工艺钒回收率提高了 5.44%，可达到 84.47%。

⑥ 资源利用率提高。新工艺采用电解技术对沉钒废水进行处理，回收金属锰，并且不需要中和即可直接返回提钒工序循环利用，使废水中的 Mn、SO_4^{2-}、游离酸得到资源化利用，也不再产生中和石膏，残渣循环利用后使 Fe、V、Cr、Mn 等资源得到循环利用。残渣全部得到利用，资源利用率明显提高。

⑦ 生产成本显著降低。由于新工艺使用的辅材种类和数量的变化以及废水获得资源化利用，使氧化钒的加工物耗成本大幅度降低，约 7512 元/t V_2O_5。

本工艺产线如图 6-25 所示。

图 6-25　攀钢集团西昌钢钒有限公司钒制品分公司

6.5.3　钒铬渣高值化清洁利用与污染控制技术集成示范

技术来源：中国科学院过程工程研究所

技术示范承担单位：葫芦岛辉宏有色金属有限公司

技术描述

钒铬废渣和含重金属氨氮废水是钢铁、有色或电池等涉重行业产生的典型性污染物，排放强度大、处理技术缺乏，已经严重制约相关行业的正常发展。本项目针对上述两类废物具有有价资源和强环境危害双重特性且缺乏适用处理技术的现状，自主研发了以绿色分离和污染全过程控制为核心的关键技术与产品，实现废物的低成本高效处理，主要技术创新和发明点为：① 针对钒铬化学性质相近、有效分离技术缺乏的现状，创新开发了钒铬高效分离用萃取新体系（包含有伯胺萃取剂 LK-N21 和改性剂 LK-N2ZX），解决了中间层防控的理论与技术瓶颈，实现钒铬快速、深度分离的关键性技术突破。② 针对热敏、易乳化的富钒有机相，研发出一种半连续的反萃工艺与设备，实现钒铬萃取分离长期稳定运行。③ 针对高盐含重金属氨氮废水处理，创新研发出药剂强化热解结合-精馏技术和抗结垢-高操作弹性塔内件，实现 99% 以上的氨和 90% 以上的重金属循环利用，大幅提高水中氨氮脱除率（一步将氨氮由 30 000 mg/L 以上降低到 15 mg/L 以下）、降低能耗（节能 20% 以上），确保废水稳定达标。④ 提出了处理钒铬废渣的"无卤钠化焙烧—钒铬萃取分离—氨介质循环—水零排放—能量梯级利用"清洁工艺与集成系统，实现了废渣总资源利用率超过 95% 的万 t 级规模工业应用，形成具有完全知识产权的钒铬废渣高值化清洁利用与含重金属氨氮废水资源化与无害化工艺包。

成套技术于 2009 年在辽宁省建成世界首套钒铬废渣高值化清洁利用产业化工程（1.6 万 t/年），实现了废渣中主要元素钒、铬、磷等资源利用率从不足 30% 提高到 90% 以上，并且过程废水零排放；药剂强化热解络合-精馏技术还在稀土、镍钴、铜、钒、钼、铌钽等行业建成先进适用示范工程 14 项，全部实金属和氨氮的循环利用和废水稳定达标。

本项目成果已经有效服务于我国有色冶金、重金属材料加工等行业，产生了重大的经济、环境和社会效益，如示范工程已累计新增就业 900 人，减排毒性重金属废渣 5 万 t，达标处理废水 400 万 t 以上，回收氨近 3 万 t、钒、镍、铬、钼等重金属 3500 t，节水超过 100 万 t，同时创造直接经济效益超过 10 亿元。项目的开发与推广还将对其他含钒铬二次资源利用、高浓度氨氮废水处理和我国重大战略资源高铬型钒钛磁铁矿清洁利用提供产业化技术支撑，意义重大。本项目钒铬废渣资源化技术已获 2011 年辽宁省技术发明奖一等奖，含重金属氨氮废水处理技术获得 2012 年环保部科技进步奖一等奖。

6.5.3.1 技术内容

（1）钒铬废渣高值化清洁利用与污染控制技术集成

针对钒铬废渣的组成与结构特性，本技术发明了基于"无卤钠化焙烧—浸取分离—磷酸钠结晶—深度除杂—伯胺萃取分离钒铬—铬还原制超细氧化铬—水零排放—能量梯级利用"的钒铬废渣高值化清洁利用工艺路线，如图 6-26。该工艺不仅实现了废渣中主要元素的高值化回收，而且可对过程废水、废渣进行有效控制。

（2）废水零排放

为了减少杂质离子进入废水影响污染治理，本技术在设计废渣处理工艺时全部选择硫酸根和钠盐原料，使水中仅有硫酸钠一种盐，同时结合离子交换树脂选择性回收钒、铬，及药剂强化热解-络合-精馏三效蒸发技术，从废水中分别回收钒、铬、硫酸钠和水（图 6-27），过程不向环境排放废水，而且处理每吨废水的蒸汽消耗仅 500 kg，较传统节能 20%~40%。

工业污染全过程控制与应用

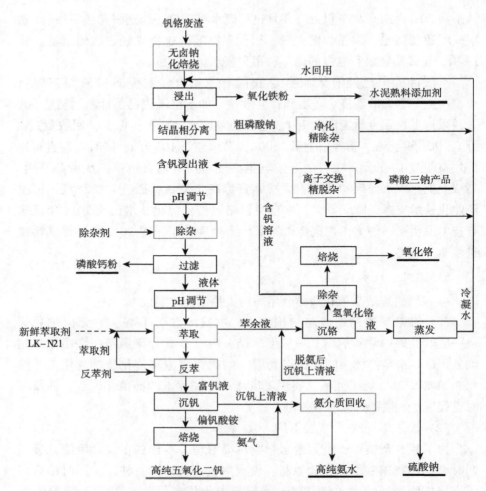

图 6-26　钒铬废渣资源化处理工艺流程

图 6-27　废水零排放示范工程

6.5.3.2   工艺优势及实施效果

本项目所研发的技术已经在钒铬废渣高值化清洁利用与污染控制、高浓度氨氮废水资源化与无害化处理两个方面获得应用，使用本项目技术所建示范工程全部达到预期目标，并实现了工程稳定运行，企业取得良好经济和环境效益。

本项目全套技术已于 2009 年在辽宁省葫芦岛辉宏有色金属有限公司建成生产线，项目投运 3 个月后达到设计产能的 85% 以上，5 个月达到设计产能的 100%，全部工程于 2009 年 12 月通过当地环保部门验收，被认定为生产全过程废水零排放。2010 年，此工程通过辽宁省科技厅组织的成果鉴定，公司亦获得辽宁省高新技术企业称号。截至 2011 年 12 月，工程已经累计处理近 4.5 万 t 钒铬废渣，废水零排放，产生效益超过 7 亿元，利税超过 2.5 亿元，新增就业岗位超过 700 个。

6.5.4   含钒铬渣处理污染全过程控制工程示范

技术来源：中国科学院过程工程研究所

技术示范承担单位：辽宁虹京实业有限公司、攀钢集团钒钛资源股份有限公司

技术描述：

钒钛磁铁矿冶炼产生的钒渣是提钒主要原料。钒钛磁铁矿经高炉流程生产的含钒铁水，通过选择性氧化使钒氧化后进入炉渣，得到钒含量较高的钒渣，成为提钒原料。因铬、钒性质相近，其迁移行为相似，铬也一并氧化进入钒渣。目前国内外钒渣提钒主要方法为钠化焙烧—水浸—酸性铵盐沉钒工艺，即将钒渣与纯碱、氯化钠等钠盐添加剂进行高温钠化焙烧，将钒转化为水溶性的钒酸钠，然后用水浸取得到含钒浸取液，经调整溶液 pH 值后加入铵盐，使钒以偏钒酸铵或多钒酸铵沉淀析出，多（偏）钒酸铵热分解得到 V_2O_5 产品。在钒渣钠化焙烧过程中，钒渣中部分铬被氧化成铬酸钠，与钒同步被浸出至浸取液中，因此酸性铵盐沉钒后废水中含有铬及未能回收的钒，该废水经还原、调碱、过滤后产生含铬废渣，该渣也称钒铬还原渣或废水污泥等。

据统计，我国钒渣提钒生产企业每年产生含铬废渣约 5 万~7 万 t，其产生量约占全国含铬废渣总量的 15%，其中的铬资源量约占全国铬盐总产量的 10%。目前因无成熟的经济利用技术，含铬废渣主要以堆存为主。含铬废

渣含有重金属铬、钒及氨氮等，在大气及雨水作用下，钒、铬极易被氧化为毒性五价钒及六价铬，钒、铬均为国家重点防控的重金属，环境风险极大。

含铬废渣中组分多、各组分赋存状态复杂，如含有无定型氢氧化铬，三价、四价钒氢氧化物、铁氢氧化物，及水溶性硫酸盐等，资源化利用难度大。含铬废渣资源化利用的技术难点是铬/钒/铁深度分离，常规方法铬/钒/铁分离不彻底，产品附加值低。

中国科学院过程工程研究所提出含铬废渣高效酸解-铬/钒/铁深度络合分离—钒铬产品高值制备技术路线，解决了性质相近的钒/铬/铁深度分离问题，获得的氧化铬（纯度大于97%）和 V_2O_5 产品（纯度大于98%）质量合格，实现了钒、铬的高效回收与高值利用。技术路线如图6-28所示。

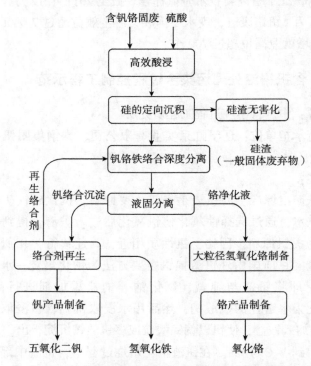

图6-28　含钒铬渣处理污染全过程控制技术路线

6.5.4.1　技术内容

（1）钒/铬/铁络合深度分离新体系

本项目发现铬/钒/铁的络合分离特性，并在国内外首次构建了铬/钒/铁络合分离体系。该络合体系对钒/铁有强络合作用，而对铬无络合作

用，钒/铁在酸性介质中一同被络合形成沉淀物，实现钒/铁与铬的分离；钒/铁络合沉淀采用碱性介质进行解络合，解络合后，铁以氢氧化物固体形式存在，解络合后溶液加入沉淀剂回收钒，络合剂循环回用。

（2）含铬废渣高效酸解及硅杂质定向沉积

本项目实现了含铬废渣酸解与硅溶胶定向沉积的耦合，在酸解釜中实现铬与硅的逆向迁移。利用硅溶胶在酸性、高温下不稳定的特性，对酸解浆料实施高温结晶，可将酸浸液中硅含量由 2 g/L 以上降至 20 mg/kg 以下。

（3）铬产品高值制备

本项目首次实现了钒钛磁铁矿中铬资源的高值回收，将铬制备为氧化铬产品。氧化铬产品品位大于 8%，V＜0.1%，Fe＜0.1%，Si＜0.1%，满足 GB/T 3211—2008 中 98 级金属铬产品的原料要求。

6.5.4.2　工艺优势及实施效果

本技术实现了铬/钒/铁深度分离及钒、铬产品的高值回收，经济、社会、环境效益显著。2015 年，中科院过程工程研究所与辽宁虹京实业有限公司（原葫芦岛辉宏有色金属有限公司）合作建成国内外首套万吨级含钒铬污泥资源综合利用产业化示范工程，示范工程一次性开车成功，年利润超过 1000 万元。2018 年，中科院过程工程研究所与攀钢集团合作建设 1.5 万 t 含钒铬污泥资源化利用产业化示范工程。

图 6-29　国内外首套万吨级含钒铬污泥资源综合利用产业化示范工程

参考文献

［1］刘峰. 从含钒浸出液萃取钒并短流程制备高纯 V_2O_5 基础研究［D］. 天津：天津大学，2014.

［2］李佳. 石煤提钒行业工艺先进性评价研究［D］. 武汉：武汉理工大学，2014.

［3］Zhao Z，Long H，Li X，et al. Precipitation of vanadium from Bayer liquor with lime ［J］. Hydrometallurgy，2012，115-116：52-56.

［4］Hu J，Wang X，Xiao L，et al. Removal of vanadium from molybdate solution by ion exchange ［J］. Hydrometallurgy，2009，95：203-206.

［5］祁健，陈东辉，石立新，等 . 一种离子交换法制备高纯度钒氧化物的方法：201410656447. 4 ［P］. 2016-03-30.

［6］Zhao J，Hu Q，Li Y，et al. Efficient separation of vanadium from chromium by a novel ionic liquid-based synergistic extraction strategy ［J］. Chemical Engineering Journal，2015，264：487-496.

［7］唐红建，张力，孙朝晖，等 . 从含钒酸浸液中萃取高纯度 V_2O_5 的工艺研究 ［J］. 钢铁钒钛，2017，38（01）：15-21.

［8］Ning P，Lin X，Wang X，et al. High-efficient extraction of vanadium and its application in the utilization of the chromium-bearing vanadium slag ［J］. Chemical Engineering Journal，2016，301：132-138.

［9］Ning P，Lin X，Cao H，et al. Selective extraction and deep separation of V（V）and Cr（VI）in the leaching solution of chromium-bearing vanadium slag with primary amine LK-N21 ［J］. Separation and Purification Technology，2014，137：109-115.

［10］Gao W，Sun Z，Cao H，et al. Economic evaluation of typical metal production process：A case study of vanadium oxide production in China ［J］. Journal of Cleaner Production，2020，256：120217.

［11］朱建岩，沈菲 . 利用含钒废渣生产高纯度 V_2O_5 的方法 ［J］. 化工管理，2017（23）：58.

［12］唐先庆，李科 . 沉钒废水循环利用技术研究与应用 ［J］. 铁合金，2015，46（11）：41-43.

［13］张奎 . 还原-中和-蒸发浓缩工艺处理沉钒废水 ［J］. 四川化工，2018，21（01）：49-52.

［14］许崇光，王海林，杨欢，白凤仁 . 提钒尾渣的综合利用 ［J］. 铁合金，2018，49（01）：40-43.

［15］李志伟 . 冶金企业废渣资源利用处理工艺研究 ［J］. 世界有色金属，2020（09）：7-8.

［16］施正伦，周宛谕，方梦祥，等 . 石煤灰渣酸浸提钒后残渣作水泥混合材试验研究 ［J］. 环境科学学报，2011，31（02）：395-400.

［17］郝建璋，刘安强 . 钒产品生产废渣的综合利用 ［J］. 中国资源综合利用，2009，27（10）：7-9.

［18］王海林，许崇光，杨欢，等 . 提钒尾气的治理 ［J］. 铁合金，2018，49（02）：34-36.

[19] 高明磊，陈东辉，李兰杰，等. 含钒钢渣亚熔盐法提钒新工艺 [C] //. 第二届钒产业先进技术交流会论文集，2013：20-25.

[20] Xiong P, Zhang Y, Bao S, et al. Precipitation of vanadium using ammonium salt in alkaline and acidic media and the effect of sodium and phosphorus [J]. Hydrometallurgy, 2018, 180：113-120.

[21] 中华人民共和国国家统计局. 中国统计年鉴-2017 [M]. 北京：中国统计出版社，2017.

[22] Qureshi M I, Rasli A M, Zaman K. Energy crisis, greenhouse gas emissions and sectoral growth reforms：repairing the fabricated mosaic [J]. Journal of Cleaner Production, 2016, 112：3657-3666.

[23] 徐杰. 氯化法制备高纯五氧化二钒的研究 [D]. 北京：中国科学院大学，2018.

[24] 杨绍利，刘国钦，陈厚生. 钒钛材料 [M]. 北京：冶金工业出版社，2007：109-110.

[25] 侯海军. 高纯偏钒酸铵的制备技术研究 [J]. 钢铁钒钛，2013, 34（03）：29-32.

[26] 徐从美，李兰杰，王海旭，等. 一种用钠化提钒液制备钒电解液用高纯五氧化二钒的方法：201610523348. 8 [P]. 2016-11-23.

[27] 祁健. 含钒铬废水有价元素资源化利用工艺研究 [J]. 中国氯碱，2018（8）：45-47.

[28] 秦朝远，王伟红. 重金属有机废水净化新工艺研究进展 [J]. 甘肃科技，2005（12）：145-146.

[29] 郑诗礼，杜浩，王少娜，等. 亚熔盐法钒渣高效清洁提钒技术 [J]. 钢铁钒钛，2012, 33（1）：15-19.

[30] 马蔷，张一敏，刘涛，等. 提高酸性铵盐沉钒效果的研究 [J]. 稀有金属，2009, 33（6）：936-939.

[31] 熊萍萍. 高纯五氧化二钒制备技术研究 [D]. 沈阳：东北大学，2013.

[32] 李大标. 酸性铵盐沉钒条件实验研究 [J]. 过程工程学报，2003, 3（1）：53.

[33] 李中军，庞锡涛，刘长让. 弱酸性铵盐沉钒工艺条件研究 [J]. 郑州大学学报（自然科学版），1994, 26（3）：83-86.

[34] 廖世明，柏谈论. 国外钒冶金 [M]. 北京：冶金工业出版社，1985：57-58.

[35] 段冉. 高纯五氧化二钒的制备及偏钒酸铵结晶机理的研究 [D]. 长沙：中南大学，2011.

第7章 展 望

在国家政策引导和各方努力下，我国工业常规污染物排放已得到了一定的控制，然而实际生产过程中仍存在以下问题：一是常规污染有效控制后，毒性环境风险问题凸显。煤化工、石化、原料药制造等重点行业属于高毒性排放行业，涉及产品种类繁多、产污环节多、"三废"污染物排放强度大、综合毒性风险管理体系尚不健全。随着我国经济的快速增长，日渐突出的高毒性排放行业的高环境风险问题以及重大污染事件，已成为我国工业可持续发展的重大制约因素，亟须加以解决。二是亟须通过调研，刻画在不同工艺流程与过程中行业特征污染物的来源与生命周期轨迹，构建基于生命周期的重点行业全过程控污策略。三是工业生产节水与用水效率仍有待提升。由于控污指标和手段单一，重点行业特征有毒污染缺乏体系化、层次化的限制标准与控制技术，难以满足行业特征毒性污染物的控制需求。工业生产对区域的水资源消耗仍然较大，如何实现废水处理与中水循环利用的统一、废水近零排放是决定行业绿色发展的关键因素。

经济高效的绿色发展是增强我国自主创新能力、支撑美丽中国和科技强国建设的重要载体。习近平总书记在党的十九大报告中强调"加快生态文明体制改革，建设美丽中国"。在二十大报告提出了"统筹产业结构调整、污染治理、生态保护、应对气候变化"以及"协同推进降碳、减污、扩绿、增长"等新的重要指示。其核心是通过科技创新，加快绿色新技术、新工艺、新产品的应用，从源头上消减污染物排放，破解生态环境制约我国经济发展的难题。随着对发展规律认识的不断深化，我国经济发展越来越强调"绿水青山就是金山银山"，保护生态环境就是保护生产力，改善生态环境就是发展生产力。目前，推动长江经济带发展及黄河流域生态保护和高质量发展是关系国家发展全局的重大战略，是事关中华民族伟大复兴和永续发展的千秋大计。绿色循环低碳发展，是当今时代科技革命和产业变革的方向，是最有前途的发展领域。抓住绿色转型机遇，推进绿色工业革命，实现经济发展与生态改善的双赢，是实现美丽中国的必然途径。

建议未来我国工业污染控制领域研究着重从以下三个方面开展：

第7章 展望

（1）通过全局最优指导工业过程减污减碳、提质增效科技创新与技术推广，提升科技对污染防治的支撑能力

工业污染控制与碳减排是迫切需要解决的重大难题。资源能源消耗与污染物排放、碳排放紧密相连，协同推进工业减污降碳已成为我国新发展阶段工业领域技术创新的必然选择。针对工业行业污染具有多源、跨介质和复合途径等特征，建立适用于全过程多污染物协同控制的技术路线及解决方案，实现跨介质污染协同控制。将工业行业跨介质污染控制与碳减排协同考虑，提高对污染物处理过程的精准控制。以综合成本最小化为目标全局最优为指导，将污染物降解和能源化回收结合，加强药剂、装备以及低成本、低碳源能耗、高效率的水污染治理技术等多元化研发，保障污染物控制的低碳运行。推广气–液–固等多要素、多领域协同治理技术，创新推动污染协同防治、提质增效。

（2）基于生命周期的重点行业有毒有害污染全过程控制策略与应用

基于污染物生态风险评估和人体健康风险评估的角度，通过对典型污染物产生量以及生态毒理性、生物有效性、生物富集性等特性，对主要污染物的生态效应进行综合环境风险评估，进一步研究典型有毒化学品在不同处理工艺过程的赋存形态与迁移转化规律，完成全生命周期轨迹分析。从特征污染物管理、工业排污毒性控制两个不同角度逐步实施重点行业有毒污染物全过程控制的共性策略，大幅度降低生产过程中的毒性排放强度，保护纳污生态环境完整性，最终实现工业有毒物质大幅度减排和环境风险得到有效控制。

（3）加快构建支撑重点行业高效减污降碳的数据库与信息平台，助力数字孪生工厂建立

以原料到产品的生产全过程为对象，以全流程全局优化智能寻优，贯穿工艺、过程/装备和系统，构建以需求驱动的敏捷供应链，以数字化改革为牵引，探索减污降碳协同数智赋能技术手段，打通支撑重点行业高效减污降碳数智信息平台等应用成果发展全过程优化软件平台及数据库，为过程制造代表性行业提供绿色过程制造智能优化系统解决方案。基于平台与数据库的建立，研究以综合成本最小化为目标，以水—物—能增值循环为核心、装置—工厂—园区一体化统筹的生态工业链构建技术，实现园区内不同层级的污染物/水/能量的信息大数据集成、能量/水梯级利用与人工智能决策；构建以清洁生产—废物循环利用—跨介质协同治污—低能耗废水资源化与解毒—低维护生态园区为核心的污染全链条协同减排技术和标准体系助力绿色智能数字孪生工厂建立。